U0313199

中国资源生物研究系列

新疆红富士苹果生理特性
与品质调控研究

李建贵　秦　伟　杜　研等　著

科学出版社

北　京

内 容 简 介

本书共分 5 章内容，涵盖新疆红富士苹果光合特性、水分特性、养分特性、外在品质和内在品质等在生长发育、形态、生理生化及生态方面的应用研究，较为系统地反映了红富士苹果提升内在品质的最新研究进展。全书以提升新疆红富士苹果商品品质、解决生产实践问题为目标，介绍了国内外红富士苹果相关研究进展、具体研究材料和方法及技术手段，科学地分析了研究结果，为今后新疆红富士苹果的高效栽培提供了科学的理论和实践依据。

本书可作为果树学研究者、技术员、果农的重要参考用书，也可作为果树学教师及相关专业本科生、硕士研究生、博士研究生的参考读物。

图书在版编目（CIP）数据

新疆红富士苹果生理特性与品质调控研究／李建贵，秦伟，杜研等著.
—北京：科学出版社，2016.1
（中国资源生物研究系列）
ISBN 978-7-03-045616-8

Ⅰ.①新… Ⅱ.①李… ②秦… ③杜… Ⅲ.①苹果–生理特性–研究
②苹果–质量控制–研究 Ⅳ.①S661.1

中国版本图书馆 CIP 数据核字(2015)第 212842 号

责任编辑：张会格　岳漫宇／责任校对：邹慧卿
责任印制：徐晓晨／封面设计：北京铭轩堂广告设计有限公司

科学出版社 出版
北京东黄城根北街 16 号
邮政编码：100717
http://www.sciencep.com

北京京华虎彩印刷有限公司 印刷
科学出版社发行　各地新华书店经销

*

2016 年 1 月第 一 版　　开本：720×1000 B5
2016 年 1 月第一次印刷　　印张：15 1/8 插页：2
字数：312 000
定价：108.00 元
（如有印装质量问题，我社负责调换）

前　言

新疆维吾尔自治区素有"瓜果之乡"的美名，由于气候类型独特，生态和生产环境多样，具有发展多种特色果树得天独厚的自然资源优势、品种优势和生产优势，特别是当地具有栽植果树的悠久历史和传统习惯。其中吐鲁番葡萄、库尔勒香梨、阿克苏苹果这些久负盛名的特色果品，是新疆乃至中国农业的名牌产品。2003 年自治区党委提出"尽快把南疆地区建成我国重要的特色优势林果生产基地"。2004 年、2005 年新疆维吾尔自治区分别召开了林业工作会议和特色林果业发展暨林果技能培训工作会议，出台了《关于进一步加快林业发展的意见》和《关于加快特色林果业发展的意见》，2007 年国家 32 号文件明确提出"大力发展特色林果业，加快建设环塔里木优势林果主产区和吐哈盆地、伊犁河谷、天山北坡特色林果基地"，同年新疆维吾尔自治区党委七届五次全委（扩大）会议中强调"必须坚定不移地建设林果业基地，使之成为大幅度提高农民收入、长远造福人民群众的长盛不衰的支柱产业"，2008 年自治区党委、自治区人民政府出台了《关于进一步提高特色林果业综合生产能力的意见》，8 月召开了自治区特色林果业工作会议，使得发展特色林果业的目标更加明确，思路更加清晰，定位更加准确，措施更加有力。

现已基本形成了南疆环塔里木盆地以红枣、核桃、扁桃、杏、香梨、苹果为主栽树种的特色果树主产区，东疆吐哈盆地以鲜食葡萄、红枣为主的优质特色林果基地，伊犁河谷和天山北坡以苹果、鲜食和酿酒葡萄、枸杞、小浆果、时令水果为主的特色鲜明的果树基地。截止到 2011 年年底，新疆全区林果总面积超过 99 万 hm^2，果品总量达到 602 万 t，年产值超过 240 亿元，占人均纯收入的 15%以上。在南疆五地州，特色林果业已成为农村经济发展的增长点、农业结构优化升级的突破点、农民收入持续增加的新亮点、新农村建设最现实的着力点。各级党委政府高度关注特色林果业的发展，始终把发展特色林果业作为振兴农村经济、促进农民持续增收的战略重点，特色林果业即将成为新疆农村经济的又一大支柱产业。因此，研究新疆特色林果产业的发展，对于改善生态环境，促进农村经济可持续发展，调整农业产业结构，增加农民收入，缩小新疆城乡收入差距，带动农村劳动力转移，发挥特色林果品的自身优势，促进新疆经济发展都具有重要的理论价值和现实意义。

苹果是世界四大水果之一，在我国无论是种植面积还是果实产量，苹果都居各种果树的首位。据农业部统计，2012 年苹果种植面积约为 256.67 万 hm^2，产量

3950 万 t，面积和产量均占世界的 40%以上。新疆栽培苹果属果树的历史，至少已有 1000 多年。20 世纪以前栽培的苹果品种，多是从当地的野苹果中选留的。除野苹果外，还有吉尔吉斯苹果，如新源的大白果子等。新疆是西北苹果产区的主产区之一，过去主要集中在伊犁地区和南疆，20 世纪 60 年代后逐渐扩大。

据 2012 年新疆年鉴统计，新疆果树种植面积最大的四大树种为红枣 45.6 万 hm²、杏 19.4 万 hm²、葡萄 13.6 万 hm²、苹果 8.3 万 hm²。2011 年新疆的苹果种植主要集中阿克苏地区和伊犁州直，两地的苹果种植面积占全疆苹果种植总面积的比例为 70%，产量占全疆的 53.4%。其中伊犁州直种植面积为 4.3 万 hm²，产量为 13.9 万 t。说明阿克苏地区和伊犁州直的苹果种植占据了新疆苹果种植的半壁江山。同时，伊犁州直是新疆最大的苹果种植区域，也是新疆具有悠久苹果栽培历史的区域，然而在长期的生产栽培过程中，受环境因子和人为因素的影响，伊犁州直的苹果不如阿克苏地区的苹果品质优良，主要在着色和含糖量方面差异尤为突出。

苹果作为新疆林果发展的主要树种之一，随着种植规模的日益扩大，如何提高果实品质已成为人们关注的重点问题。果实品质包括外观与内在两个方面，而糖分是果实品质优劣的主导因素，不仅左右着果实风味的好坏，而且是类胡萝卜素、维生素、色素和芳香物质等合成的基础原料，参与新陈代谢、能量供给，并在细胞信号转导中起着信号分子的作用，与内源激素、氮、环境等其他信号分子偶联成复杂的网络，共同调节着植物的生长发育与基因的表达。同时，果实中糖的积累除受遗传基因控制外，外界自然环境因子、矿质元素与栽培措施等对果实中糖的积累也起着一定的调控作用，而且遗传基因的表达在很大程度上受到外界因素的调节。因此，研究苹果果实品质的影响因子，了解其调控的生理机制，是提高苹果果实品质的重要基础性研究课题。

苹果（*Malus pumila* Mill.）属于蔷薇科苹果属落叶乔木果树，是落叶果树中主要栽培树种之一，也是世界果树栽培面积较广、产量较多的树种之一。原产于欧洲东南部、中亚地区及我国的新疆。苹果种类品种较多，适应性强，分布地区广，成熟期自 6 月中旬直至 11 月。而且苹果产量高，产值大，果实品质风味好，含水分 85%左右，总含糖量为 10.0%～14.2%，苹果酸 0.38%～0.63%，可谓甜酸适口。

红富士苹果为日本农林省园艺试验场以国光×元帅为亲本杂交育成。1962 年定名为“富士”。我国最早于 1966 年引种栽植。富士的主要性状诸多为双亲性状的表现，但更倾向于国光，树势强壮，萌芽率和成枝力均高，上色比国光早，果面光洁，底色黄绿，阳面常具红霞，有暗红色条纹。富士是一个结果早、产量高、品质好、成熟晚、耐贮藏的优良品种。

当前，虽然我国的苹果树种植技术和标准化、规范化、无公害化已经深入推进，苹果产业化有了长足进步，但仍然迫于国内外市场对苹果的品质要求不断提高的压力，如在苹果栽培种，矮化密植种植模式的富士苹果品质难以提升，目前亟待解决的问题是腐烂病流行、色泽不艳丽、果皮表面粗糙、果实形状歪斜、口感差等，其在国内外苹果市场的占有份额相对少，明显缺乏强劲的竞争力，严重威胁我国苹果在国际市场的销售量。20 世纪 90 年代以来，中国外贸出口苹果的数量仅占据 1%的国内生产苹果总量，甚至一段时间内出现苹果滞销的问题，此种状况的发生极大地限制了苹果生产经济效益的提升空间。

　　因此，本书以新疆红富士苹果为研究对象，开展不同影响因子对红富士果实品质影响研究，可为新疆红富士的高品质栽培提供理论依据，从而增强新疆红富士苹果的市场竞争优势，对新疆农业结构调整和农民增收具有重要意义。

李建贵

2015 年 10 月 23 日

目　　录

第一章　新疆红富士苹果冠层光合特性

苹果种植过程中，其产量形成的关键因素为栽植密度、栽植结构、单株冠层空间分布、太阳辐射体系等（Widmer and Krebs，2001；Wertheim et al.，2001；Caruso et al.，1999；魏钦平等，1997）。近年来，在苹果产业化过程中，以提高苹果单株产量、促进提前挂果为目标的新树形被用于实际生产中，如采用自然纺锤形、细长纺锤形、改良纺锤形和轻剪长放多留枝条等树形修剪方法，虽然产量得到提高，但是这些树形缺点也不可小觑，其在一定程度上会使枝条过多，管理不便，造成冠层郁闭，内膛光线不充足，从而使品质难以在短时间内提升（李邵华等，2002；Wertheim et al.，2001；Caruso et al.，1999；魏钦平等，1997）。

目前，随着经济的飞速发展，人民生活水平的不断改善，消费档次的日益提高，人们对果实品质的要求越来越高，因此，对苹果无公害优质高产生产技术的研究和提高苹果内在品质和外观品质，以及促进我国苹果业的蓬勃发展具有重要意义。

1. 苹果树形的演化过程

在苹果栽培的历史过程中，起初人们并没有认识到果树整形的意义，树形大部分为自然圆头形。欧洲人对果树树形的修剪研究起源较早，到 18 世纪中后期，法国的宫廷花园内出现了专职的园艺师，机械地将果树修剪成美化形状，当然此种树形的结果量少可想而知，还会额外地耗费大量物力、钱财、人力。从 20 世纪 50 年代初开始，英国、法国、波兰等国家先后实施了果树矮化砧木育种工程，从而开启了果树密植栽培的先河。苹果的树形种类很多，按不同的分类依据可以划分为不同种树形，通常根据树冠的大小，一般将苹果分为三种树形，分别为小冠形、中冠形和大冠形（杨振伟，1996；束怀瑞和李嘉瑞，1999），其树体结构的差异主要体现在树高、树干高、枝组类型、枝条角度等构成部分和冠层的具体参数之间。随着栽培技术的发展，果树矮化密植大面积推广，矮化树业已成为苹果最主要的关键栽培技术。目前，苹果栽培已经进入商品化、规模化的生产阶段，世界各国有其各具特色的修剪方式和修剪习惯，如美国的组合纺锤形、日本的开心形、澳大利亚的高密度篱壁形和意大利的高纺锤形等，这些树形普遍的优点是，通风好、易透光、树体更新快、单株产量高、品质上乘。

目前中国苹果树形经历了三个时期：自然圆头形时期，三大主枝半圆形时期和开心形时期。我国早期苹果栽培以圆头形、半圆形为主，此树形树冠大，主枝较少，侧枝较多，留枝量多，亩产量也较高，修剪是通过增加小枝数量来维持树体的高产量。由于此种树形冠层体积大，树体冠层内枝条、叶片密度高，会使树体内部光线传输不畅，光合有效辐射减弱，致使果实总体品质下降，同时大冠树形成形较慢，其结果时期也会随之滞后，而且随着树冠体积的逐渐增大，光合有效辐射利用率也会大幅度降低（李邵华等，2002）。当前，我国普遍采用的开心形树形起源于 20 世纪 80 年代，这种树形的优点是透光性好，果实品质高，然而处于低树龄的苹果树单产普遍偏低，在长期生产过程中发现，树龄偏大的果树比较适合修剪成开心树形。因此，生产中较为新颖的疏层形、主冠分层形和纺锤形等树形被探索出来，并应用于实际。总体来说，研究果树适合的树形结构，对提高果实品质有现实的意义。

2. 果树光合作用研究进展

生物界获得能量及食物的重要基础途径是光合作用，光合作用是地球上规模最大的将太阳能转化为化学能的过程，也是规模最大的以无机物合成有机物及植物体吸收水分向大气圈释放氧气的过程，光合作用是地球上存在的众多化学反应中最重要的。对果树开展的光合作用研究已经有 200 多年的历史，但是一直到 20 世纪 60 年代中后期，伴随当时先进科技的发展及理论创新，如红外线二氧化碳分析仪得到突破性改造和实际应用，从而使得关于果树光合作用的研究上升到一个新的台阶，特别是进入 21 世纪以来，无论在果树光合作用的研究材料上，还是在方法上都取得了巨大进步。

影响果树光合作用的因素有内因和外因两种。内因主要包括种类、品种、砧木、年龄、叶位、叶绿素含量等。不同内因的果树净光合速率的差异较大，对此前人进行了深入的研究，如符军等（1998）测定秦美猕猴桃净光合速率（Pn）只有陕猕 1 号的 75%；朱林等（1994）在对毛葡萄、宝石、白玉霓和山葡萄的净光合速率的研究中发现野生种毛葡萄的净光合速率在其研究的待测品种中是最高的。韦兰英等（2009）测得龙眼净光合速率随叶龄增大而升高。在葡萄（黄从林和张大鹏，1996；李建华和罗国光，1996；沈育杰等，1998；商霖和刘英军，1989）、柚（王丹等，1995）、梨（谢深喜等，1996）、板栗（白仲奎，1996）、核桃（魏书蜜等，1994）、猕猴桃（彭永宏和章文才，1994）等其他果树上，净光合速率也因叶龄、叶位的不同而出现差异。外因主要是指光照（张规富等，2003；He et al.，1996；徐凯等，2005）、二氧化碳浓度（王志强等，2000；苏培玺等，2002；潘晓云等，2002；Hamlyn，1998）、温湿度（孟庆伟等，1995；吕均良，1992；陈志辉和张良诚，1994，贺东祥和沈允钢，1995）、土壤养分（Pastor et al.，1999；周蕾芝和林葆威，1990；王乃江等，2000；铭西和范丽华，1994）、病虫害（赵晓艳，

1996；张伟和李先文，2004；于丽杰和崔继哲，1995；卢远华，1998）等。光是光合作用的原动力，光照强度与光合作用的能量推动有关；二氧化碳是光合作用的原料之一，二氧化碳浓度和水分的多少与光合作用原料供应有关；温度主要与酶的活性有关，它不仅影响光合作用效率，同时也是制约光合作用的主要因素之一。同一植株在不同的环境条件下其生长、发育状况也会有所改变，进而其光合性能也相应发生变化。

果树的光合作用有消长动态（李道高，1996），消长动态分为日变化和季节变化。不同生长季节环境生态因子差异比较大，与此同时叶片的光合速率也表现出不同的变化类型，一般表现为以下三种：单峰曲线，如巨峰葡萄（郭继英等，1994）、猕猴桃（谢建国等，1999）；双峰曲线，如苹果（杨建民和王中英，1993）、李（于泽源等，2004）、银杏（陶俊和陈鹏，1999）、刺梨（文晓鹏等，1991）、骆驼黄杏（张国良等，1999）；三峰曲线，如大磨盘柿（王文江等，1993）。其中大多数植物呈现双峰曲线。

果树光合速率的日变化因树种、品种及栽植地区气候的不同也有所不同。其变化规律主要也有三个类型：一是单峰曲线，如核桃（张志华等，1993）；二是双峰曲线，如枣（王永蕙和李保国，1990）、猕猴桃（韦兰英等，2008）、阿月浑子（路丙社等，1999）；三是三峰曲线，如板栗（牟云官和李宪利，1986）。对于大多数果树来说，日变化规律也一样呈双峰曲线。主要是因为夏季的高温引起果树叶片的气孔关闭，产生午休现象（郭华和王孝安，2005）。

3. 果树冠层的研究和冠层分析仪的应用

植物冠层结构是植物群体的地上部分绿色覆盖层的总和（赵平等，2002），而果树冠层即指分布于树干地上部分的枝、叶、花、果等构成要素，与其大小形状、空间分布方向等，植物与环境的相互作用关系也是部分受到植物体冠层结构的影响，这种关系反映了植物与环境间的物质能量交换情况和植物适应环境的能力（魏钦平等，2004）。高效的光照条件取决于冠层结构是否合理，它会影响果树的产量和果实品质的提高（Hampson et al.，2002；李火根和黄敏仁，1998），因此，定性测定和描述果树的冠层结构对探索和理解果树的大量生态过程显得极为关键。目前，对于树木冠层特性的现有文献报道中，对果树冠层的研究仅仅从叶生物量、叶面积等基本冠层指标进行总结分析（方升佐和徐锡增，1995；周国模和金爱武，1999；张显川等，2005）。

植物与地球大气两者之间所进行的水分、二氧化碳和能量交换的主要界面是叶片，叶面积指数（leaf area index，LAI）指单位土地面积上果树投影的总叶片面积，该指数是衡量果树冠层生物学特性的一个主要参照指标，叶面积指数对果园光能利用、果树产量和品质形成有着重要指示作用，在很大程度上会决定果园的投入产出效率（张显川等，2006；Waring，1983；岳玉苓等，2008；Watson，1947）。

LAI 最初应用于作物学，主要的目的是明确作物产量发展的动态学指标（Watson，1952；坎内尔，1981）。Watson 在 1971 年的研究发现 LAI 的变化是植物的收获量差异的最主要原因（胡延吉等，2000），之后叶面积指数成为果树生理生态研究和农作物与良种选育的一个重要参数，并且得到广泛应用（张佳华，2001）。现在 LAI 已成为研究植物群体和群落生长分析时必不可少的一个重要参数。同时LAI 还广泛地应用于景观、林分和地区尺度上对水分通量、碳、能量等的研究，现在已经被成功用于景观尺度上及林冠水平上模拟水分蒸腾蒸发损失总量，成为估测景观水平及林分尺度上森林生产力的最重要参数（Pierce and Running，1988；Coops et al.，1998）；此外，运用遥感技术计算叶面积指数已经在研究建立森林生态系统的生长模型和其能量及水分交换方面获得了重要的进展（Jing et al.，2002，高登涛等，2006）。

测量或估计 LAI 的方法目前有直接测量法和间接估计法（王谦等，2005）。直接测量法有具破坏性、耗时耗力、不能重复、操作困难并且很难测量叶面积的动态变化等问题（Chason et al.，1991）。近几年，间接估计果园或森林的 LAI 的方法取得了迅速的发展和广泛的应用。间接法又能分为光学法和异速生长法。

利用光学方法测定叶面积指数中，基于冠层图像数字分析技术的冠层分析仪，具有携带方便、自动数字存储、测定迅速等特点，在实际研究中得到广泛应用，如美国进口的冠层分析仪 LI-COR、CID 系列（Dufrene and Breda，1995；郝玉梅和李凯荣，2007）。

高登涛等（2006）利用 Wins Canopy 型冠层分析仪测定了渭北地区 110 株苹果树的冠层结构光学特性，其结果表明苹果冠层特征的相关参数中，不同树体之间各个冠层参数差异很大，叶面积指数、冠层有效辐射通量、间隙指数、开度和定点因子的各指标有一定的关联性，说明这几个冠层特征的相关参数对苹果冠层截获光的能力的影响较强，而聚集因子和均值叶角等指标与苹果冠层有效辐射的通量定点因子之间的相关性不显著，不同苹果树的个体间差异极其微小。由此项研究结果说明该冠层分析仪对苹果的冠层分析及光学特性评价有一定可靠性，并可以加以实际应用。

郝玉梅利用基于半球影像系统技术的 Hemi-View 型冠层分析仪测定了不同树龄、树形及修剪程度的苹果树的冠层特性与光照强度的关系，其研究结果表明相比较于轻度修剪的苹果树，重度修剪的苹果树透光率大幅度提高。有关研究表明苹果树随着树龄的老化，叶面积指数也有增加的趋势，其光能截获的效率也适当增强（伍涛等，2008）。

当然，各种冠层分析仪是在假定植物冠层内叶、枝、干和果等元素随机分布，依据冠层间隙度或光学特性反演 LAI；LAI 是一个无量纲、动态变化的参数，随着叶子数量的变化而变化。另外，LAI 与果树叶子的生长和果树种类自身特性、外部环境条件及人为管理方式有关，而用冠层分析仪测量 LAI 时，忽略了其他元素（枝、干和果等）对辐射传输的影响，所以冠层分析仪所测得 LAI 值比实际的 LAI 值要小，因此实际测量中不仅为了不给果树带来伤害，应用间接测量法，而且要额外注意应用间接测量法时产生的误差。

4. 果树光合有效辐射研究进展

光合有效辐射（photo-synthetically active radiation，PAR）作为植物生物量形成的最基本能源，通常是绿色植物用以产生光合作用的太阳辐射，其可以直接影响作物的发育生长，进而影响作物产量，以及品质的提升（李韧等，2007；王锡平等，2004），光合有效辐射的波长为 400～700 nm。

乔木有不同的冠层结构，光合有效辐射在树体冠层内部的分布状况也不一样，光合有效辐射在时间上表现出动态性，而其在空间上则表现出异质性；在植物树体冠层中的光合有效辐射分布受到多种环境及自身因子的影响，如太阳辐射强度、太阳高度角、树体冠层结构、叶面积指数、叶片着生角度、树体透光率和叶片生理特性等。

国外在 20 世纪 50 年代已有关于光合有效辐射的研究，Seaki、Monsi 等最早将比尔定律用于植物树体冠层辐射的传输和分布研究，目前大量学者已经在玉米、小麦和水稻等大宗农作物上先后开展了冠层内分布影响因子的前瞻性研究（Boote and Pickering，1994）。

国内学者对植物树体冠层辐射的传输和分布的研究比较晚，刘洪顺是我国研究植物有效辐射的先驱，其有效测定了植物有效辐射（刘洪顺，1980），董振国和周允华等分别测定了森林、农田的有效辐射率，反射率及其透射比（董振国和于沪宁，1989；周允华等，1984），而王锡平等（2004）采用冠层分析仪（ACCUPAR）测定并分析了玉米植株冠层内的光合有效辐射三维体系，但是这些开展的研究基本上侧重于测量冠层上方光能辐射强度。

综上所述，植物光合作用对生长发育起着决定性作用，对光合作用有影响的因子既包含植物自身的种类、树龄、叶片叶绿素含量、叶片位置和酶类等内因，也包括太阳辐射、温湿度、二氧化碳、水分、营养物质含量和其他环境因子等外部因子，植物冠层内的光分布造成的光合作用差异是其他因素的作用无法比拟的，因此植物树体的光合有效辐射分布状况对植物光合作用起最主要作用。由于植物的冠层结构不尽相同，其内部的光合有效辐射分布量也不同，在实际生产中通过适当修剪等栽培措施形成较为合理的树体冠层结构，从而提高冠层有效辐射的传输效率，以提高植物群体光能利用率。

5. 树形与冠层温湿度的关系

温度是制约果树地理分布和光合生产力的一个重要的环境因素，是果树树冠内重要的微域气候生态因子，是果实生长发育的关键影响因子。它不仅影响代谢中所有的生物化学过程，而且影响果树体内的物质扩散等过程，从而影响生长和发育。当植物水分减少时，冠层温度相应上升，因此植物的冠层温度就能反映植物的水分状况，是检测植物是否受到水分胁迫的重要标志之一。同时，冠层的温度是通过植物的气孔导度（Cond）、蒸腾速率（Tr）、净光合速率、叶片的含水量和酶的活性等因素来影响植物的生长。

相对湿度是冠层内实际水汽压与当时气温下的饱和水汽压的比值，它的大小可以直接表示空气距饱和状态远近的程度。在种植过程中，相对湿度主要取决于水汽压和温度相互制约，另外温度的变化会更加明显并且快速。相对湿度对植物光合过程的影响不仅表现在微观层次上，其能改变植物叶片的气孔导度（Gs），进而影响植物的净光合速率和蒸腾速率；相对湿度还可以影响地表面的蒸发，使植物的根系对土壤水分的吸收受到影响，进而影响植物生长所需要的营养的供应。

杨振伟等（1998）研究了富士苹果两种不同树形、冠形的微气候，结果发现，五主开心形和自然圆头形在相同冠层内不同部位的湿度差异明显。他们的研究结果表明，冠层内叶面积指数、天空可见度、各枝条的分布、叶幕的厚度等都与冠层的温度和相对湿度有关。Reay 和 Lancaster（2001）研究发现：红富士苹果五主双层开心形树冠内不同方位和不同高度的温度平均值显著地高于自然半圆形。杨振伟等（1998）研究表明，树冠不同部位温度分布特征值在两种冠形上表现不同，在树冠同一方位的冠东、冠北和冠中差异显著；不同高度上，两种冠形在冠中距地面高 1.0~1.5 m 和 2.5 m 处的温度差异不显著，但在 2.0 m 处差异显著。五主双层开心形树冠整体的温度显著高于自然半圆形，冠内不同水平方位上的温度、风速、相对湿度、紫外线辐照度及冠内蒸发量均明显不同且差异显著；在冠内不同高度上的温度、风速差异较小。五主双层开心形冠层和同一冠层不同方位相对湿度显著高于自然半圆形相对湿度。李国栋等（2008）的研究表明低干开心形树冠层相对湿度较大，小冠疏层形冠层的相对湿度小，自由纺锤形的相对湿度最大，它们冠层内的温度变化差异不明显。

6. 补光措施对果实品质的影响研究进展

（1）套袋栽培管理技术

果实套袋具有增加果实着色、提高果面光洁度、防治病虫害、降低果实中农药残留、减轻对环境的污染、增加果实贮藏的时间等作用，同时，通过套袋可以提高果实质量和市场竞争力，增加果农的收入（沙守峰等，2009）。

目前生产上应用的果袋主要有双层纸袋、单层纸袋和塑膜袋，不同的果袋改善果实外观品质的效果也不同，双层纸袋最好，单层纸袋次之，塑膜袋效果最差，生产上几乎无应用价值。

世界上最早开始果实套袋的国家为日本，起初日本学者用旧报纸巧妙地缝制成袋子套在果实上，并发现起到了防病虫害作用。后期，通过多方面的研究，日本学者又开发了一种防病虫害效果明显的双层纸袋，广泛地应用于苹果和梨上（杨尚武，2004）。韩国开始使用果实套袋技术始于 20 世纪 80 年代，由于劳动力欠缺等，韩国试用套袋管理栽培技术没有进行广泛的应用。

我国从日本和韩国等国家引进套袋技术及纸袋，进行了大力的推广。特别是最近的十年来，果树套袋的技术在我国的推广与应用越来越得到重视，人们对此进行了深入的研究。目前我国陕西、山东、辽宁、河北等地区大量使用苹果套袋栽培技术（刘志坚，2001）。最初的苹果套袋试用的纸袋主要是用新闻报纸粘制而成的，随后在 20 世纪 80 年代起开始试用韩国纸袋和日本纸袋。之后为了降低套袋果实的成本，国内的很多教学单位、科研单位及有关部门进行了国产纸袋的研制和开发。90 年代末的时候，纸袋的成本有些高，我国很多地区农民开始试套塑膜袋，在保持果面的光洁度和防治病虫害等方面获得了比较理想的效果，且价格相对便宜。因此，套塑膜袋在某些苹果产区开始大量推广。苹果的全套袋技术的推广也是从塑膜袋开始的。2000 年以来，我国的一些果农利用膜袋和纸袋的优点，对富士苹果进行套纸袋和塑膜袋相结合的办法，生产了无公害的优质苹果（黄春辉等，2007）。这样既能利用膜袋果面光洁、基本上无裂果的优点，又能使纸袋发挥使果实着色鲜艳、遮光褪绿的作用。

A. 套袋对果实外观品质的影响

花青苷是决定果实色泽的主要色素。套袋后袋内的微域环境发生了变化，因而影响果实色泽的形成和转变。通常，果实套袋后，袋内的光照强度非常弱，花青苷的合成受阻，果实的表面黄化呈乳白色。袋子去除后，果实中的花青苷合成相关酶的水平升高，花青苷的合成积累增加，使果实的颜色迅速变红，这个时候叶绿素的含量明显低于没有套袋子的果实，并且果实在套袋的发育过程中，果皮中的花青苷、酚类物质、类黄酮、叶绿素等的合成被抑制，当袋子取下来后，果皮中的花青苷、酚类物质、类黄酮、叶绿素等物质的合成与积累又迅速提高，从而改变了花青苷的显色背景，使套袋果实色泽鲜艳。

果实套袋之后，处在温湿度相对比较稳定的条件下，避免了药剂、风、雨、有害光线、机械摩擦、烈日等因素对果皮的刺激和损害，确保了果皮的正常良好发育，提高了果面光滑洁净度、果面光洁指数，并让果锈指数降低。果实套袋之后，由于果袋的保护，一些外部的病虫害难以入袋侵害果实。据研究，套袋苹果虫果率比对照降低了97.8%。

果实大小是评价果实外观品质的重要指标，常以单果重衡量。在优质果品商品化生产中，小于标准大小的果实的品质和商品价值均比较低。套袋影响果实的大小，不同材质的袋子对果实大小的影响也不同。套塑膜袋可增加果实单果重，但是套双层的纸袋子的效果相反，潘增光和辛培刚（1995）的研究也发现，套塑膜袋和黑袋后，抑制了红星苹果的生长发育。李振刚等（2000）试验结果表明，套塑膜袋可以明显增大红富士苹果的果个，而套了双层纸袋的果实的果个略小于没有套袋的果实。王少敏等（1998，2001）试验结果表明，套了双层纸袋的红富士苹果的果实与套了单层纸袋的果实的单果重差异不显著。套袋对红富士苹果果实的果形指数的影响不显著。

B. 套袋对果实内在品质的影响

研究表明，果实套袋后使袋内形成了一个独立的微域环境，类似于温室环境。在此环境下，果实的呼吸作用较强，对能量的消耗有所增加。苹果果实套双层的纸袋后，对光的吸收能力下降，进而影响糖酸等的积累（高华君等，2000），还原糖和可溶性糖的含量明显降低，可滴定酸含量也下降较多，但是糖酸的比值略有所升高（Arakawa et al.，1994；卜万锁等，1998）。芳香物质和抗坏血酸的含量也下降（范崇辉等，2004；辛贺明和张喜焕，2003）。陈敬宜等（2000）研究发现，所选袋子的不同、不同的套袋时期和摘袋时期对果实糖类物质的积累影响不同，孙忠庆等（1995）在试验中也发现，取袋过晚会降低红富士苹果的可溶性固形物的含量。套袋对红富士果实中淀粉含量、总糖及可溶性固形物的积累也有很大的影响，其中，套双层纸袋的红富士果实的淀粉含量为最低，未套袋果的淀粉含量高于单层纸袋果的淀粉含量；套单层袋果实的总糖、可溶性固形物的含量显著高于套双层纸袋的果实。

（2）铺反光膜及摘叶转果栽培管理技术

果树下铺设反光膜可以调节果树冠层的微环境，也是提高水果果实品质的主要技术措施之一。近年来，我国在梨、苹果、葡萄、荔枝、柑橘等果树栽培中实施铺设反光膜技术使得其外观品质改善，市场竞争力和经济效益明显提高。铺设反光膜除了能改善果实色泽和光洁度外，还能加速果实内淀粉的转化，提高果实含糖量，提高果实的花青苷及可溶性固形物的含量，与此同时果实风味变浓。

A. 铺设反光膜对果实外观的影响

铺设反光膜可以改善树冠内膛和下部的光照条件，主要解决了树冠下部果实和背阴面果实的着色不良问题，从而对果实的外观品质产生影响。

冯传余（2002）对蜜柑的树冠内铺设了反光膜，试验结果表明，蜜柑内膛果、中下部果相对不做任何处理的绿黄色果实，颜色鲜亮，大多呈现橘红色，外观品质相对较好。夏国海等（1998）在红星苹果铺设反光膜对微域环境的影响方面也有相似的结论，其表明树下铺设反光膜相比不铺反光膜的果树，果实着色指数明显有所增加，全红果平均提高了59.8%。前人的研究表明，铺膜树的全株平均着色指数为50%～70%，未铺膜树则只达到26%～40%，平均着色指数提高25%～30%，树冠内膛和下层果实着色指数提高到43.8%～54.3%，全红果和着色面积3/4以上的果实占全株果树的35%～69%（关军锋，2001；丁永电等，2006）。

B. 铺设反光膜对果实内在品质的影响

铺设反光膜后可溶性固形物的含量明显提高。最早，李三玉等（1987）的研究结果表明，可溶性固形物受光照强度影响最明显。树冠内光照强度高的区域，可溶性固形物的含量高，随着光照强度的减弱可溶性固形物含量也降低。徐培荣（2006）的研究结果表明，果园内铺设反光膜后，果实中的含糖量有所提高。李翔等（2004）研究结果表明，铺反光膜后果实中可溶性固形物的含量高于对照，并且靠近地面的果实，可溶性固形物含量更高，且风味好。

前人的研究结果表明，铺反光膜会降低可滴定酸的含量。可滴定酸的含量直接受光照强度的影响，随着光强增加而逐渐降低。随着生产力的发展，消费者的生活习惯发生了一定的变化，同时消费者对苹果果实中含酸量的要求不一致，因此铺反光膜对果实品质中的酸的影响显得非常有意义。

C. 摘叶转果栽培管理技术

摘叶转果都是为提高果实的受光面积，达到实现全面着色的目的。摘叶就是在采收前一段时间，把树冠中那些遮挡果面、影响果实着色的叶片摘除，以增加全树通光量，避免果实局部绿斑，促进果实均匀着色。富士苹果果实着色相对缓慢，宜在采前25～30 d摘叶。树冠中下部和内膛在第一期摘叶，树冠上部则在最后一期摘叶。

一般来说，采前摘叶量愈大，果实着色愈好，但同时对树体有机营养的产生和积累的负效应也愈大，因此，摘叶量要适度，并且分期摘除，一次摘叶不能太多，以免果面产生日烧。摘叶量应根据树体、营养水平、土壤肥力情况及果实负载量等因子来确定。前人研究结果表明，新红星等元帅系苹果的适宜摘叶量为叶片总量的10%～11%，红富士为15%～16%。日本为了使果面充分着色，果园采前摘叶量往往高达20%。如红富士，树冠上部的摘叶量为20%左右，而树冠下部则超过30%。日本果园土壤肥力高，留果量偏低，因此加大采前摘叶，而我国目前果园条件及管理水平不及国外，因此采前摘叶量不宜过大。

摘叶是用剪子将叶片剪除，仅留叶柄，主要是摘除影响果实受光的叶片，以便果实着色，提高商品价值。摘叶只要掌握好摘叶时期和摘叶程度，通过进行的红富士和乔纳金苹果不同摘叶量对果实品质影响的研究来看，摘叶程度为50%时，对苹果果实的品质尚未显示不良影响，但为避免影响花芽质量和降低日烧的发生，摘叶量宜控制在30%左右。摘叶不宜过早，否则会降低产量，影响翌年花芽量。另外，摘叶时注意保留叶柄。

转果使果实的阴面也能获得阳光而使其全面着色，前人的试验结果表明，转果可使果实着色指数平均增加 20%左右，转果时期在摘袋后 15 d 左右进行（即阳面上足色后），用改变枝条位置和果实方向的方法，将果实阴面转向阳面（为防止果实再转回原位，可用透明白胶带将果实固定住）使之充分受光，果面易成红色，转果根据情况进行 2 或 3 次。转果时间控制在 10:00 前 16:00 后进行，以防发生日烧。

本研究以纺锤形和主冠分层形两种树形为研究对象，对其树冠生理生态指标进行测定，旨在揭示树形对树冠的生理生态和果实品质及产量的影响，为树体结构的评价提供科学依据。同时，通过套袋结合摘叶转果及铺反光膜措施，提高果实外观品质的同时，提高其内在品质，以解决阿克苏地区红富士苹果存在的套袋后果实着色过淡、未套袋的果实着色过重等问题，系统地研究了其对红富士苹果的色泽及内在品质的影响。

1.1 研究材料、关键技术和方法

1.1.1 试验地点

阿克苏地区位于新疆中部，地处天山南麓、塔里木盆地北缘，西界中吉（吉尔吉斯共和国）边境天山山地，南邻塔里木盆地。属阿克苏河的冲积平原带，地理坐标为北纬 39°30′～41°27′，东经 79°39′～82°01′。市内海拔 1114.9 m。阿克苏河主流从市区南部流过。该试验区昼夜温差大，有效积温高，日照充足，属暖温带干旱气候区，降水稀少，蒸发量大，气候干燥。无霜期 205～219 d，年平均太阳总辐射量为 130～141 kcal①/cm²，年日照 2855～2967 h，年均气温 7.9～11.2℃，平均降雨量 42.4～94.4 mm，年蒸发量 1980～2602 mm，年均风速 1.7～2.4 m/s。

红旗坡农场始建于 1958 年，区域面积 2.07 万 hm²，主要经营农作物、林木种植与繁育等，现有红富士苹果、香梨、葡萄、核桃、红枣等 0.85 万 hm²。土壤有机质的含量为 8.88 g/kg，有效氮的含量为 40.25 mg/kg，速效磷的含量为 110.49 mg/kg，速效钾的含量为 11.49 mg/kg。

1.1.2 试验材料与处理

试验于 2012 年 5 月至 2012 年 10 月在阿克苏地区红旗坡三分场，以 9 年生的纺锤形和主冠分层形的红富士苹果为试材，土壤为砂质壤土，管理水平中等。

---

① 1 kcal=4.187 kJ

品种为红富士（*Malus domestica* Borkh. cv. *red fuji*），授粉树为嘎啦（*Malus domestica* Borkh. cv. *ga la*）。2003 年种植，株行距 4 m×5 m。

本试验设处理 1（果实套袋），处理 2（果实套袋+摘叶转果），处理 3（果实套袋+铺反光膜），处理 4（果实套袋+铺反光膜+摘叶），处理 5（对照，无任何处理）5 个处理，每个处理选两棵树。

果实套袋：于花期后 50 d，选择晴天 11:00 至 20:00 以前，选定幼果，进行套袋。先用手将纸袋底部打一下，使纸袋膨胀起来，之后撑开纸袋口，托起底部的袋口，两底角的通气口张开，然后用左手大拇指和食指夹着果柄，右手拿纸袋，把果实套入纸袋口下 2~3 mm 处，并向中部如折扇方式叠袋口，再于线口上方，连接点处撕开，将捆扎丝反转 90°，并且尽量使袋口靠上，按近果台的部位，将纸袋固定在果柄上，使果实悬空于袋中，进而防止袋体摩擦果面（王文江等，1996）。

采前摘叶转果：在果树摘袋后，铺反光膜前，摘除果实表面和果实周围遮阴的叶片，摘叶量以 20%为宜，使树冠下透光量达到 30%。摘袋后 5~7 d 用手托住果实，轻轻地朝一个方向转动 90°~180°，将原来的阴面转向阳面，用窄透明胶带将其固定在邻接枝条上，以防果实回转。摘叶、转果应在阴天或晴天傍晚进行，避开晴天上午，以防日烧（冯国聪等，2009）。

铺反光膜：本研究试用了红旗坡农场场部指定的反光膜，在摘袋后，处理树种树盘内外各铺一条长幅反光膜，并把四周用石块固定好（夏国海等，1998）。

果树成熟期，每个处理树冠 1/3 处，按东南西北 4 个方向，在外层和内层平均选取 6 个苹果，带回实验室，测定其色泽及品质指标。

1.1.3　试验方法

1.1.3.1　光合作用的测定

从 5 月到 9 月中下旬，选择典型的晴天，9:00 至 21:00，每隔 2 h，使用美国产 Li-6400 便携式光合作用测定系统，在样树树冠的 1/3 处，按东南西北 4 个方向，在外层和内膛各选两枚成熟叶片进行两种不同树形冠层叶片光合特性季节变化及日变化规律的测量。在数据处理中，把两棵树上测定的 16 枚叶片的平均光合特性视为此试验树的光合特性。测定的主要指标为叶片的净光合速率[μmol/（m²·s）]、蒸腾速率[mmol/（m²·s）]、气孔导度[mol/（m²·s）]、胞间 CO_2 浓度（Ci）（μmol/mol）等（李彧，2009；Hartung et al.，2002；郭建平等，2002；Arisi et al.，1998）。

1.1.3.2　冠层温湿度及地层温湿度的测定

将校正好的 EI-USB-2-LCD 温湿度仪，分别悬挂于样品树的外层和内膛，自动记录样品树冠层温湿度变化。5～10 月，每天每 30 min 测定一次，表示不同树形不同部位温湿度的季节变化及日变化。

离样品树树冠 1 m 处，挖深度为 20 cm、40 cm 及 60 cm 的坑，并将设置好的地温仪埋在不同的深度部位，5～10 月，每天每 30 min 测定一次，表示地表不同深度温度的季节变化及日变化规律。

1.1.3.3　冠层有效辐射的测定

从 5 月到 8 月中下旬，选择典型的晴天，9:00 至 21:00，每隔 2 h，在供试树树冠的 1/3 处，按东南西北 4 个方向，使用美国产 Li-6400 便携式光合作用测定系统，在外层和内膛进行两种不同树形冠层有效辐射季节变化及日变化规律的测定。

1.1.3.4　透光率和叶面积指数的测定

从 5 月到 9 月中旬，选择阴天，用 LAI-2000 冠层分析仪测定各样品树的冠层结构。每棵树测三次，选择空旷的比样品树的地理位置较高的地点，测一个 A 值作为对照，将树冠分为上层和下层，在主干附近向 4 个方向各测一个 B 值。利用仪器自带的 FV-2000 软件对数据进行分析计算，得出透光率（DIFN）和叶面积指数。

1.1.3.5　两种树形果实产量和品质相关指标的测定

产量的测定：果实成熟期，样品树上果实的总质量视为产量。

品质的测定包括以下几方面内容。

a. 果形指数：用游标卡尺测量果实的纵、横径，以果实纵径和横径的比值表示，取平均值。

b. 单果重：用电子天平测定。

c. 可溶性固形物：用 WYT 手持折光仪测量。

d. 总酸含量：按照 GB/T 12456—2008 测定。

e. 还原糖含量：按照 GB/T 5009.7—2008 测定。

f. 总糖含量：按照 GB/T 5009.8—2008 测定。

g. 维生素 C 含量：按照 GB/T 5009.86—2003 测定。

h. 着色指数的测定：果实着色的分级标准为 5 级，0 级果实不着色；1 级果面着色 1.0%～30.0%；2 级果面着色 30.1%～60.0%；3 级果面着色 60.1%～90.0%；4 级果面着色 90.1%以上。按"着色指数=Σ（每级果数×代表极值）/（总果数×最高级数）×100%"计算果实着色指数。

i. 果实色差分析：用美国产 D25A-900 色差仪，在每个果实的四面都进行测定，自动测量平均值为此果实的色差值。

1.1.3.6 数据处理

运用 Excel2003 和 SPSS17.0 软件进行数据分析绘制图表。

1.2 研究取得的重要进展

1.2.1 两种不同树形 5 月叶片平均光合作用及温度日变化

由图 1-1 可以看出，纺锤形和主冠分层形树形的富士苹果光合作用日变化差异比较明显，净光合速率基本呈双峰曲线，且主冠分层形树形的 Pn 值高于纺锤形树形；最大净光合速率出现在 13:00 左右；15:00 左右降低，此时对净光合速率影响的主要因素是温度，随着温度的升高水分散失很快，气孔大量关闭，气孔不仅是

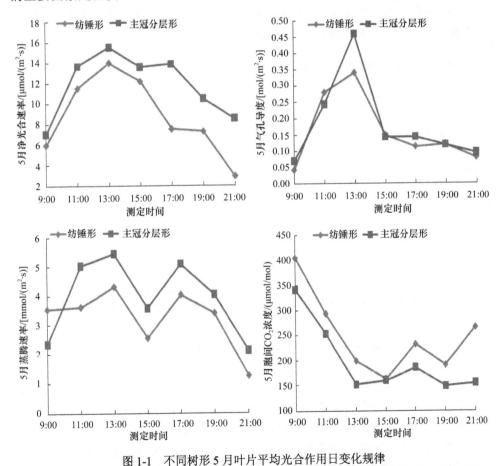

图 1-1 不同树形 5 月叶片平均光合作用日变化规律

Fig. 1-1 The daily variation regularity of photosynthetic characteristics of different shapes in May

水分进出的通道，而且是二氧化碳与氧气进出的通道，由于这个时间光照相对充足，CO_2 变化明显，因此这段时间影响光合作用的主要因素就成了 CO_2 供应问题。而 CO_2 供应主要与气孔的开闭度有关，温度越高，关闭气孔就越多，二氧化碳供应越少，光合作用越弱，因此出现午休现象；17:00 左右纺锤形树形的 Pn 值一直下降，主冠分层形树形的 Pn 值有所回升，与此天的温度（图 1-2）相结合，可以看出，下午温度保持了一直高温的状态。

通常情况下，果树的气孔白天开放，夜间关闭，并且跟净光合速率与蒸腾速率密切相关，由图 1-1 及图 1-2 可以看出，随着温度的升高相对湿度降低，引起植物大量失水，因此 15:00 左右，气孔大量关闭，Gs 值降低；下午由于温度保持相对的高温，而气孔导度的变化趋势不明显，但 Pn 值下降，因此可以得出对净光合速率除了气孔因素的影响之外也有非气孔因素的影响。

由图 1-1 可以看出，15:00 左右，当 Gs 值下降时，Tr 的下降幅度也很明显，但 17:00 左右，当气孔导度变化趋势不明显时 Tr 值一直下降，这也许是因为气孔保持着一定阻力时，对蒸腾速率也有阻碍作用。

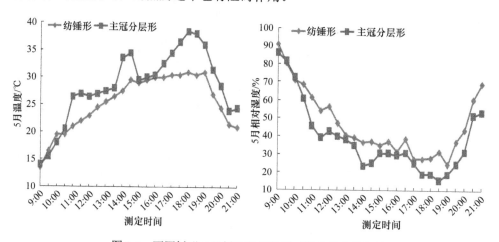

图 1-2　不同树形 5 月树冠温度及相对湿度日变化规律

Fig. 1-2　The daily variation regularity of temperature and relative humidity of different shapes in May

1.2.2　两种不同树形 6 月叶片平均光合作用日变化

由图 1-3 可以看出，树形为纺锤形和主冠分层形的富士苹果光合作用日变化差异明显，净光合速率呈双峰曲线，且主冠分层形树形的 Pn 值高于纺锤形树形；最大净光合速率出现在 17:00 左右，这与李粉茹（2005）的果树叶片最大光合速率多出现在上午的结论不符，但 15:00 左右降低，出现午休现象；由图 1-4 可以看出，15:00 温度大幅度升高，到 17:00 这 2 h 温度下降，这时可以认为气孔

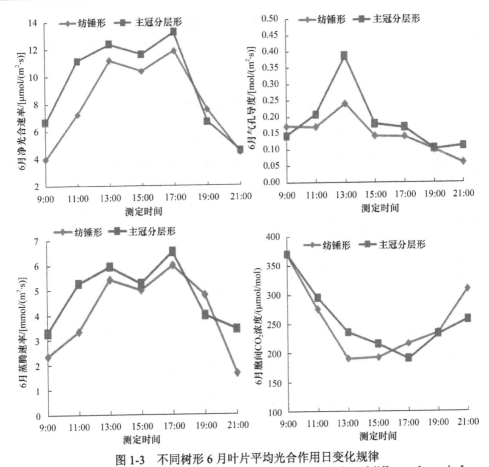

图 1-3　不同树形 6 月叶片平均光合作用日变化规律

Fig. 1-3　The daily variation regularity of photosynthetic characteristics of different shapes in June

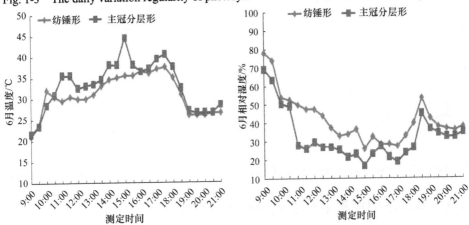

图 1-4　不同树形 6 月树冠温度及相对湿度日变化规律

Fig. 1-4　The daily variation regularity of temperature and relative humidity of different shapes in June

大量打开，蒸腾速率升高了，但到 17:00 左右，温度又开始上升，由图 1-3 可以看出，这时气孔导度下降的趋势不明显，而 Ci 升高了，因此可以认为，这时 CO_2 浓度使蒸腾速率降低了。

1.2.3　两种不同树形 7 月叶片平均光合作用日变化

由图 1-5 可以看出，纺锤形和主冠分层形树形的富士苹果光合作用日变化差异比较明显，净光合速率基本呈双峰曲线，且主冠分层形树形的 Pn 值高于纺锤形树形；由图 1-5 还可以看出，最大净光合速率出现在 13:00 左右，17:00 左右降低，19:00 左右开始上升，7 月与 5 月和 6 月光合作用比较，测定的趋势也有所差异。7 月温、湿度情况如图 1-6 所示。

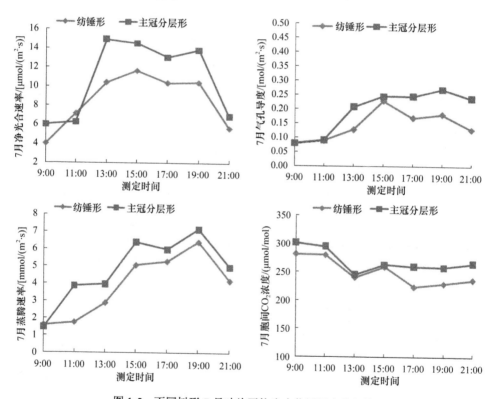

图 1-5　不同树形 7 月叶片平均光合作用日变化规律
Fig. 1-5　The daily variation regularity of photosynthetic characteristics of different shapes in July

1.2.4　两种不同树形冠层有效辐射特性研究

两种树形红富士苹果不同时期 PAR 如图 1-7 所示。从图可以看出，各树形，

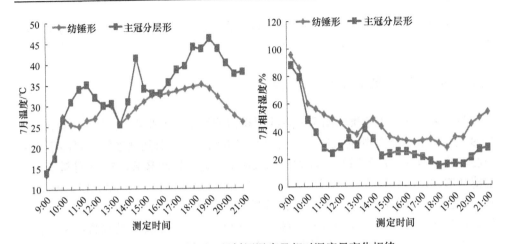

图 1-6 不同树形 7 月树冠温度及相对湿度日变化规律

Fig. 1-6 The daily variation regularity of temperature and relative humidity of different shapes in July

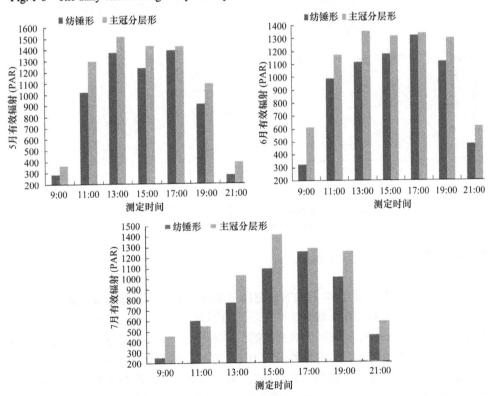

图 1-7 不同树形富士苹果有效辐射日变化规律

Fig. 1-7 The daily variation of PAR of Red Fuji apple different shapes' peripheral

各时期的 PAR 呈现出明显的日变化规律，同时纺锤形及主冠分层形树形的富士苹果 PAR 在 5 月和 6 月的日变化呈双峰曲线，最大值出现在 13:00 左右，7 月呈单峰曲线，以正午时间（solar noon）最大。

1.2.5　叶面积指数季节变化规律

两种树形红富士苹果外围及内膛叶面积指数如图 1-8 所示。由图可以看出，在 5～9 月，两种树形的外围 LAI 呈先升高后降低的趋势，且纺锤形的一直高于主冠分层形的。两种树形外围的 LAI 相差比较明显，趋势比较显著，5～7 月新梢生长量持续增加，树势旺盛，LAI 随之增大，7 月达到了最高值，分别为 2.53 和 2.17。7 月末进行夏季修剪后，8 月 LAI 有所降低，值分别为 2.45 和 2.04，9 月有所回升，值分别为 2.52 和 2.26。两种树形内膛的 LAI 也呈先升高后降低的趋势，两种树形内膛的 LAI 相差比较明显，但趋势不显著。

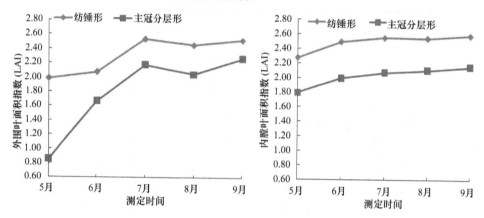

图 1-8　不同树形外围及内膛叶面积指数季节变化规律
Fig. 1-8　The seasonal variation of LAI of different shapes's peripheral and inner bore

1.2.6　透光率季节变化规律

在一定范围内，透光率（DIFN）越高，果树冠内光照分布越好。两种树形红富士苹果外围及内膛 DIFN 如图 1-9 所示。由图可以看出，在 5～9 月，两种树形红富士苹果外围 DIFN 呈先降低后升高的双峰曲线趋势，且主冠分层形一直高于纺锤形。纺锤形及主冠分层形树形外围的 DIFN 相差比较明显，趋势比较显著，5～7 月新梢生长量持续增加，树势旺盛，DIFN 随之减小，7 月达到了第一个最小值，值分别为 12%和 21%。7 月末进行夏季修剪后，8 月叶面积指数有所升高，DIFN 值分别为 14%和 24%，9 月有所下降，值分别为 11% 和 19%。主冠分层形内膛的 DIFN 基本呈先降低后升高的趋势，纺锤形的 DIFN 一直下降，两种树形内膛的叶面积指数相差比较明显，但趋势不显著。

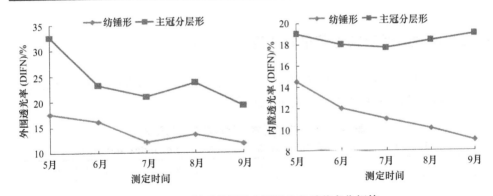

图 1-9 不同树形外围及内膛透光率季节变化规律

Fig. 1-9 The seasonal variation of DIFN of different shapes' peripheral and inner bore

1.2.7 两种树形对富士苹果果实品质的影响

本研究所得到的品质指标均采用鲜样，是用本地生产上常用的双层套袋的富士苹果果实及未套袋的富士苹果果实。果树成熟期，每个处理树树冠 1/3 处，按东南西北 4 个方向，在外层和内层平均选取 6 个苹果，带回实验室，测定其色泽及品质指标。

从表 1-1 可以看出，两种树形富士苹果的果实在单果重、果形指数、可溶性固形物、维生素 C、总酸、还原糖及总糖之间都存在一定的差异。由表可以看出，主冠分层形富士苹果的内在品质高于纺锤形。

表 1-1 不同树形对套袋果内在品质影响

Table 1-1 Effects of different shapes on bagging fruit quality

树形	单果重/g	果形指数	可溶性固形物/%	维生素 C/（mg/100 g）	总酸/%	还原糖/%	总糖/%
纺锤形	223.76	0.80	13.2	6.23	0.24	7.54	18.02
主冠分层形	235.15	0.82	13.5	6.57	0.29	7.98	18.69

表 1-2 为未套袋果实的品质指标，从表中可以看出，两种树形富士苹果的果实在单果重、果形指数、可溶性固形物、维生素 C、总酸、还原糖及总糖之间都存在一定的差异。由表可以看出，主冠分层形富士苹果的内在品质高于纺锤形。

表 1-2 不同树形对未套袋果内在品质的影响

Table 1-2 Effects of different shapes on no bagging fruit quality

树形	单果重/g	果形指数	可溶性固形物/%	维生素 C/（mg/100 g）	总酸/%	还原糖/%	总糖/%
纺锤形	228.87	0.83	14.7	9.42	0.29	8.36	21.21
主冠分层形	257.53	0.86	15.5	7.90	0.35	8.39	21.63

1.2.8 两种树形对富士苹果着色及果实产量的影响

从表 1-3 可以看出，两种树形富士苹果果实在着色指数及产量上有一定的区别，主冠分层形的着色指数及产量高于纺锤形的富士苹果。

表 1-3 不同树形对着色指数及产量的影响

Table 1-3 Effects of different shapes on fruit color index and yield

树形	套袋果着色指数/%	未套袋果着色指数/%	单株产量/kg
纺锤形	64	74	83.02
主冠分层形	71	78	94.97

1.2.9 补光措施对果实着色的影响

从表 1-4 可以看出，处理 1（套袋）的着色指数最低，为 66%，与处理 5（无袋）相差了 10%，与处理 4（套袋+铺反光膜+摘叶转果）相差了 33%，与处理 3（套袋+铺反光膜）的着色指数相差了 27%，与处理 2（套袋+摘叶转果）的着色指数相差了 18%，说明套袋使果实着色下降；处理 2（套袋+摘叶转果）的着色指数为 84%，与处理 4（套袋+铺反光膜+摘叶转果）相差了 15%，与处理 3（套袋+铺反光膜）相差了 9%，说明铺反光膜对果实着色指数的影响比摘叶转果对果实着色指数的影响明显；处理 3（套袋+铺反光膜）的着色指数为 93%，与处理 4（套袋+铺反光膜+摘叶转果）相差 6%，说明套袋结合摘叶转果和铺反光膜，对果实着色的影响最明显，能把着色指数提高至 99%（全红果）。

表 1-4 补光措施对果实着色指数的影响

Table 1-4 Effects of supplementary measures on fruit color index

处理	处理 1	处理 2	处理 3	处理 4	处理 5
着色指数/%	66	84	93	99	76

1.2.10 补光措施对果实色差的影响

从表 1-5 可以看出，处理 5（对照）的光泽度（L^*）最小，和处理 1（套袋）之间有显著性差异（$P<0.05$），处理 2、3、4 之间无显著差异；果实套袋后的光泽度（L^*）的平均数，与各处理的果实着色指数相对比，越红的果实越不亮。处理 3、4 的红色程度（a^*）显著高于处理 1、2、5；从平均数来看，处理 4（套袋+铺反光膜+摘叶转果）的红色程度（a^* 值）最高，进一步说明套袋结合摘叶转果和铺反光膜对提高果实色泽的影响非常明显。处理 5（对照）的黄蓝

程度（b^*值）最大，与处理 4（套袋+铺反光膜+摘叶转果）有显著性差异，处理 2（套袋+摘叶转果）与处理 1、3（套袋+铺反光膜）无显著性差异，与处理 4、5 有显著性差异。处理 4（套袋+铺反光膜+摘叶转果）的红黄比（a^*/b^*值）最大，与处理 2、5 有显著性差异，处理 1（套袋）与处理 3（套袋+铺反光膜）无显著性差异。

表 1-5　补光措施对果实色差的影响

Table 1-5　Effects of supplementary measures on fruit peel color

处理	L^*	a^*	b^*	a^*/b^*
处理 1	30.90±0.71a	4.58±0.30b	3.59±0.27b	1.68±0.19ab
处理 2	30.12±0.68ab	4.77±0.41b	2.72±0.17bc	1.10±0.26b
处理 3	27.98±1.72ab	8.07±1.68a	2.10±0.49c	1.90±0.80ab
处理 4	28.05±0.87ab	8.92±0.27a	0.94±0.15d	2.23±0.24a
处理 5	27.76±0.43b	5.13±0.37b	6.41±0.75a	1.00±0.16b

注：小写字母表示差异达 5%显著性水平（$P<0.05$）

1.2.11　补光措施对果实品质的影响

从表 1-6 可以看出，各处理单果重和果形指数之间没有明显差异；可溶性固形物、维生素 C（VC）、总糖的含量，处理 5（无任何处理）的最高，与处理 1（套袋）之间比较，处理 1 下降的幅度比较大，与处理 4（套袋+铺反光膜+摘叶转果）之间比较，处理 4 也有所下降，但下降幅度不明显；处理 2（套袋+摘叶转果）与处理 3（套袋+铺反光膜）之间比较，处理 3（套袋+铺反光膜）的可溶性固形物、VC、总酸、总糖和还原糖的含量比处理 2（摘叶转果）的高；处理 4（套袋+铺反光膜+摘叶转果）的可溶性固形物、VC、总酸和还原糖的含量比处理 2（摘叶转果）和处理 3（套袋+铺反光膜）的高。

表 1-6　补光措施对果实品质的影响

Table 1-6　Effects of supplementary measures on fruit quality

处理	单果重/g	果形指数	可溶性固形物/%	维生素 C/（mg/100 g）	总酸/%	还原糖/%	总糖/%
处理 1	236.6	0.81	13.2	6.23	0.24	7.51	11.19
处理 2	230.3	0.85	13.7	6.58	0.20	8.08	11.71
处理 3	239.9	0.84	14.0	7.71	0.31	8.12	11.95
处理 4	231.8	0.83	14.5	8.11	0.38	8.39	11.90
处理 5	243.2	0.85	15.1	8.66	0.33	8.37	13.05

1.2.12　喷施叶面肥对红富士苹果叶片光合特性的影响

1.2.12.1　喷施叶面肥对红富士苹果叶片净光合速率日变化的影响

由图 1-10 可知，不同处理均能显著提高红富士苹果叶片的净光合速率，钾肥的效果最为明显，日平均净光合速率为 18.77 μmol/(m²·s)，比对照高出 14.09%。喷施钙肥、复合肥、有机肥的日平均净光合速率依次较对照提高 9.12%、10.05%、8.1%，从图中可以看出，净光合速率在 12:00 出现峰值（图 1-10）。对各时段的净光合速率数据进行单因素方差分析（表 1-7），结果表明喷施叶面肥的 Pn 与对照的 Pn 在各时段都存在显著差异，不同叶面肥间，在 12:00 的 Pn 差异比较显著，18:00 叶片的 Pn 之间没有显著差异。

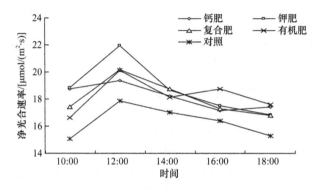

图 1-10　不同处理红富士苹果 Pn 日变化

Fig. 1-10　The diurnal fluctuation of net photosynthetic rate in Red Fuji apple in different treatment

表 1-7　不同处理红富士苹果净光合速率差异性比较[单位：μmol/(m²·s)]

Table 1-7　The different comparison of Red Fuji apple net photosynthetic rate in different treatment

处理	10:00	12:00	14:00	16:00	18:00
钙肥	18.78a	19.38b	18.24ab	17.17abc	17.41a
钾肥	18.86a	21.95a	18.67a	17.51ab	16.83a
复合肥	15.66bc	20.17b	18.75a	16.88bc	16.82a
有机肥	16.62ab	20.13b	18.13ab	18.78a	17.60a
对照	13.44c	17.87c	16.59b	15.61c	16.22a

注：单因素方差分析采用 LSD 法，小写字母代表 5%显著性水平

1.2.12.2　喷施叶面肥对红富士苹果叶片蒸腾速率日变化的影响

由图 1-11 知，叶面喷施钙肥、钾肥、复合肥的蒸腾速率均高于对照，其中钙

肥处理的蒸腾速率在不同时刻均高于其他处理，而喷施有机肥的果树其蒸腾速率受到抑制，日平均蒸腾速率较对照降低了 12%，表明喷施有机肥可提高果树的抗逆性。不同处理的蒸腾速率日变化均呈单峰曲线，在 14:00 出现峰值。对不同处理各时刻的蒸腾速率数据进行单因素方差分析（表 1-8），12:00 时，钙肥、有机肥与其他各处理的 Tr 差异均显著，且二者的差异也显著。14:00 时，钙肥、钾肥、复合肥之间无显著性差异，与有机肥和对照之间有显著差异。16:00 时各叶面肥之间无差异，但均与对照之间呈显著性差异。其他时刻，各处理的 Tr 均与有机肥的 Tr 呈显著性差异。由此可见，喷施叶面肥后对果树 12:00 时的 Tr 影响比较显著。

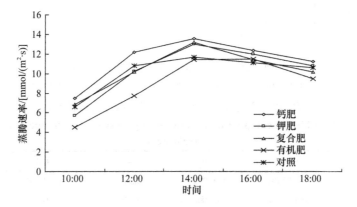

图 1-11　不同处理红富士苹果 Tr 日变化

Fig. 1-11　The diurnal fluctuation of transpiration rate in Red Fuji apple in different treatment

表 1-8　不同处理红富士苹果蒸腾速率差异性比较[单位：mmol/(m²·s)]

Table 1-8　The different comparison of Red Fuji apple Transpiration rate in different treatment

处理	10:00	12:00	14:00	16:00	18:00
钙肥	7.48a	12.16a	13.56a	12.39a	11.24a
钾肥	5.72b	10.20b	12.98a	11.96a	10.79a
复合肥	6.85ab	10.15b	13.19a	11.41a	10.19b
有机肥	3.22c	7.74c	11.44b	11.47a	9.50c
对照	6.58ab	10.79b	11.67b	11.08b	10.62ab

注：单因素方差分析采用 LSD 法，小写字母代表 5%显著性水平

1.2.12.3　喷施叶面肥对红富士苹果叶片气孔导度日变化的影响

由图 1-12 可知，不同处理均能提高果树的 Gs。钾肥的效果最为明显，比对照（清水）的 Gs 提高 17.38%，其次依次是复合肥、钙肥、有机肥，分别较对照提高 16.34%、13.35%、8.46%。气孔导度在 12:00 出现峰值（除有机肥外），对不同处理各时段的 Gs 数据进行单因素方差分析（表 1-9），结果表明：14:00 时，喷施叶

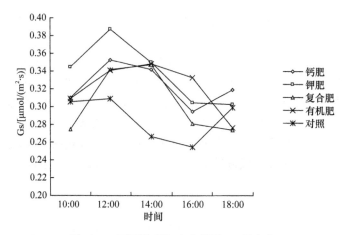

图 1-12　不同处理红富士苹果 Gs 日变化

Fig. 1-12　The diurnal fluctuation of stomatal conductance in Red Fuji apple in different treatment

表 1-9　不同处理红富士苹果气孔导度差异性比较

Table 1-9　The different comparison of Red Fuji apple stomatal conductance in different treatment

处理	10:00	12:00	14:00	16:00	18:00
钙肥	0.302ab	0.3527a	0.3422a	0.2943ab	0.3086a
钾肥	0.3281ab	0.378a	0.3496a	0.3045ab	0.2963a
复合肥	0.3985a	0.3419ab	0.3471a	0.2807ab	0.2739a
有机肥	0.2331c	0.3408ab	0.3479a	0.3329a	0.2761a
对照	0.3054ab	0.3091b	0.2569b	0.2545b	0.2856a

注：单因素方差分析采用 LSD 法，小写字母代表 5%显著性水平

面肥果树的 Gs 均与对照果树的 Gs 呈显著性差异，在 12:00 时，钾肥、钙肥的 Gs 与对照的 Gs 呈显著性差异，16:00 与 18:00 各处理的 Gs 差异不显著。

1.2.12.4　喷施叶面肥对红富士苹果叶片瞬时水分利用效率日变化的影响

从瞬时水分利用效率（WUE）日变化可以看出（图 1-13），不同处理均能显著提高苹果树的 WUE，其中，有机肥处理对提高果树 WUE 的效果最为明显，比对照高出 45.26%，其次是钾肥、复合肥、钙肥，分别为 26.61%、16.55%、7.15%，WUE 在 14:00 出现最低值。对不同处理不同时刻水分利用效率数据进行单因素方差分析（表 1-10），结果表明 12:00 时差异最为显著，此时，有机肥处理的 WUE 与其他处理 WUE 呈极显著差异，除钙肥外，其他处理均与喷施对照的 WUE 呈显著性差异。16:00 时，各处理没有显著差异。其他时刻，均为有机肥处理的 WUE

与其他处理 WUE 呈极显著差异，其他各处理之间没有显著差异。

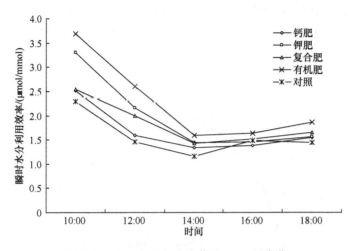

图 1-13　不同处理红富士苹果 WUE 日变化

Fig. 1-13　The diurnal fluctuation of instant water use efficiency in Red Fuji apple in different treatment

表 1-10　不同处理红富士苹果 WUE 差异性比较

Table 1-10　The different comparison of Red Fuji apple instant water use efficiency in different treatment

处理	10:00	12:00	14:00	16:00	18:00
钙肥	2.50bc	1.60c	1.35b	1.39b	1.55b
钾肥	3.31b	2.16b	1.44b	1.47ab	1.55b
复合肥	2.16bc	2.00b	1.42b	1.48ab	1.65b
有机肥	6.22a	2.65a	1.59a	1.64a	1.85a
对照	2.06c	1.66c	1.35b	1.43b	1.54b

注：单因素方差分析采用 LSD 法，小写字母代表 5%显著性水平

1.2.12.5　喷施叶面肥对红富士苹果叶片光响应的影响

4 个处理与对照的 Pn-PAR 变化呈相似的二次曲线关系（图 1-14）。从图中可以看出，当光强小于 500 $\mu mol/(m^2 \cdot s)$ 时，数据点较集中；光强超过 500 $\mu mol/(m^2 \cdot s)$ 时，数据点开始较分散，且喷施钙肥果树的 Pn 高于其他处理和对照，由高到低的顺序为：钙肥＞有机肥＞钾肥＞复合肥＞对照。红富士苹果光合作用的光补偿点（LCP）为 20～34 $\mu mol/(m^2 \cdot s)$，由高到低的顺序为：钾肥＞对照＞有机肥＞复合肥＞钙肥。由表 1-11 可以看出，LCP 除钾肥与有机肥处理外，其他处理均与对照呈显著性差异，苹果叶片的光饱和点（LSP）为 1077～1288 $\mu mol/(m^2 \cdot s)$，其中有机肥最高，各处理均与对照呈显著差异。苹果叶片的表观量子产额（AQY）为 0.0396～

0.0421，喷施叶面肥显著提高了苹果叶片的 AQY，由高至低的顺序为有机肥＞钾肥＞钙肥＞复合肥＞对照，叶面肥处理与对照叶片的 AQY 之间呈显著性差异。光下暗呼吸速率（Rd）为 $-1.3033 \sim -0.4603$，且叶面肥处理的 Rd 均比对照小。

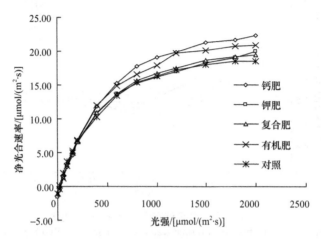

图 1-14　Pn-PAR 响应

Fig. 1-14　Response of Pn in Red Fuji apple to Photo synthetic active radiation（PAR）

表 1-11　不同处理红富士苹果树的光合特性差异性比较[单位：$\mu mol/(m^2 \cdot s)$]

Table 1-11　The different comparison of Red Fuji apple the Photosynthetic characteristics in different treatment

处理	LCP	LSP	AQY	Rd
钙肥	20ab	1238a	0.0396a	−1.1437bc
钾肥	40bc	1258a	0.0400a	−1.22bc
复合肥	30.7a	1077a	0.0390a	−0.9473b
有机肥	32c	1288a	0.0421a	−1.3033c
对照	34c	1078b	0.0317b	−0.4603a

注：单因素方差分析采用 LSD 法，小写字母代表 5%显著性水平

1.3　研究结论与讨论

（1）不同树形树冠光合特性

富士苹果的光合速率是由蒸腾速率、气孔导度、温度和叶片水势多因素共同作用的结果。通常认为在自然条件下，植物光合作用的日变化有两种，一种是单峰型，上午随着太阳光强的增强净光合速率逐渐升高，中午达到其最大值，然后在下午随着太阳光强的减弱而逐渐地降低；另一种是双峰型，Pn 的日变化中出现两个高峰值，一个在上午，另一个在下午，下午的高峰值往往比上午的第一个峰低一些，在这两个高峰之间有一个中午的低谷，被称为"午休"现象。Farquhar

和 Sharkey（1982）认为当出现严重的"午休"现象时，光合日变化中没有下午的第二个高峰值的出现，然而，它与典型的单峰型不同，它的峰值出现的时间不是在下午，而是在上午的早一些时刻出现。程来亮等（1992）对不同季节的金矮生苹果叶片净光合速率、气孔导度的日变化规律的研究表明，一天中 Pn 在 9:00～11:00 时达到最大值，之后逐渐下降，"单峰型"是田间苹果叶片净光合速率日变化的主要类型。中午水蒸气压亏缺过大和叶温过高是引起 Pn 降低的主要因素。

通过本研究可知，每月光合作用的变化规律不一致，这与前人的研究结果不完全一致。通过本试验的温湿度测定结果与前人的研究结果相结合，可以推论出不同程度的水分胁迫和温度胁迫也许对光合作用的影响最为明显，因此在以后光合作用的研究中把水分胁迫和温度胁迫作为研究重点，进而得出影响每月光合速率趋势的主导因素。

通常情况下，果树的气孔白天开放，夜间关闭，并且跟净光合速率与蒸腾速率密切相关，高温导致植物严重失水，因此高温时植物大量关闭气孔，中午干旱条件下，蒸腾速率下降的幅度大，而光合速率下降的幅度不明显，这被认为是由于蒸腾对气孔导度的依赖大于光合对气孔导度的依赖（关义新等，1995）。蒸腾速率对气孔导度的变化非常敏感（孙伟等，2003），通过本研究可以看出，对光合作用，除了气孔因素有影响之外，非气孔因素的影响也非常明显，今后的研究中可以把两者结合来研究。

将本试验进行的过程与研究结果结合来分析，光合作用测定的时间是非常重要的，对于降雨量较多的地方及刚浇完水的果园来说，测量得出的光合作用值与实际的光合作用值会存在一定的误差。

（2）不同树形冠层有效辐射特性

PAR 的日变化主要受太阳高度角的影响。冠层外围 PAR 透光率较高，而冠层内膛的透光率相对较低。一天之中，从早晨开始到中午太阳的高度角渐渐变大，最大太阳高度角为 14:00 左右，之后太阳高度角又开始变小。在早晨和晚上的时候，太阳高度角小，冠层 PAR 就小。正午前后太阳入射角小，且入射光中的直射能量所占比例较大，而散射能量所占比例较小，所以冠层 PAR 大。

（3）不同树形树冠冠层特性

果树的冠层结构决定了其受光态势，同时能影响冠层叶面积指数和透光率等特性指标，适宜的栽培密度及合理的冠层结构可以保证良好的冠层内透光透风。因此，适宜的栽培密度及合理的冠层结构能够促进树冠内光照强度的合理分配，从而能够达到高产、高品质和高经济效益的目的。

LAI 是衡量群落和种群的生长状况和光能利用率的重要指标，LAI 和植物的净光合速率、蒸腾速率、碳循环过程、水分利用和呼吸作用等有着密切的关系，通常情况下，叶面积指数的大小会影响光合作用，由于叶面积指数越大，光合作用参与的面积越大，果树的光合作用能力越高；但是过大的叶面积指数，会造成果园的郁闭，影响有效辐射的入射、反射，从而影响果实品质。由图 1-8 可以看出，纺锤形树形的富士苹果 LAI 一直高于主冠分层形树形的富士苹果；两种树形外围的 LAI 的季节变化呈接近双峰曲线规律，而内膛的季节变化规律保持一直下降的趋势，这可能是因为 7 月末进行修剪时对外围的修剪比较重，对内膛的修剪少。

透光率是指在单位时间内透过冠层到达冠层下方的太阳辐射数量占总入射辐射量的百分比，冠层透光率为估测冠层的郁闭程度提供了很好的依据。透光率越大，入射的光照强度就越强。由图 1-9 可以看出，外围及内膛的透光率，主冠分层形树形的富士苹果明显高于纺锤形树形的富士苹果；外围的透光率变化趋势保持了与前人研究的一致，趋势与 LAI 完全相反，而内膛的透光率主冠分层形树形的富士苹果呈先下降后升高的趋势。

通过本研究可以得出，通过合理的修剪，形成合理的树形，得到良好的冠层结构，可以调节透光率和光能利用率，增强树冠通透能力，加大内膛叶片对光照的吸收效率，进而提高果实的品质及产量。

（4）不同树形品质及产量

果实品质及产量是衡量树形的主要指标，树形会直接影响光的利用效率，光照在冠层结构上的分布会影响光的利用效率。本试验结果显示纺锤形及主冠分层形树形的果实在维生素 C、单果重、可溶性固形物、果形指数、总酸、总糖及还原糖之间存在差异。

果实在冠层内的方位会直接影响果实的品质，树冠方位的变化受外界环境因子形成的微域气候影响，果实生长发育产生的生理特性受微域气候的影响，如叶片的光合作用及呼吸作用受外界环境温度变化影响；叶片的蒸腾速率受外界环境湿度变化影响。由于树形决定了树冠结构、光的分布等，直接影响了果实的品质。主冠分层形富士苹果主枝之间距离较长或主枝相对少，容易造成空间上的浪费；纺锤形富士苹果树冠小且较为集中，内部光照明显不足，坐果量多，且栽植密度大，可以合理利用空间及光照分布使其总产量高，但是单果重低于主冠分层形富士苹果的果实，品质也不如主冠分层形树形的富士苹果果实的品质。

（5）不同补光措施与阿克苏红富士苹果色泽及品质的关系

漂亮的色泽会在很大程度上提升产品在市场上的竞争力，套袋在提高外在品质上起了很大的作用，但也降低了果实内在的品质（周长梅等，2007）。套袋对果实生长发育的影响是一个复杂的过程，袋内特有的"微域环境"影响着果实发育进程及品质形成。套袋改变了果实发育过程中某些不良光照、温度、湿度等因素对幼果的刺激和损害，提高了果面光洁度。

阿克苏的红富士苹果，套袋后亮度明显提高，但出现着色过淡现象，而不套袋会使外观品质下降，影响市场价格。因此本试验通过三种不同的补光措施，研究证明，只套袋使果实着色降低，套袋结合摘叶转果及铺反光膜不仅能够解决果实套袋后着色下降的问题，同时也能明显提高内在品质，其主要原因是果树进行光合作用，制造有机物质，主要吸收蓝紫光和红橙光，叶片反射和透射的光主要是绿色光段。所以在树冠下层和内膛，不仅光照强度弱，而且光质也差，多为不能被利用的绿色光段，而来自反光膜的光是太阳直射、散射到反光膜的全波光，这就改善了树冠中下层和内膛的光质。果实着色时，需要得到蓝紫光和紫外光照射，才能促进花青素（红色）的形成，所以铺反光膜能促进下层果和内膛果着色，也能够提高其品质，而对果实大小及果形指数无明显影响。

在本试验进行的过程中，发现提高果实色泽及品质的方法除了补光措施以外，树形也有一定的影响，在以后的研究中可以把补光措施与树形相结合，得到高品质及高产量的富士苹果。除此之外，袋内微域环境也有很好的研究前景。

（6）喷施叶面肥与红富士苹果叶片光合特性的关系

光合作用是作物产量形成的基础，作物产量的提高主要是通过改善作物的光合生理性能来实现的，因此，如何通过合理的调控措施，改善作物光合特性，达到作物高产等内容一直是作物学家研究的重要课题。光合作用的光补偿点（LCP）、光饱和点（LSP）、净光合速率（Pn）和表观量子产额（AQY）是反映光能利用力和效率的重要指标（杨振伟等，1998）。喷施叶面肥改变红富士苹果叶片的光合特性，提高了叶片的 Pn、气孔导度（Gs）、水分利用效率（WUE）、LCP 和 AQY，降低了叶片的 LSP 和光下暗呼吸速率（Rd），除有机肥，其他处理的蒸腾速率（Tr）都较对照高。有关叶面肥对果树光合特性的研究表明，喷施叶面肥可以改变果树叶片光合特性，提高 Pn、Gs、LCP、WUE、Tr（Reay and Lancaster，2001；李国栋等，2008；沙守峰等，2009；杨尚武，2004），也有研究表明喷施 10 mg/L 浓度的"施丰乐"溶液，可以提高板栗的光合速率，降低蒸腾速率，从而使水分利用效率得到很大的提高（刘志坚，2001），除叶面肥对果树叶片 Tr 的影响有争议外，其他结果与本试验结果基本一致。

本研究试图将喷叶面肥对叶片光合特性的影响与对果实品质的影响建立相关性，结果表明部分相关系数很高，但是净光合速率与糖含量为负相关，这一结果难以解释，因此有关光合特性与果实品质之间的关系还需深入的研究。

1.4　小结与展望

1.4.1　小结

1.4.1.1　两种不同树形光合特性的研究

5～8 月，主冠分层形树形的光合作用高于纺锤形树形的光合作用。富士苹果的光合速率在日变化内基本呈现双峰曲线,在 13:00 或 17:00 达到一天内的最大值,随后逐渐下降,在中午时具有"午休"现象;富士苹果果树的光合速率在中午降低,且胞间 CO_2 浓度(Ci)持续降低,气孔导度(Gs)下降,这表明富士苹果的光合"午休"现象主要是由气孔的关闭引起的。下午的变化表明,Pn 的下降除了气孔的关闭之外也有非气孔因素的影响。

1.4.1.2　两种不同树形冠层有效辐射特性的研究

5~8 月,主冠分层形树形富士苹果的 PAR 一直高于纺锤形树形的富士苹果。纺锤形及主冠分层形树形的富士苹果 PAR 在 5 月和 6 月的日变化呈双峰曲线,最大值出现在 13:00 左右,7 月呈单峰曲线,以正午时间(solar noon)最大。

1.4.1.3　两种不同树形树冠冠层特性的研究

a. 叶面积指数与透光率表现出完全相反的变化趋势,两种树形的外围 LAI 呈先升高后降低的趋势,且趋势比较明显;内膛的变化一直保持基本的升高趋势。外围与内膛 LAI,纺锤形树形的富士苹果一直高于主冠分层形树形的富士苹果。

b. 两种树形外围的透光率总体呈下降趋势;内膛的透光率主冠分层形的呈高-低-高的趋势,而变化趋势不明显,纺锤形树形的富士苹果透光率呈一直下降的趋势,下降趋势相对比较明显。外围与内膛透光率,主冠分层形树形的富士苹果高于纺锤形树形的富士苹果。

1.4.1.4　两种不同树形品质及产量的研究

阿克苏红富士苹果主冠分层形果实的品质在单果重、果形指数、可溶性固形物、维生素 C、总酸、总糖及还原糖含量等指标上要优于纺锤形富士苹果;纺锤形富士苹果的单株产量高于主冠分层形富士苹果的单株产量。

1.4.1.5　三种不同补光措施对阿克苏富士苹果色泽及品质的影响

套袋可以明显改善苹果果实外观品质,果面光亮、洁净,果点变小且不明显;套袋果和无袋果之间比较,套袋也会使苹果果实的大小及可溶性固形物、总酸、总糖、VC 的含量有所降低,对果形指数无明显影响;套袋结合摘叶转果加铺反光膜使果实着色指数达到了 99%(全红果),并能提高果实可溶性固形物、总酸、还原糖、总糖和 VC 的含量。

1.4.1.6　喷施叶面肥对红富士苹果光合特性的影响

喷施叶面肥可改变红富士苹果的光合特性。不同处理均提高了果树的净光合速率和气孔导度,其中,钾肥效果极显著;有机肥处理对蒸腾速率具有抑制作用,且对提高果树水分利用效率最为明显。对 Pn、Tr、Gs、WUE 各时段的数据做单因素方差分析，结果 12:00 各处理的差异最显著。喷肥后（除钾肥外）降低了果树的补偿点和光下暗呼吸速率，提高了光饱和点和表观量子产额，以有机肥的表观量子产额最高且光下暗呼吸速率最低。

1.4.2　展望

根据已完成的试验结果，观测尚存在一些不足需要改进，主要有以下几个方面。

a. 在本试验过程中，发现测定光合作用时外界的环境条件及田间的小气候环境条件非常重要，尤其是土壤的水分含量等会直接影响光合作用测定中各指标的变化，因此以后的测定中应注意降水情况及浇水时间。

b. 针对阿克苏红富士苹果套袋后颜色过淡问题，需要进一步探索，可以把不同程度的修剪及补光措施相结合，把套袋时间、摘袋时间、铺反光膜的时间及摘叶转果时间作为一个梯度，细化研究着色问题。

参 考 文 献

白仲奎. 1996. 板栗幼树叶片光合速率差异性研究. 河北果树, (3): 12-13.

卜万锁, 牛自勉, 赵红钮. 1998. 套袋处理对苹果芳香物质含量及果实品质的影响. 中国农业科学, 31(6): 88-90.

陈敬宜, 辛贺明, 王彦敏. 2000. 梨果实袋光温特性及鸭梨套袋研究. 中国果树, (3): 6-9.

陈志辉, 张良诚. 1994. 柑桔光合作用对环境温度的适应. 浙江农业大学学报, 20(4): 389-392.

程来亮, 罗新书, 杨兴红. 1992. 田间苹果叶片光合速率日变化的研究. 园艺学报, 19(2): 111-116.

丁永电, 于凯然, 金大海. 2006. 铺设银灰色反光膜对椪柑果实品质及成熟期的影响初报. 中国南方果树, 35(3): 15.

董振国, 于沪宁. 1989. 农田光合有效辐射观测和分析. 北京: 气象出版社: 145-148.

范崇辉, 魏建梅, 赵政阳, 等. 2004. 不同果袋对红富士苹果品质的影响//赵尊练. 园艺学进展第六辑. 西安: 陕西科技出版社: 121-125.

方升佐, 徐锡增. 1995. 水杉人工林树冠结构及生物生产力的研究. 应用生态学报, 6(3): 225-230.

冯传余. 2002. 覆盖地膜、反光膜对提高温州蜜柑产量和品质的效果. 浙江柑橘, 19(2): 17-19.

冯国聪, 黄宝坤, 付海玉, 等. 2009. 影响苹果色泽的因素及提高果实着色的措施. 现代农村科技, (17): 23-24.

符军, 王军, 高建社, 等. 1998. 几个猕猴桃种净光合速率和蒸腾速率与环境因素的关系. 西北植物学报, 18(1): 90-96.

高登涛, 韩明玉, 李丙智, 等. 2006. 冠层分析仪在苹果树冠结构光学特性方面的研究. 西北农业学报, 15(3): 166-170.

高华君, 王少敏, 刘嘉芬. 2000. 红色苹果套袋与除袋机理研究概要. 中国果树, (2): 46-48.

关军锋. 2001. 果品品质研究. 石家庄: 河北科学技术出版社: 88.

关义新, 戴俊英, 林艳. 1995. 水分胁迫下植物叶片光合的气孔和非气孔限制. 植物生理学通讯, 31(4): 293-297.

郭华, 王孝安. 2005. 黄土高原子午岭人工油松林冠层特性研究. 西北植物学报, 25(7): 1335-1339.

郭继英, 严大义, 王秉昆, 等. 1994. 巨峰葡萄光合特性的研究. 北京农业科学, 12(12): 30-32.

郭建平, 高素华, 王连敏, 等. 2002. 杨柴对高 CO_2 浓度和土壤干旱胁迫的响应. 植物资源与环境学报, 11(1): 14-16.

郝玉梅, 李凯荣. 2007. 洛川县红富士苹果树冠层特性初步研究. 干旱地区农业研究, (05): 75-79.

贺东祥, 沈允钢. 1995. 几种常绿植物光合特性的季节变化. 植物生理学报, 21(1): 1-7.

胡延吉, 兰进好, 赵坦方, 等. 2000. 不同穗型的两个冬小麦品种冠层结构及光合特性的研究. 作物学报, 26(6): 905-912.

黄春辉, 柴明良, 潘芝梅, 等. 2007. 套袋对翠冠梨果皮特征及品质的影响. 果树学报, 24(6): 747-751.

黄从林, 张大鹏. 1996. 葡萄叶片光合速率日间降低内外因调控的研究. 园艺学报, 23(2): 128-132.

坎内尔. 1981. 树木生理与遗传改良. 熊文愈, 译. 北京: 中国林业出版社: 49-50.

李道高. 1996. 果树栽培生理讲座. 中国南方果树, 25(4): 55-57.

李粉茹. 2005. 水分胁迫对棉花叶片的影响. 农业与技术, 33(6): 32-35.

李国栋, 张军科, 苏渤海, 等. 2008. 富士苹果 3 种树形的树冠生态因子比较研究. 西北林学院学报, 23(1): 121-125.

李火根, 黄敏仁. 1998. 杨树新无性系冠层特性及叶片的空间分布. 应用生态报, 9(4): 345-348.

李建华, 罗国光. 1996. 巨峰葡萄叶片生长动态与光合特性的研究. 园艺学报, 23(3): 213-217.

李韧, 季国良, 杨文, 等. 2007. 青藏高原北部光合有效辐射的观测研究. 太阳能学报, 28(3): 241-247.

李三玉, 陈建初, 罗高生, 等. 1987. 树冠光照强度对柑橘生长发育及果实品质的影响. 浙江柑橘, (3): 2-5.

李邵华, 李明, 刘国杰, 等. 2002. 直立中央领导干树形条件下幼年苹果树体生长特性的研究. 中国农业科学, 35(7): 826-830.

李翔, 郭芸杏, 卢美英. 2004. 银色反光膜对红象牙杧果实品质影响的研究初报. 广西园艺, 15(4): 37-38.

李彧. 2009. 水分胁迫条件下白榆光合与蒸腾特性对光的响应. 森林工程, (3): 26-29.

李振刚, 陈颖超, 李海军, 等. 2000. 不同袋种对红富士苹果的套袋效果. 山西果树, (1): 15-16.

刘洪顺. 1980. 光合成有效辐射的观测和计算. 气象, 6(6): 5-6.

刘志坚. 2001. 苹果套袋状况考察专论. 中国果菜, (2): 46-47.

卢远华. 1998. 柑桔脚腐病的发生与防治. 云南农业大学学报, 13(1): 169-170.

路丙社, 白志英, 董源, 等. 1999. 阿月浑子光合特性及其影响因子的研究. 园艺学报, 26(5): 287-290.

吕均良. 1992. 枇杷的光合作用特性. 果树科学, 9(2): 110-112.

孟庆伟, 王春霞, 赵世杰, 等. 1995. 银杏光合特性的研究. 林业科学, 31(1): 69-71.

铭西, 范丽华. 1994. 福建省葡萄黄化落叶病病因及防治研究. 福建省农科院学报, 9(3): 22-26.

牟云官, 李宪利. 1986. 几种落叶果树光合特性的探索. 园艺学报, 13(3): 157-162.

潘晓云, 曹琴东, 王根轩, 等. 2002. 扁桃与桃的光合作用特征的比较研究. 园艺学报, 29(5): 403-407.

潘增光, 辛培刚. 1995. 不同套袋处理对苹果果实品质形成的影响及微域生境分析. 北方园艺, (2): 21-22.

彭永宏, 章文才. 1994. 猕猴桃的光合作用. 园艺学报, 21(2): 151-157.

沙守峰, 李俊才, 刘成, 等. 2009. 不同果袋对梨果实外观品质的影响. 河北果树, (2): 4-5.

商霖, 刘英军. 1989. 葡萄田间光合作用的研究. 园艺学报, 16(3): 168-171.

沈育杰, 史贵文, 徐浩, 等. 1998. 山葡萄种质资源光合特性的研究. 特产研究, 3: 22-25.

束怀瑞, 李嘉瑞. 1999. 苹果学. 北京: 中国农业出版社: 230-231.

苏培玺, 杜明武, 张立新, 等. 2002. 日光温室草莓光合特性及对 CO_2 浓度升高的响应. 园艺学报, 29(5): 423-426.

孙伟, 王德利, 王立, 等. 2003. 模拟光合条件下禾本科植物和黎科植物蒸腾特性与水分利用效率. 比较生态学报, 23(4): 814-819.

孙忠庆, 陈宏, 吴建军. 1995. 套袋对提高惠民短枝红富士苹果品质的效应. 中国果树, (2): 36-38.

陶俊, 陈鹏. 1999. 银杏光合特性的研究. 园艺学报, 26(3): 157-160.

王丹, 肖慈木, 李秀, 等. 1995. 栽植密度对不同柚种光合作用能力的影响. 绵阳经济技术高等专科学校学报, 15(4): 10-14.

王乃江, 赵忠, 李鹏, 等. 2000. 天然芸苔素内脂对大扁杏光合作用和抗旱性的影响. 水土保持研究, 7(1): 89-91.

王谦, 陈景玲, 孙治强. 2005. 用 LI-2000 冠层分析仪确定作物群体外活动面高度. 农业工程学报, 21(8): 70-73.

王少敏, 白佃林, 高华君, 等. 2001. 套袋苹果果皮色素含量对苹果色泽的影响. 中国果树, (3): 20-22.

王少敏, 王忠友, 赵红军. 1998. 短枝型红富士苹果实套袋技术比较试验. 山东农业科学, (3): 28-30.

王文江, 刘永居, 王永蕙. 1993. 大磨盘柿树光合特性的研究. 园艺学报, 20(2): 105-110.

王文江, 孙建设, 高仪, 等. 1996. 红富士苹果套袋技术研究. 河北农业大学学报, 19(4): 28-32.

王锡平, 李保国, 郭焱, 等. 2004. 玉米冠层内光合有效辐射三维空间分布的测定和分析. 作物学报, 30(6): 568-576.

王永蕙, 李保国. 1990. 枣树光合特性的研究. 华北农学报, 5(2): 65-70.

王志强, 何方, 牛良, 等. 2000. 设施栽培油桃光合特性研究. 园艺学报, 27(4): 245-250.

韦兰英, 莫凌, 袁维圆, 等. 2009. 不同遮阴强度对猕猴桃"桂海4号"光合特性及果实品质的影响. 广西科学, 16(3): 326-330.

韦兰英, 莫凌, 曾丹娟, 等. 2008. 桂北地区中华猕猴桃光合作用的日变化特征. 西北农业报, 17(6): 107-112.

魏钦平, 鲁韧强, 张显川. 2004. 富士苹果高干开心形光照分布与产量品质的关系研究. 园艺学报, 31(3): 291-296.

魏钦平, 王丽琴, 杨德勋, 等. 1997. 相对光照度对富士苹果品质的影响. 中国农业气象, 18(5): 12-14.

魏书蜜, 于继洲, 宣有林, 等. 1994. 核桃叶片的叶绿素含量与光合速率的研究. 北京农业科学, 12(5): 31-33.

文晓鹏, 朱维藩, 向显衡, 等. 1991. 刺梨光合生理的初步研究(一). 贵州农业科学, 27(6): 27-31.

伍涛, 张绍铃, 吴俊. 2008. '丰水'梨棚架与疏散分层冠层结构特点及产量品质的比较. 园艺学报, 35(10): 1411-1418.

夏国海, 杨洪强, 黑铁岭, 等. 1998. 苹果树盘覆盖灰色反光膜的微气候与生理效应. 中国农业大学学报, 3(增刊): 102-106.

谢建国, 李嘉瑞, 赵江. 1999. 猕猴桃若干光合特性研究. 北方园艺, (2): 26-28.

谢深喜, 罗先实, 吴月娥, 等. 1996. 梨树叶片光合特性研究. 湖南农业大学学报, 22(2): 134-138.

辛贺明, 张喜焕. 2003. 套袋对鸭梨果实内含物变化及内源激素水平的影响. 果树学报, 20(3): 233-235.

徐凯, 郭延平, 张上隆. 2005. 不同光质对草莓叶片光合作用和叶绿素荧光的影响. 中国农业科学, 38(2): 369-375.

徐培荣. 2006. 果园铺设反光膜可提高苹果品质及商品率. 新疆林业, (1): 25.

杨建民, 王中英. 1993. 新红星与红星苹果幼树光合特性研究. 果树科学, 10(1): 1-5.

杨尚武. 2004. 红富士苹果生产中存在的问题与解决途径. 甘肃农业, (2): 38-39.

杨振伟. 1996. 苹果生长环境与优质丰产调控技术. 北京: 气象出版社: 3-10.

杨振伟, 周延文, 付友, 等. 1998. 富士苹果不同冠形微气候特征与果品质量关系的研究. 应用生态学报, 9(5): 533-537.

于丽杰, 崔继哲. 1995. 草莓脱病毒苗的诱导及其光合特性的研究. 植物研究, 15(2): 263-268.

于泽源, 许娇卉, 霍俊伟. 2004. 李光合特性的研究. 东北农业大学学报, 35(3): 315-317.

岳玉苓, 魏钦平, 张继祥, 等. 2008. 黄金梨棚架树体结构相对光照强度与果实品质的关系. 园艺学报, 35(5): 625-630.

张规富, 张秋明, 易干军. 2003. 果树光合作用研究进展. 湖南省园艺学会 40 周年庆典暨园艺产业发展学术研讨会.

张国良, 王文凤, 杨建民, 等. 1999. 骆驼黄杏幼树的光合特性. 果树科学, 16(3): 224-226.

张佳华. 2001. 自然植被第一性生产力和作物产量估测模型研究. 上海农业学报, 17(3): 83-89.

张伟, 李先文. 2004. 脱毒草莓的光合特性研究. 信阳农业高等专科学校学报, 14(2): 27-29.

张显川, 高照全, 付占方, 等. 2006. 苹果树形改造对树冠结构和冠层光合能力的影响. 园艺学报, 34(3): 537-542.

张显川, 高照全, 舒先迁, 等. 2005. 苹果开心形树冠不同部位光合与蒸腾能力的研究. 园艺学报, 32(6): 975-979.

张志华, 高仪, 王文江, 等. 1993. 核桃光合特性的研究. 园艺学报, 20(4): 319-323.

赵平, 曾小平, 蔡锡安, 等. 2002. 利用数字植物冠层图象分析仪测定南亚热带森林叶面积指数的初步报道. 广西植物, 11(6): 485-489.

赵晓艳. 1996. 蚜虫、蚧壳虫烟煤病的综合防治. 云南林业, 5: 16.

周长梅, 韩永霞, 杨秋凤. 2007. 套袋对红富士苹果品质影响的研究. 山东林业科技, 1: 7-9.

周国模, 金爱武. 1999. 雷竹林冠层特性与叶片的空间分布. 林业科学, 35(5): 17-21.

周蕾芝, 林葆威. 1990. 温州蜜柑果实生长与气象条件的关系研究. 中国柑桔, 19(1): 14-15.

周允华, 项月琴, 单福芝. 1984. 光合有效辐射(PAR)的气候学研究. 气象学报, 23(4): 5-18.

朱林, 温秀云, 李文武. 1994. 中国野生种毛葡萄光合特性的研究. 园艺学报, 21(1): 31-34.

Arakawa O, Uematsu N, NaKajima H. 1994. Effect of bagging on fruit quality in apples. Bulletin of the Faculty of Agriculture. Hirosaki University, 57: 25-32.

Arisi A C M, Cornic G, Jouanin L, et al. 1998. Overexpression of iron superoxide dismutase in transformed poplar modifies the regulation of photosynthesis at low CO_2 partial pressures of following exposure to the prooxidant herbicide methyl viologen. Plant Physiol, 117(2): 565-574.

Boote K J, Pickering N B. 1994. Modeling photosynthesis of row crop canopies. HortScience, 29(12): 15-19.

Caruso T, Giovannini D, Marra F P, et al. 1999. Planting density, above-ground dry-matter partitioning and ruit quality in greenhouse grown 'Floridaprince' peach (*Prunus persica* L. Batsch) trees trained to 'Free-standing Tatura'. Hort Sci & Biotechnol, 74: 547-552.

Chason J W, Baldocchi D D, Huston M A. 1991. A comparison of direct and indirect methods for estimating forest canopy leaf area. Agricultural and Forest Meteorology, 57: 107-128.

Coops N C, Warring R H, Landsberg J J. 1998. Assessing forest productivity in Australia and New Zealand using a physiologically-based model driven with averaged monthly weather data and satellite-derived estimates of canopy photosynthetic capacity. Forest Ecology and Management, 104: 113-127.

Dufrene E, Breda N. 1995. Estimation of deciduous forest leaf area index using direct and indirect methods. Oecologia, 104: 156-162.

Farquhar G D, Sharkey T D. 1982. Stomatal conductance and photosynthesis. Ann Rev Plant Physiol, 33(12): 317-345.

Hamlyn G J. 1998. Stomatal control of photosynthesis and transpiration. Journal of Experimental Botany, 49: 387-398.

Hampson C R, Quamme H A, Brownlee R T. 2002. Canopy growth, yield, and fruit quality of 'Royal Gala' apple trees grown for eight years in five tree training systems. The American Society for Horticultural Science, 37(4): 627-631.

Hartung W, Sauter A, Hose E. 2002. Abscisic acid in the xylem: where does it come form, where does it go to. J Exper Bot, 53: 27-32.

He J, Chee C W, Goh C J. 1996. Photoinhibition of the heliconia under natural tropical conditions: the importance of leaf orientation for light interception and leaf temperature. Plant, Cell and Environment, 19: 1238-1243.

Jing M C, Pavlic G, Brown L. 2002. Derivation and validation of Canadawide coarse resolution leaf index maps using high resolution satellite imagery and ground measurements. Remote Sens Envion, 80(1): 165-184.

Pastor A, Lopez-Carbonell M, Alegre L. 1999. Abscisic acid immunolocalization and ultrastructural changes in waterstressed Lavender *Lavandula stoechas* L. plants. Physical Plant, 105: 270-279.

Pierce L L, Running R W. 1988. Rapid estimation of coniferous forest leafarea index using a portable integrating radiometer. Ecology, 69: 1762-1767.

Reay P F, Lancaster J E. 2001. Accumulation of anthocyanins and quercetin glycosides in "Gala" and "Royal Gala" apple fruit skin with Uv-B-Visible irradiation: modifying effects of fruit maturity, fruit side, and temperature. Sicentia Horticulture, 90: 57-68.

Waring R H. 1983. Estimating forest growth and efficiency in relation to canopy leaf area. Adv Ecol Res, 13: 327-354.

Watson D J. 1947. Comparative physiological studies on the growth of field crops I Variation in net assimilation rate and leafarea between species and varieties, and with in and between years. Ann Bot, 11: 41-76.

Watson D J. 1952. The physiological basis of variation in yield. Adv Agron, 4: 101-145.

Wertheim S J, Wagenmakers P S, Bootsma J H, et al. 2001. Orchard systems for apple and pear: conditions for success. Acta Horticulture, 557: 209-227.

Widmer A, Krebs C. 2001. Influence of planting density and tree form on yield and fruit quality of 'Golden delicious' and 'Royal gala' apples. Acta Horticulture, 557: 235-241.

第二章　新疆红富士苹果水分特性

长期以来，林业科学工作者期望解决如何准确地回答一棵树乃至一片林分耗水量的问题。正如1972年，著名生理学家R.H.Swanson提出的一个看似非常简单的问题："我们如何确定一棵树的耗水量？"今天，树木生理学方面的研究已经对树木水分的运移和贮存控制有了深入的了解，并且使用一些新的方法来探索树木水分消耗。

对树木本身的耗水量进行定量研究一直是生态水文学和树木生理生态学研究的热点问题，林木叶片蒸腾耗水占整个耗水量的90%以上（王华田，2003）。一般认为，木质部边材液流量即整株叶片的蒸腾耗水量，由于测定边材液流比测定蒸腾更简便易行、精度更高，越来越多的学者投入到边材液流研究中。热技术方法目前被认为是测量树木蒸腾耗水最精确有效的方法（李海涛和陈灵芝，1998）。国内于20世纪90年代开始采用热扩散探针法研究树木蒸腾耗水（刘奉觉等，1993），测定对象有栓皮栎（*Quercus variabilis*）（聂立水等，2005）、油松（王华田等，2002）、水曲柳（*Fraxinus mandshurica*）（孙慧珍等，2005a）、红松（*Pinus koraiensis*）（孙龙等，2007），湿地松（*Pinus elliottii*）（李海涛等，2006）等；任庆福等（2008）、孙鹏森等（2000）、李海涛和陈灵芝（1998）、张小由等（2005）、孙慧珍等（2004）也应用热技术分别对毛白杨（*Populus tomentosa*）、五角枫（*Acer elegantulum*）、棘皮桦（*Betula dahurica*）、胡杨（*Populus euphratica*）等树木的液流进行了研究。国外的Fiora和Cescatti（2006）、Nicolas等（2006）、Do和Rocheteau（2002）等应用热技术研究树木耗水同样取得了较好的结果。但目前尚未见到利用热技术对阿克苏干旱区红富士苹果的耗水进行系统研究的报道。

红富士（*Malus pumila* Mill.），蔷薇科，苹果属，落叶乔木，树高可达15 m，栽培条件下一般高3~5 m。一般定植后3~5年开始结果，树龄可达百年以上。要求比较冷凉和干燥的气候，喜光照充足，耐寒，不耐湿热、多雨，对土壤要求不严，在富含有机质、土层深厚而排水良好的沙壤中生长最好，不耐瘠薄。对有害气体有一定的抗性。红富士苹果作为当地的主要经济树种进行大面积栽种不仅可以大幅提高当地的经济效益，增加人民的收入，提高人民的生活水平，还具有调节气候、防风固沙、护岸、防止沙漠外延、稳定河道、保护绿洲、维持荒漠地区生态平衡等重要功能。但是由于阿克苏地区自然条件恶劣，降雨量较少，水分缺乏，致使部分树木生长不良，有枯枝现象，最终成为小老树，进而影响了林分的可持续发展。因此，探讨红富士苹果的生理耗水特性，并研究水分在植株内的运移规律，彻底弄清水分与树木生长的关系，平衡水分与林木生长的供需关系，是该地区当前林分经营与生态环境建设亟待解决的问题。

本试验采用热扩散式边材液流探针（TDP）直接测定红富士苹果树干边材液流速率，并同步观测气象因素和土壤因素，分析红富士苹果的树干液流特性和变化规律，以及液流随环境变化的响应，在此基础上探讨红富士苹果蒸腾耗水特性及其规律。由于处于同一立地条件下，对于同一树种而言，其树干液流速率的大小主要由树木自身调节和物理机制所制约，树干液流速率的大小在一定程度上反映了该树种水分消耗的能力及适应逆境的能力。通过对树干液流和影响因子的测定，分析红富士苹果的耗水规律及影响其耗水的主导因子，并建立液流速率与主导因子的响应模型，进而用树木生长因子估算红富士苹果的蒸腾耗水量，对树木的耗水性评价、生态需水估算及阿克苏地区红富士苹果林地水分管理具有重要参考价值，其结果将为学者展开树木耗水的深入研究提供参考，也可为宏观生态建设提供理论依据。

（1）树木耗水性的概念

树木耗水性（water consumption）是涉及树木吸收、传输水分、树木蒸腾耗散的调节机制和水分的运移规律、树木蒸腾耗水与影响因子的分析、树木耗水特性的评价和比较、单木耗水的尺度扩展及林分群体耗水性预测等问题的概念。根据研究尺度的不同树木耗水性可以分为树木个体耗水性（tree water consumption）和林分群体耗水性（forest water consumption）。从广义上说，树木个体耗水性指的是树木根系从土壤中吸收水分并通过叶片蒸腾耗散的能力，但严格地阐述，树木个体耗水性是指单位时间、单位树冠叶面积（或单位树冠投影面积或单位树干边材面积）的蒸腾耗水量。林分群体耗水性是指单位时间、单位面积林地的蒸散耗水量（王华田，2002）。林分群体耗水性包括两部分：林地地表蒸发耗水量和林木蒸腾耗水量。林地树木蒸腾耗水量占林地蒸散耗水量的 80%以上，这是受到林分立地条件、林分结构、林分组成的影响。水分利用量或用水量（water use）是与树木耗水性相近的另外一个概念，通常包含有水分生产性的含义，这个指标与水分利用效率相关，常用于研究农田（或林地）水分管理。魏天兴等（1998）对油松林地、晋西南刺槐耗水规律的研究，贾玉彬等（1997）对毛白杨人工林的供-耗水关系的研究都属于水分利用的范畴。

（2）树木蒸腾耗水量的测定方法

耗水是一个相对综合的问题，不仅需要从不同尺度上回答，还要回答地域扩展性和长期可靠性问题。国内外对于树木耗水的研究主要从以下几个尺度进行，即枝叶尺度、单木尺度、林分尺度和区域尺度。与此同时，每一个研究尺度所应用的方法也不尽相同，以下将分别加以概述。

A. 枝叶尺度研究

枝叶尺度的研究开始时间较早，并且大部分是离体试验，主要是在小枝的水平上或在树木叶片上利用植物生理学方法测定其蒸腾参数，主要采用空调室法、气孔计法、盆栽试验和快速称重法等方法来测定蒸腾速率、水分利用效率和气孔导度等。在这个层次上进行研究，采样时需要在植物个体上把枝叶与原来的母体分离，对所得结果可能会产生影响，因而在实际测定过程中需要校正。

1）气孔计法

稳态气孔计出现于 20 世纪 70 年代。目前国内较普遍使用的是美国产的 Li-1600 稳态气孔计（Li-1600 steady state porometer），可以在植物体上直接测定并且不损害植物，它不仅可以比较同一叶片的上表面和下表面两个面的蒸腾，还可以对室内外不同时空、不同处理、不同树种的蒸腾进行比较研究，但是其蒸腾测量值要高于实际值（刘奉觉等，1993）。为了使实际测量值接近蒸腾耗水值，需要用校正系数进行校正，校正系数可以用整树容器法、快称法或热脉冲法与气孔计同步测定比较求得。稳态气孔计精度较高，使用方便，但价格昂贵。

2）快速称重法

在野外条件下常用快速称重法来测定植物的蒸腾作用，使用快速称重法时必须要将待测定叶片从植物母体上分离下来，因而测定过程中取样和称重常常不可避免地带来误差。刘奉觉等（1987）在杨树耗水的研究中对快速称重法的离体偏差进行了纠正。由于当时技术手段的限制，关于枝叶离体瞬间的蒸腾变化特征，缺乏权威性的结论。此方法适用于不同树种、不同处理、不同天气、不同时间之间的蒸腾比较研究。与封闭叶室相比，此方法能够较好地反映环境因子对树木蒸腾的影响。缺点是快称法只能间断测定树木蒸腾，而树木蒸腾又是一个连续的过程，因此数据的连续性不强，并且此方法对小树影响较大，取样时损失的叶片较多。

3）空调室法

空调室法在国外已被应用于森林，但由于该法不能很好地模拟出自然小气候，因此不能在大面积上应用，而且通过该方法所得到的结果只代表蒸腾的绝对值，不能代表实际情况，所以极大地限制了该方法的应用。

4）盆栽试验

盆栽试验是为了找到一个相同的环境平台，在盆栽试验中，光照、浇水等环境因子是可人为调控的。尽管还没有人对利用盆栽试验来研究树木的耗水特性进行定量的分析，但是在不同树种之间利用盆栽试验来研究其水分生理特征还是有意义的，因为盆栽试验是在苗木上直接测定的，对苗木并没有产生破坏，因而相比真正的离体测定，盆栽试验更为准确（张劲松，2001）。

B. 单木尺度研究

与其他研究尺度相比，单木尺度是迄今为止技术手段最多、发展最为成熟的研究尺度。单木水平以一定的理论方法作为基础，通过尺度放大的方法来推算区域水平或林分水平的蒸腾耗水是目前研究的热点问题。单木尺度的测定方法主要有整树容器法、蒸渗仪法、风调室法、同位素示踪法、热技术法等。

1）整树容器法

Ladefoged（1960）提出了整树容器法，Knight 等（1981）和 Roberts（1977）分别测定过扭叫松（100 年生）和欧洲赤松（*Pinus sylvestris* Linn）（10 m）的蒸腾耗水，在国内，刘奉觉等（1987）也在二年生和六年生的杨树上应用该方法进行过耗水研究。该方法要事先准备好一个盛有水的容器，在凌晨时把树木从地面处锯断后，迅速移入容器中，观察容器中水分减少的数量并且记录下来，以此来测定整株树木的蒸腾耗水量。但是在操作中切断了根与树的联系，树干处于最优供水之下，所以不能代表周围有根树木的蒸腾值，且该方法具破坏性，不能进行连续试验，不值得提倡，只能用于同步比较研究。

2）蒸渗仪法

蒸渗仪法是指将装有植物和土壤的容器——蒸渗仪埋入自然土壤中，通过称量质量的变化，得到树木蒸腾量（Edwards，1986；Ro，2001）。大型蒸渗仪能够精确地连续测定树木蒸腾耗水，配合其他测定方法能够很好地描述整株树木生态生理特征和蒸腾耗水过程，但仪器本身的使用方法和应用原理限制了树木个体和林分群体的蒸腾耗水在大田条件下的应用研究。

3）风调室法

风调室法是指将研究对象（小片林地或林木）置于一个风调室中，通过测定室内的水汽增量及进出气体的水汽含量差来获得蒸散量（Denmead，1984；Dunin and Greenwood，1986），设计上有许多种，在国外应用较广，最大的风调室能够容纳高度大约 20 m 的树木（Franco and Magalhaes，1965）。但由于该法不能很好地模拟自然小气候，而且不能直接测定树龄不均、树型大、植被种类丰富和地形复杂的林地，因此目前阶段本方法只有相对的比较意义，在近十年的研究中应用较少。

4）同位素示踪法

同位素示踪法（Kim，1998；Waring and Roberts，1979；Kline，1970）基于放射性自显影原理，在树木体内注入示踪物质，然后根据这些物质在植物体内的运移情况来计算树木的耗水量，数学处理比较简单（Dye et al.，1992）。国内的满荣洲等（1986）用氚水示踪法测定了柞树林和华北油松林的蒸腾，捷克的 Simon 等于 1985 年报道也使用过此法。该方法使用简便、灵敏度高、符合生理条件、定位定量准确。测定过程中不受其他非放射性物质的干扰，可以省略很多分离复杂物质的步骤。

5）热技术法

20 世纪 80 年代，热技术（包括热平衡法、热扩散技术和热脉冲技术）得到广泛应用，它是估算整树耗水的一种必要手段。Granier 发明了热扩散技术并且首先进行使用，该技术能够准确测定树木蒸腾耗水量并且不破坏树体。Kostner 于 1992 年在欧洲赤松上进行试验，分别利用这三种技术进行比较，热平衡法测得其单位边材面积最大液流量为 $4\sim14$ g/（$m^2\cdot h$）、热扩散为 $11\sim17$ g/（$m^2\cdot h$）、热脉冲为 $8\sim21$ g/（$m^2\cdot h$），它们都属于同一数量级。Granier 等（1996）也进行了相似试验，对比这三种热技术，发现热扩散法费用相对较低，安装简便，并且数据可靠，计算简单。在国内，很多研究人员也利用热技术研究树木的边材液流及不同树种的耗水特性。Zhou 等（2002）在华南地区利用热脉冲技术对桉树人工林的树干液流进行了研究；虞沐奎等（2003）和鲁小珍（2001）在华东地区对部分造林树种的耗水特性进行了研究。

热技术方法的优点有：在树木自然生长状态下，不破坏树体，连续地测定树干液流量；时间分辨率高，减少了从叶片到单株尺度转换次数，易于野外操作及远程下载数据等。热技术方法已广泛应用在林业、园林和农业等各个领域（孙慧珍等，2004）。

C. 林分尺度研究

林分尺度的研究主要应用水文学方法、微气象法和蒸发器法。

1）水文学方法

水文学方法主要包括水量平衡法和水分运动通量法。水量平衡法是指林分的水分输入量等于水分消耗量，这是在水量守恒方程的基础上定义的，通过计算域内水量的收入支出差额来推求蒸散量，测定特定时段的径流量、降水量、土壤水分变化量等因子。测量范围很大，适合在土地利用状况复杂并且下垫面不均一的情况下测量其蒸发蒸腾。缺点是不能细致了解蒸发过程。

水分运动通量法是结合土壤物理状况从土壤水分运动出发来研究蒸发的一种方法。基本思路是土壤水分是可以向下、向上运移的，通过某界面层向下运移的通量被认为是对地下水的补给量，通过地表面向上运移的通量就是蒸发量。余新晓（1990）曾应用此方法在黄土高原上对刺槐林地土壤蒸发量进行过计算，比较接近于实测值。

2）微气象法

微气象法包括空气动力学阻力-能量平衡综合法（AREB）、波文比-能量平衡法（BREB）和空气动力学方法。

AREB 法起源于 Penman 公式，最初是对水面蒸发进行计算，对其进行改进后可以用来计算植被蒸散。BREB 法的发展历史较早，它不仅能够分析太阳辐射与蒸腾的关系，还能够揭示不同影响因子对蒸腾的作用及不同地带蒸腾的特点。这两种方法在林业和农业上较多使用。而空气动力学方法对于气体的稳定及下垫面的要求非常严格，使用范围很有限。

3）蒸发器法

波波夫蒸发器的使用最为普遍。王斌瑞等（1993）首次应用它来计算半干旱土壤的蒸发量。魏天兴等曾使用 1.2 m 的蒸发器对山西吉县刺槐、油松、裸地、草地的蒸散量进行测定。结果表明蒸发器只有深入到植物根层，并且在土壤剖面结构、温度和含水量等方面都与四周接近时才能取得较令人满意的结果。

D. 区域尺度研究

区域尺度主要使用遥感法和气候学方法在更大的空间范围研究植物的蒸腾耗水量，它有助于制订植被生态用水限额及区域水资源和水环境的管理。

1）遥感法

遥感法主要通过遥感遥测技术获取能量界面的表面温度和净辐射量，并且利用植被光谱获得气候、微气象参数和生态参数信息来模拟计算区域蒸腾（程维新等，1994），是研究区域水平和流域蒸腾耗水的有效方法（张劲松，2001）。遥感法具有多光谱、多时相的优点，它的缺点是遥感技术受地形因素的限制和天气条件的影响，无法实现大面积的、连续的、全天候的观测。

2）气候学方法

气候学方法可以预测大面积的月蒸腾量或者年蒸腾量，但必须以某一地区的气象资料（如水汽压、空气温度、太阳辐射量等）和一些经验公式为基础（马雪华，1993），这些著名的方程有 Thornthwaite 公式、Morton 公式、Makkink 公式、布得科公式、彭曼公式等。利用气象资料来预测某一地区的植被生态需水量和这一地区的蒸腾量是气候学方法最大的优点，此法的缺点是研究对象大部分是均匀的农田作物和草地等。

（3）热技术方法的发展应用

茎流指蒸腾作用在植物体内引起的上升液流。土壤液态水进入根系后，通过茎输导组织向上运送到达冠层，通过气孔蒸腾，最终是以气态水的形式扩散到大气中。植物根部吸收的水分有 99.8% 以上是通过蒸腾作用散失的（王沙生等，1990）。如果能够精确测量植物的液流量，就基本可以确定植物的蒸腾耗水量。测定植物的液流量对于制定节水措施和抑制植物的蒸腾具有重要的意义，不仅可以探讨一定区域农田水分的供需规律，而且能够建立土壤-植物-大气连续体模型。液流测定技术可以作为一种检验标准来估算以气孔扩散阻力为基础的小气候模式，在科学研究领域，它是一种在田间或野外直接测定植物蒸腾的有效方法。在现代化林业中，相对于土壤水分，液流作为一种水分生理指标更适合观测树木的生理过程。

热技术方法可以精确测量植物液流，所使用的探测器需安装在植株茎部，一般不会对植物正常生理活动产生影响，在一次安装后，它可以连续测定一个较长的生育期间。各国学者通过长期的努力使这种方法日趋完善。特别是 20 世纪 80 年代之后，商业活动领域也开始使用液流测定仪，它是微电子技术的另一个方面。

以热脉冲技术为基础，利用热量传递，国内外很多植物生理学家提出了以下几种不同的测量树木水分运动的方法。

A. 热脉冲法

Edward总结了一套比较系统的理论技术，应用Swanson的损伤分析和Marshall的流速流量转换分析及Huber的热脉冲补偿系统研制了第一代比较完备的测量树木边材液流的系统——热脉冲液流测量仪。该系统需要编制与之相应的拟合软件，并且建立合适的模型来修正在测量时由于液流探针损伤树干钻孔产生的误差及边材液流在传输时产生的径向偏差，该系统能够自动进行检测，脉冲信号可以利用数据采集器进行存储。热脉冲法的原理是选择树干胸径部位，在上下方固定距离给测量探针通以短暂即逝的电流，产生加热树液的热波动脉冲，然后记录树木茎干内的温度曲线，结合相应的热扩散模型利用"脉冲滞后效应"和"补偿原理"，测定由于热传导现象树干所表现出的液流运动，并且推导出树干边材液流速率和液流量。但这只是树干某个位点的液流，整体的液流量需要将树干不同部位的不同液流速率进行整合，Edwards用深度-流速曲线积分的方法进行过测算，并得到令人满意的结果，与整树容器法的测量结果十分接近，不但偏差小于10%而且变化趋势相同。只要正确应用热脉冲技术，其测值是十分准确的（刘奉觉等，1993）。

B. 热扩散法

热脉冲液流记录仪是最早用于测量树干边材液流速率的仪器，在此基础上以Granier的设计理念为原型的热扩散式边材液流探针（TDP）逐渐发展起来，并且得到普遍的应用。TDP的测量原理是：在树干边材中插入一对热电偶探针（上面的探针有内置的热电偶和线形加热器，下面的探针仅内置热电偶，作为参考），加热上面的探针，与下面感测周围温度的探针作为对比，通过检测热电偶之间的温差ΔT，计算液流热耗散（液流携带的热量），建立温差与液流速率的关系，进而确定液流速率的大小（Granier et al.，1994，1996）。TDP经过改进后外面涂有聚四氟己烯，采用环氧密封，能够循环加热，经久耐用，设计独特。在大环境中这种新型的TDP系统在热梯度条件下对环境感应低，测量结果更加可信。热扩散法可以自动测定任意时间间隔或连续的树干液流速率，是森林水文学和树木生理生态学测定树木耗水最为理想的方法之一，热扩散系统也开始进行商业化生产。

C. 热平衡法

热平衡法主要分为两种：树干热平衡法和茎热平衡法。依据是热量平衡原理，方法是对电加热元件进行通电，这种电流必须是稳定持久的，然后根据树液流动所带走的热量来计算树干边材液流量。

1）树干热平衡法

Cermak等提出了树干热平衡法，同时也被称作Cermak法。与茎热平衡法相比，其测量原理相同，但是树干热平衡法所使用的测量探针必须插入树干中，测量方法可分为两种：加热可变功率或者保持恒定功率，目的是使温差值保持恒定。树干热平衡法也不需要对方程进行标定，先选择具有输水能力的木质部，并对其能量平衡进行计算，然后用已经建立好的物理关系式直接计算树干液流通量。此方法的优点是可以测量直径大于120 mm的树干液流，适合于大树干，并且测量精度高，误差小。

2）茎热平衡法

该方法采用包裹式探头进行测量，结构特点为：探头内层为恒定供热装置（探测器和加热器）；探头外层包裹具有绝热和密封作用的泡沫绝热材料。茎流探测器由三组温度测量探头组成，可以测定树木茎干向周围环境中散发出的辐射热通量和茎干中液流活动产生的热传输。通常，茎流计探头都具有一个由绝缘材料和防辐射外壳组成的防护壳，它的作用是确保在野外条件下使用热平衡法时不会受到太多干扰。直径比较小的器官或者植物体，如作物、苗木和小枝等通常使用茎热平衡法进行测定，在安装过程中需要确保树干表面与探测器良好接触。相比热脉冲法，茎热平衡法最大的两个特点是不用将温度探头插入到树干中，也不用进行标定，其结果可以直接测得。

D. 激光热脉冲法

激光热脉冲法不使用传统的热敏电阻，取而代之的是红外温度计，可以在不插入植物茎干的情况下进行实时测量，实现无破坏式测量温度变化，避免了对植物茎干持续加热所造成的破坏。该液流测量系统所使用的二极管激光器可瞬时释放出数量一致且空间离散的能量束。使用聚四氯己烯材料制造的外罩框架支撑着位于探头上的感应器和加热器，安装方便快速，耐用牢固。由于此方法造价昂贵，加之测定大型树木的液流还处于测试研究阶段，因此并没有得到广泛的使用。但该系统具有特殊优越性，在未来估计会有好的应用前景。

（4）植物蒸腾与影响因子的关系

植物的蒸腾作用不仅受到自身生理特性的影响，同时环境因子在很大程度上也影响植物的蒸腾。在外界环境中，影响树干液流的因素有太阳辐射、空气温度、大气相对湿度、风速、土壤温度及土壤水分等。并且各环境因子之间是相互影响和相互制约的，并不会独立起作用也不是独立存在的。树干液流的变化规律与许多环境因子的昼夜变化规律十分相似。例如，在土壤供水充足时，随着太阳辐射和空气温度的升高，叶片气孔开度增大，树干液流也随之升高，这时树木自身生理特性起着主要作用，当叶片气孔张开到一定程度不再变化时，树木的树干液流就成为一个物理过程，此时，树干液流速率和空气的蒸发能力成正比（常杰，1996），而空气蒸发能力由太阳辐射、空气温度和大气相对湿度等因子共同决定（汤章城，1983）。所以土壤水分充足时，由于太阳辐射增强，空气温度的升高和大气相对湿度的降低，空气中与叶表面的水汽压梯度变大，树干液流速率也随之升高。但是当土壤含水量低于一定程度时，空气蒸发能力变得很强，树木失水十分严重，根系水分供应不足，产生了一定的脱落酸等信息物质，使叶片的气孔开张度减小，以减少蒸腾失水。大气相对湿度越低，气孔闭合越紧，树干液流速率越小，这是树木在水分缺乏时的保护性反应。

A. 太阳辐射

太阳辐射的强弱不仅影响空气温度和大气相对湿度等环境因子，而且对植物蒸腾也有重要影响。许多研究证明树干液流的日变化周期与太阳辐射的日变化周期有显著相关性。但太阳辐射在不同环境中对树种的影响差别很大，耐阴树种和喜光树种有显著差别。

Hinckley 等（1994）研究发现，树干液流变化趋势与太阳辐射的日变化一致，两者的相关系数为 0.91～0.99。Martin（2000）用热平衡法测定湿地松（slash pine）、火炬松（loblolly pine）人工林树干液流在冬季的变化，发现树干液流变化与太阳辐射日变化格局相一致。而太阳辐射对树干液流变化的影响是间接性的，即太阳辐射增高，气孔导度增大，树干液流加快。

B. 空气温度

温度是影响植物生理过程的重要环境因子之一。根据土壤-植物-大气连续系统（SPAC）理论，空气温度主要通过显著改变大气的水汽压与植物叶肉细胞间隙的水汽压之差，进而影响蒸腾速率的强弱。温度升高时，大气水汽压保持稳定，而叶肉细胞内部水汽压急剧增加，使得两者之间的饱和差显著提高，植物蒸腾速率也由此明显升高。张启昌等（2000）研究发现蒸腾速率与大气温度呈极显著正相关，推测原因为温度的升高使叶内外水汽压差增加，导致蒸腾速率增加；李雪华等（2003）、郑有飞等（2007）也发现类似的结果，但同时发现若温度过高，强烈的蒸腾作用会引起叶片水势降低，进而引起气孔阻力升高和气孔导度减小，最终导致蒸腾减弱。可见，蒸腾与气温的相关关系也只是在一定范围内比较密切。

C. 大气相对湿度

大气相对湿度影响蒸腾作用，这是因为它能通过改变植物叶片内外的饱和差来改变蒸腾驱动力。叶子内表面很大，且叶肉细胞间隙的水汽浓度基本接近饱和，因此大气的水汽压直接决定着饱和差。但是，即使大气相对湿度相同，温度的改变也会导致叶片内外的水汽饱和差及蒸汽压梯度的变化，所以通常大气相对湿度不能直接说明蒸腾强弱。

D. 风速

风对植物蒸腾作用的影响较为复杂，它不直接作用于植物蒸腾，而是通过影响叶温、水蒸气梯度等因子来间接影响蒸腾作用。随着风速提高，蒸腾作用的变化并没有表现出明显的规律性。一方面，大风会加速叶表面失水而导致叶片湿度降低，进而削弱蒸腾作用；另一方面，弱风带来水汽浓度不饱和的空气，使叶片内外水汽扩散的梯度加大而导致植物蒸腾的加快。此外，风速还可作用于边界层导度来影响植物群落的蒸散量。

E. 土壤水分和土壤温度

土壤中的水分可以用两种方式描述：含水量和水势。含水量是指单位体积土壤中水分的体积或单位质量土壤中水分的质量，单位均为%；土壤水势（water potential）是在等温条件下从土壤中提取单位水分所需要的能量，单位是巴（bar，1 bar=100 kPa），土壤水分饱和，水势为零；含水量低于饱和状态，水势为负值，土壤越干旱，负值越大。一般植物生存的土壤水势是 0～–15 bar（–1500 kPa）。含水量和水势这两个指标分别相当于电学中的电子密度和电势。和水势不同，含水量不能反映土壤水分对植物的有效性。譬如，15%的含水量，在沙土中已经相当湿润，几乎所有植物都可以生长。如果黏土含水 15%，几乎所有植物都无法生存。相反，如果用水势作为测量单位，测量结果则与土壤性质无关，不管土壤性质或地理位置如何，–10 bar 的土壤都很干旱，–0.5 bar 的土壤都很湿润。可以看出，单凭含水量，无法判断土壤的干旱程度。某植物在土壤 A 中生长的最佳含水量为20%，换一种土壤 B，情况就不见得如此。

虽然有的研究者（Cochard et al.，2000；刘世荣等，1996）建立了蒸腾耗水与土壤含水量的经验公式，但是很难在实质上确立两者之间的固定关系模式，一方面，这可能与土壤含水量和土壤特性本身存在较大的空间变异有关；另一方面，也可能与植物的蒸腾作用受其他天气变量影响有关（Monteith and Unsworth，1990）。土壤水分胁迫时，植物调控气孔关闭来控制蒸腾也是蒸腾耗水与土壤含水量相互关系的一种表现。此外，土壤质地也能通过影响土壤的供水性能和孔隙结构，来进一步影响土壤中水分的有效性及水的运动特性，从而最终影响植物的蒸腾（Nobel，1991）。

Grady 研究发现干旱季节桉树的蒸腾量高于湿润季节，推测原因为干旱季节树木较多地吸收地下水且水蒸气压亏缺较高。旱季树体蒸腾晚于水汽压亏缺的机制调控比湿润季节明显，可能是由于消耗了树体中贮存的水分或土壤水分导度低。

Cochard 等（2000）在研究土壤温度对英国橡木栎树幼苗蒸腾量的影响时发现：保持室温不变，将土壤温度从 40℃降到 7℃时，幼苗蒸腾量降低 80%，而叶水势保持不变，从而推断出植物水分导度随着土壤温度升高而增加。

近年来国内对树木蒸腾作用与环境因子的相关性进行了大量的研究（高洁等，1997；钟育谦等，1999；刘昌明和王会肖，1999；曾小平等，2000；高健等，2000；孙慧珍等，2002；张劲松等，2002）。关于蒸腾速率与气孔的关系研究：张劲松等（2002）发现杜仲的蒸腾强度与其气孔导度的日变化趋势基本一致；阮成江和李代琼（2001）在沙棘上也得出相似的结果。为探明植物蒸腾与环境因子的关系，王孟本等（1999）发现影响小叶杨、柠条、北京杨等树种蒸腾速率的环境因子按程度大小依次为：光照强度＞气温＞空气相对湿度＞大气水势，气温和光强是影响蒸腾作用的主要环境因子，与前人对沙棘、杉木、枣树、油松的研究结果一致，而与赵明等（2003）对沙枣、白刺、沙木蓼的研究结果有一定差异。申登峰等（2003）、贾志清等（1999）、闫文德等（2004）还分别把花棒、柠条、油蒿、杨树、樟树等植物的蒸腾强度与有效光辐射、气温、风速及大气相对湿度的关系进行了模拟，分别确定了影响蒸腾的关键环境因子，各有异同，即便同种植物在不同环境下关键因子也不尽相同，进一步说明植物蒸腾是一个复杂的过程，受多种环境因子综合影响。

（5）水势的研究

水势（water potential）是表示植物水分状况或水分亏缺的一个直接指标，也是反映植物抗旱生理特性的指标之一，它的大小指示植物从相邻细胞或土壤吸取水分的能力，并确保植物进行正常的生理活动（曾凡江等，2002）。水势与土壤-植物-大气连续系统（SPAC）中的水分运动规律密切相关。叶片水势能直接体现植物组织的水分状况，显示水分运动的能量水平，反映生长季节植物的各种生理活动受水分条件的制约程度。影响叶片水势的因素较多，如大气温度、蒸腾速率、空气相对湿度、光照强度等均与植物叶片水势有密切联系。清晨，叶片水势可反映植物体水分的恢复情况，因而可作为植物水分亏缺程度的一个有效指标（曾凡江等，2002）。较低的水势有利于植物从土壤中汲取水分，可把它作为衡量抗旱性的指标。Sobrado 和 Turner（1983）发现在出现水分胁迫时，植物清晨的水势会显著下降。邓雄研究发现胡杨的水势日变化为 6 月＞8 月＞9 月，得出其叶片水分状况随着季节推进越来越差。

本研究应用茎流测量系统在新疆阿克苏地区红旗坡苹果园内，连续测定了红富士苹果树干边材液流速率。研究了阿克苏地区红富士苹果树干液流速率在不同天气状况（阴、晴）、不同季节、树干不同方位的变化规律。通过对树木生理指标和环境因素的同步测定，深入分析了树干液流速率与环境因子之间的关系，从而了解了该立地条件下同一树龄富士苹果的蒸腾耗水特征。为阿克苏地区红富士苹果林地水分管理提供了理论基础和技术指导。

2.1　研究材料、关键技术和方法

2.1.1　研究区概况

该试验区位于阿克苏地区红旗坡八队，距阿克苏市 14 km，地理坐标为北纬 41°16.607′，东经 80°18.682′。阿克苏地区位于新疆维吾尔自治区天山南麓，塔里木盆地北缘，属暖温带大陆性气候。试验区光热资源丰富，气候干燥，蒸发量大，土层深厚，地势平坦。年日照 2855～2967 h，年平均太阳总辐射量 130～141 kcal/cm²，年有效积温为 3950℃，无霜期长达 205～219 d，年均风速 1.7～2.4 m/s。年平均气温 7.9～11.2℃，≥5℃日数年平均 210 d 以上，生长季（4～10 月）平均气温 16.7～19.8℃；年降雨量稀少，仅 42.4～94.4 mm；年均蒸发量 1980～2602 mm；0～80 cm 土层为砂土，平均土壤田间持水量为 20%（V/V），平均土壤容重为 1.5 g/cm³；0～20 cm 土壤养分状况为：pH 8.18，盐分含量 1.45‰，速效磷 9.8 mg/kg，碱解氮 11.48 mg/kg；80～140 cm 土层为黏土；140 cm 以下为砂土。表 2-1 为气象站测得试验地各月气候变化情况。

表 2-1　2011 年 4～10 月试验地各月气候变化

Table 2-1　Change of climate from April to October in 2011 in experimental field

月份	4 月	5 月	6 月	7 月	8 月	9 月	10 月
最大太阳辐射/（W/m²）	861.60	875.33	879.00	904.00	870.00	659.50	577.50
空气温度/℃	17.85	18.73	20.46	22.79	21.48	17.77	11.92
大气相对湿度/%	37.25	62.11	66.83	65.00	71.50	77.99	74.72
降雨量/mm	3.40	14.40	16.98	17.40	42.40	4.40	1.00
蒸发量/mm	297.68	299.00	304.22	323.92	304.94	268.70	253.67
土壤温度/℃	−0.87	2.38	10.86	14.02	19.98	16.19	9.30

2.1.2　试验材料

试验材料选择阿克苏地区红旗坡八队苹果园 10 年生红富士苹果作为研究对象（图版 2-1）。园区占地面积 19 513.43 m²，共栽植红富士苹果 702 株。果园行内种植蒲公英，果树带行向为东西行，株行距为 4 m×6 m，郁闭度 75%，树势均匀，长势旺。试验于 2011 年 4 月在园内选择三棵树干圆满、不偏心、不偏冠且胸径上下 30 cm 处无节疤、无病虫害的红富士苹果树进行连续检测，基本情况见表 2-2，叶片解剖结构见表 2-3。

表 2-2　红富士苹果样木基本参数

Table 2-2　Basic parameters of Red Fuji apple

样木编号	树龄/年	树高/m	胸径/cm	地径/cm	冠幅/cm 南北	冠幅/cm 东西
1	10	4.5	11.0	63	4.34	3.73
2	10	3.7	9.0	37	5.57	3.82
3	10	4.3	8.9	23	5.13	4.50

2.1.3　研究方法

2.1.3.1　树干液流的测定

本研究应用插针式植物茎流测量系统（Sap Flow System，Dynamax 公司，美

表 2-3　红富士苹果叶片解剖结构

Table 2-3　Leaf anatomic structure of Red Fuji apple

上表皮厚度 /μm	下表皮厚度 /μm	总厚度/μm	栅栏组织厚度 /μm	海绵组织厚度 /μm	气孔密度/ （个/mm²）	气孔长度/μm	气孔宽度 /μm
15.94±3.50	11.13±1.24	180.11±9.07	85.01±5.23	67.39±10.26	121.20±46.60	34.15±3.21	23.47±2.38

注：表中数据为平均值±标准差

国）对选定的三株红富士苹果于 2011 年 4 月 1 日至 2011 年 10 月 31 日进行连续测定（图版 2-2）。利用基于热扩散技术原理的热扩散式边材液流探针（thermal dissipation probe，TDP）测定边材液流速率，该探测器包括两个探针（图 2-1），上方探针持续加热，下方探针为环境探针。将 TDP 安装在树干胸径 1.3 m 高处，这是为了避免土壤中较低温度形成的温度梯度会影响树干液流。首先，剃去干缩树皮，注意不要对皮下的活体组织造成损坏，然后，将钻模平放在准备好的位置表面，清理出一块 10 cm 长、4 cm 宽的长方形，在南北方向用直径 1.32 mm 的钻头钻 30 mm 深的孔，将 30 mm 长的热扩散探头（TDP-30）按照热探针在上、参比探针在下的方式慢慢插入。用泡沫塑料保护 TDP 探头的两边，为了防止水分进入，需要用胶带将这些泡沫塑料固定在树上。用反射性泡沫将树木、泡沫球和 TDP 安装部位包裹起来，防止因太阳光照射产生热量引起的误差。将数据采集器对应的接口与探头数据传输电缆线相连接，最后将 12 V 的铅酸电池与电源线连接好，打开开关。采集数据时需要事先在电脑中安装数据导出软件并按照各项技术参数指标进行设置，然后将笔记本电脑与数据采集器连接，自动记录数据间隔期为 30 min。

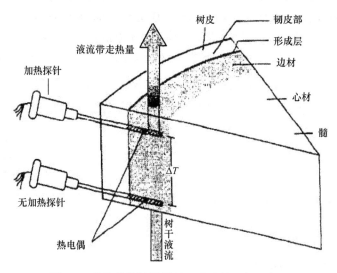

图 2-1　热扩散探针测量树干液流的安装示意图

Fig. 2-1　Schematic diagram of the installation for sap flow measurement using Granier-type sensors

由于树干不同部位边材液流速率不同，TDP 所测值是树干边材径向液流速率的整合值。Granier 等（1996）定义了一个无量纲参数 K 用于消除树干液流速率为零时的温差，并建立了 K 与实际树干液流速率 V（cm/s）的关系：

$$K=（dTM-dT）/dT$$
$$V=0.0119K^{1.231}$$

树干液流量计算：

$$Fs=As·V·3600$$

式中，dTM 为无树干液流时加热探针与参考探针的最大温差值，dT 为瞬时温差值。双热电偶温差 dT 由 TDP 探头所测定的电压信号除以常数 0.04 计算得出，边材面积可以在试验过程中利用生长锥通过测定红富士苹果的树皮厚度、直径、边材厚度计算得出。树干液流速率 V 是指水分单位时间向上运输的速度，其单位是 cm/s。Fs 表示树干液流量（L/h），As 表示边材面积（cm^2）。

2.1.3.2　边材面积的确定

边材面积是计算树干液流及蒸腾的关键参数，如何测量边材厚度因不同的树种而异。由于苹果树的边材与心材区别明显，目测可以直接判断其分界线。因此用生长锥在富士苹果树干胸径（1.3 m）处进行钻取，从形成层到髓心，富士苹果边材浅黄色，心材红褐色，观测时每棵富士苹果分别从 4 个方向进行，然后取其平均值作为该样木最后测得的数值。利用以下公式计算边材面积：

$$As=\prod（B-Rs）Rs$$

式中，B 为胸径（cm）；Rs 为边材厚度（cm）。

2.1.3.3　气象因素测量

在实验样地附近安装美国生产的 Vantage Pro2 型便携式自动气象站进行气象因素的测定（图版 2-3）。测定指标有：太阳辐射强度（W/m^2）、空气温度（℃）、大气相对湿度（%）、风速（m/s）、降雨量（mm）和蒸发量（mm）等。数据自动存储间隔期同样为 30 min，与树干液流变化的测定同步进行。为表现空气温度与大气相对湿度的协同作用，采用了水汽压差亏缺（vapour pressure deficit，VPD）这一指标。水汽压差亏缺（VPD）是利用以下公式计算的（孙英君和王劲峰，2004）：

$$e_s（T）=0.610\ 78\times exp[17.502T/（T+240.97）]$$
$$VPD=e_s（T）-e_a=e_s（T）\times（1-RH）$$

式中，$e_s（T）$ 表示气温为 T 时的饱和蒸气压（kPa）；0.610 78 为气体常数；e_a 表示周围气体的水蒸气压（kPa）；T 表示气温（℃）；RH 表示空气相对湿度（%）。

2.1.3.4　土壤因素的测定

在试验地挖掘土壤剖面，分别在 10 cm、20 cm、30 cm 深处埋设美国生产的

Fourier Systems LTD 土壤温度传感器，设置数据采集间隔期 30 min，将笔记本电脑与其连接，定期采集数据。

在观测地点安装土壤水势传感器，探测深度分别为：10 cm、20 cm、30 cm，与土壤水势监测站相连接，每 30 min 记平均值一次，将笔记本电脑与数据采集器连接，定期采集数据。

2.1.3.5　叶片水势的测定

对选定的三株样木，使用 HR-33T 露点水势仪（Dew Point Microvoltmeter，Wescor，美国）于 2011 年 6 月 5 日、6 月 15 日和 6 月 25 日进行叶片水势测定。在样木的树冠中上部南向位置选择一枝生长良好的枝条做标记，在枝条上选择健康成熟叶片，剪取树叶中部（避开叶茎处）长、宽各为 0.5 cm 的小块叶片，快速切碎并立即放置于露点水势仪 C-52 样品室中。将样品室连接至水势仪。根据传感器型号和样品室温度设置适宜的 Π_v 值，读取 μ_v 值，按照 $\psi_w = \mu_v / -0.75$ 计算被测叶片水势值（MPa）。每天 8:00～20:00 每隔 1 h 测定一次，每次测定重复三次，观察其日变化。

2.1.3.6　叶片含水量的测定

2011 年 4～10 月，每月上旬、中旬、下旬各选一天于 10:00 摘取每棵树春梢中部叶片 30 片，带回实验室用烘干法测定叶片水分含量。

2.1.3.7　叶片组织结构观测

选取样树新梢中部成熟健康叶片，在主脉与侧脉之间平滑处剪取长、宽均为 0.5 cm 左右的叶片，立即放入事先配制好的 FAA 固定液中固定。制片方法选择常规石蜡切片法，切片厚度为 8～10 nm，用番红-固绿染色，封片后在 Olympus 万能显微镜下观察并拍照。用显微测微尺测量叶片横切面上表皮厚度、下表皮厚度、叶片总厚度、栅栏组织厚度、海绵组织厚度。

2.1.3.8　气孔观测

选取样树新梢中部成熟健康叶片，在叶片下表皮中部主脉和侧脉之间用火棉胶涂抹取样，在光学显微镜下观察气孔，并用显微测微尺测量大小。每棵样木观察三张制片，每张制片统计 60 个气孔，求其平均值。

2.1.3.9　数据处理与分析

应用 Dynamax 公司提供的 TDPSapVel- Analysis-ETo 软件处理树干液流数据，应用 Excel 进行图形制作，应用 SPSS17.0 进行数据处理和回归分析。

2.2 研究取得的重要进展

2.2.1 红富士苹果树干液流时空变化规律

本研究从单木尺度上研究红富士苹果的树干液流特征，单木耗水能力的研究是树木水分研究领域的热点，到目前为止发展最为成熟。因为树木作为一个独立的个体，是组成流域或林分的基本单位，林分水平的耗水就是由单个树木组成，所以，单木耗水的研究结合了宏观的生态学和森林水文学、微观的树木生理学和实验生物学等多学科的研究成果。因此，要揭示树木生物学结构，阐述树木的耗水机制、气象因素和土壤供水对耗水的影响，需要把单木的耗水模式作为研究的出发点。在精确测定树干边材液流的基础上，研究树干液流的调控机制和运移方式，从而为林分耗水等更高尺度的研究提供基础数据和基础理论。

在土壤-植物-大气连续体中，水分耗散的途径是：植物根系吸收土壤中的水分，水流经过树干木质部而上升至树冠，最终通过叶片蒸腾到大气中。树木根部吸收的水分 99.8%以上用于蒸腾作用（王沙生等，1990）。因此，经过木质部的水流量在理论上应该与树木的蒸腾耗水量相等，所以需要选择一种有效的方法来记录通过木质部的水流量。液流测定技术按类型可分为热脉冲式、热平衡式和热扩散式。液流测定技术最大的优点是能够在基本保持树木的自然生活状态不被破坏的条件下进行测定，同时携带方便，配备数据采集装置。其中发展最早、理论技术上比较成熟的是热扩散技术。本研究所使用的热扩散液流测量系统是由美国 Dynamax 公司提供的热扩散式边材液流探针（thermal dissipation probe，TDP），应用该系统，对阿克苏地区红富士苹果的液流及耗水特性进行了研究。

2.2.1.1 红富士苹果树干液流日变化规律（不同天气条件）

（1）液流的启动

从液流的启动时间来看，富士苹果树干液流启动于 9:00～10:30。图 2-2 显示了苹果液流在晴天和阴天条件下的启动过程，由于该次液流的测定时间选在 8 月，液流的启动与这个季节日出的时间基本相符，但晴天和阴天的情况下，由于太阳辐射的规律有所变化，液流启动在某种程度上也有所变化。如图 2-2 所示是在同一次测定过程，连续两天苹果的液流启动情况，其中"晴"表示晴天，"阴"表示阴天，晴天状况下，太阳辐射的启动是 8:00，液流是在 9:00 之后逐渐升高；而在阴天时，太阳辐射强度从 8:30 左右开始逐渐升高，但此时的光照强度比晴天明显低，液流在经历夜间小波峰之后于 10:30 才开始启动，之后迅速加快（液流速率也明显比晴天低），比较光照与液流的启动时间，大约相差 90 min（表 2-4）。

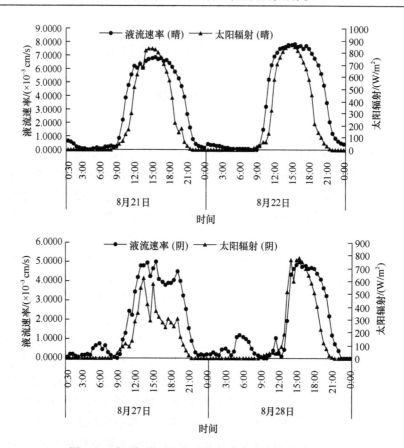

图 2-2　晴天与阴天红富士苹果液流速率的启动过程

Fig. 2-2　The starting up of Red Fuji apple stem sap flow on sunny day and cloudy

表 2-4　红富士苹果树干液流速率日变化动态

Table 2-4　Diurnal fluctuation of sap flow velocity of Red Fuji apple

观测日期	天气状况	液流启动时间	达到峰值时间	峰值/（×10⁻³ cm/s）	平均液流速率/（×10⁻³ cm/s）	液流停止时间
8月21日	晴	9:00	15:30	6.8853	2.8711	22:30
8月22日	晴	9:00	15:30	7.8606	3.2777	22:30
8月27日	阴	10:30	15:30	4.9962	1.8638	22:00
8月28日	阴	10:30	15:30	4.9918	1.5715	22:00

（2）液流的高峰

液流启动后一方面由于光照的加强，另一方面由于气温、土壤温度的增加，液流速率不断上升。如图 2-2 所示，8 月 21 日和 22 日是两个连续的晴天，液流速率呈明显的单峰曲线分布，出现峰值的时间是 15:30，达到峰值后，液流速率开始下降；在阴天条件下（8 月 27 日与 28 日），液流速率表现为多峰或双峰曲线。在夜间，液流速率缓慢下降，2:00 左右有上升的趋势，但上升的幅度不大，3:00 达到一个小峰值之后开始下降，然后在 6:00 左右又达到一个小的峰值，早晨 9:30 左右液流速率开始迅速上升，达到峰值后开始下降。不同日期、不同月份峰值大小不同，但是，晴天液流速率的峰值要明显大于阴天。阴天条件下液流速率的启动时间、达到峰值的时间与晴天条件下相似，都是在清晨 9:30 左右启动，在 15:30 左右出现峰值。不同的是在阴天条件下白天出现最大的峰值后，会伴随有波浪起伏、大小不定的波峰。在晴天条件下夜间的液流速率一直缓慢下降，而阴天条件下在夜间也会出现小波峰。

（3）液流的停止

图 2-2 列出了富士苹果树干液流速率的停止过程。一般认为液流停止的时间是 22:00～22:30，主要受不同天气状况、不同季节太阳辐射强度的影响。液流的停止过程远没有液流启动那样明显的时间界限。如果把液流速率为零定义为液流停止的话，那么这一过程将一直持续整个夜晚。从图 2-2 可以看出，不论是晴天还是阴天，在夜间，苹果树干液流仍然有微弱的活动。

2.2.1.2　红富士苹果树干液流速率季节变化动态

树木液流速率变化受到自身发育状况和各种外界因素的影响，呈现明显的季节变化规律。不同月份富士苹果的液流速率曲线均呈明显的单峰形，液流的启动时间、峰值大小及出现时间上具有差异性，夜间液流情况也有较大的不同。由于在 4～10 月中，富士苹果液流速率的日变化图形非常密集，很难直观地对其日变化及季节变化动态进行具体分析和比较，因此从春季（4 月、5 月）、夏季（6 月、7 月、8 月）和秋季（9 月、10 月）中分别选择 6 个连续天数，用所选各日样木的树干液流速率测定结果绘制图 2-3。从图 2-3 中可以看出，春、夏、秋三个季节各日液流启动以后到达最大值之前液流速率有时会发生强烈的波动，先呈现出许多小的峰值，最后才达到最高值，形成许多由小峰组成的"高峰平台"，这与王华田（2002）对油松树干液流的研究结果一致。在液流回落的时候也表现出同样的变化规律。与正常天气条件下树干边材液流波动情况相比较，阴天或多云天气树干液流启动推迟，结束提前，历时缩短，峰值显著减小。

由图 2-3 可以看出，春季（4 月、5 月）富士苹果树干液流速率日变化基本为单峰型曲线。清晨太阳辐射逐渐变强，苹果树干液流于 9:30～11:30 开始启动，到达峰值的时间是 16:00～17:00，峰值大小平均为 4.1834×10^{-3} cm/s $\pm 1.8706 \times 10^{-3}$ cm/s，高峰阶段持续至 18:00，之后太阳辐射和空气温度开始逐渐降低，树干液流随之也开始回落，迅速下降时间为 19:00 左右。由于树体的水容作用，夜间树干逐渐贮水，树木开始进入调整期，整个夜间树干液流速率非常低，虽然有时液流会

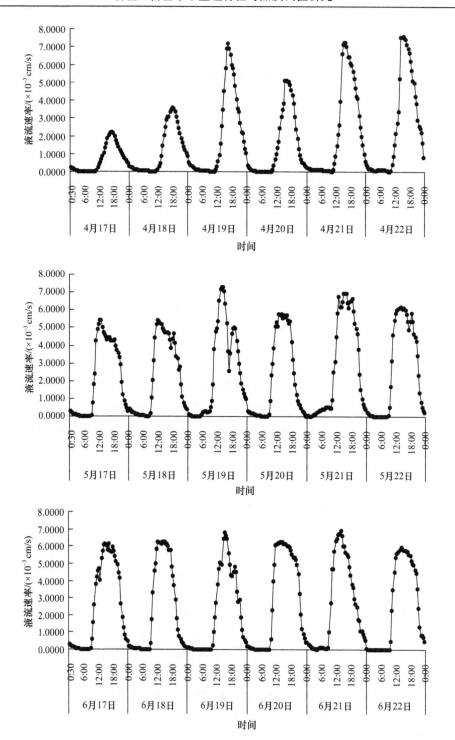

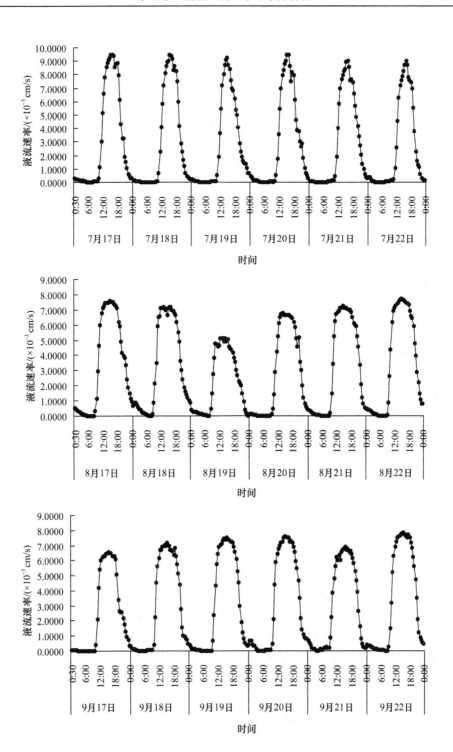

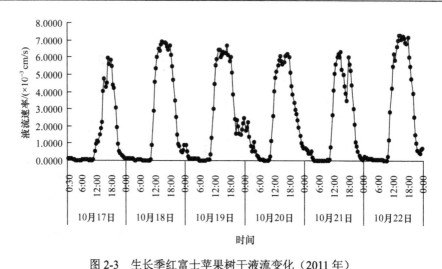

图 2-3　生长季红富士苹果树干液流变化（2011 年）

Fig. 2-3　Variation of stem sap flow rate of Red Fuji apple during the growing season

出现一些小高峰，但变动不大，基本维持在一定的水平。日平均液流速率为 1.5507×10^{-3} cm/s $\pm 0.7723 \times 10^{-3}$ cm/s，白天平均液流速率为 2.1235×10^{-3} cm/s $\pm 0.8957 \times 10^{-3}$ cm/s，夜间平均 0.4953×10^{-3} cm/s $\pm 0.2112 \times 10^{-3}$ cm/s，白天液流速率为全天液流速率的 78.2%，夜间为全天的 21.8%，夜间液流不显著。

随着太阳辐射的增强，气温的升高，苹果自身的代谢加快。如图 2-3 所示，夏季（6 月、7 月、8 月）富士苹果树干液流变化呈单峰型。8:30～9:00 启动，早于春季，14:00～15:30 达到峰值（峰值平均 7.6825×10^{-3} cm/s $\pm 3.7437 \times 10^{-3}$ cm/s），液流速率在高峰阶段运行至 19:30 左右后开始迅速下降，期间有时还有小段的小幅回升，00:00 之后，液流下降速度变缓，6:00 左右出现低谷，之后便开始缓慢升高，维持一定夜间液流。夏季液流日平均 2.9347×10^{-3} cm/s $\pm 1.3746 \times 10^{-3}$ cm/s，白天液流平均 4.9006×10^{-3} cm/s $\pm 1.6542 \times 10^{-3}$ cm/s，夜间平均 0.5176×10^{-3} cm/s $\pm 0.1620 \times 10^{-3}$ cm/s，白天和夜间液流速率分别为全天液流速率的 88.6% 和 11.4%，白天液流显著。

秋季（9 月、10 月），与春夏两季液流流速曲线相比，富士苹果的树干液流也表现出明显的昼夜变化规律，9 月呈单峰曲线，10 月呈双峰曲线（图 2-3），曲线并无较大差异。9 月以后的液流速率呈现下降的趋势，明显比夏季小，但是大于春季，这是因为阿克苏地区的秋季秋高气爽、阳光明媚，"秋老虎"出现时太阳辐射比较强，空气温度较高，大气湿度较低。液流速率 9:30～11:00 开始启动，明显晚于夏季，液流启动后迅速增加，于 10:30～12:30 到达第一个峰值（峰值平均 5.6623×10^{-3} cm/s $\pm 2.2770 \times 10^{-3}$ cm/s），之后开始快速下降，15:00 左右降至波谷（平均 5.0234×10^{-3} cm/s $\pm 1.7557 \times 10^{-3}$ cm/s），之后又开始上升，17:30 左右到达一天中的第二个峰值（峰值平均 6.1676×10^{-3} cm/s $\pm 2.3544 \times 10^{-3}$ cm/s），稍微大于第一次峰值，随后液流速率开始迅速下降，22:00 以后波动逐渐平稳，维持一定夜间液流。秋季树干液流日平均 2.3304×10^{-3} cm/s$\pm 0.8454 \times 10^{-3}$ cm/s，白天液流平均 3.9017×10^{-3} cm/s$\pm 1.2312 \times 10^{-3}$ cm/s，夜间平均 1.0786×10^{-3} cm/s$\pm 0.4455 \times 10^{-3}$ cm/s，白天和夜间液流速率分别为全天的 78.4%和 21.6%，白天液流显著。

综上所述，红富士苹果边材液流速率随季节变化呈现一定的规律性，富士苹果树干液流启动时间随着太阳辐射和空气温度抬升时间的早晚由春季到夏季逐渐前移，夏季到秋季逐渐推后，夏季比春季早 1～2.5 h，秋季晚于夏季 1～2 h。春季和夏季富士苹果树干液流速率日变化呈单峰型，秋季富士苹果树干边材液流在 10月呈双峰型。从春季到秋季，峰值出现时间也逐渐向前推移，从液流峰值来看，夏季最大，秋季大于春季，高位运行时间夏季最长，秋季次之，春季最短。全天平均液流速率和白天液流速率都是春季和秋季较小，夏季最大。但是夜间平均液流速率则是秋季＞夏季＞春季（表 2-5）。

表 2-5　红富士苹果树干液流速率季节变化动态
Table 2-5　Seasonal fluctuation of sap flow velocity of Red Fuji apple

季节	观测日期	液流启动时刻	达到峰值时刻	峰值/（$\times 10^{-3}$ cm/s）	平均液流速率/（$\times 10^{-3}$ cm/s）	迅速下降时刻
春季	4 月 17 日	11:00	17:00	2.2148	0.6962	18:30
	4 月 18 日	11:30	17:00	3.6191	1.1326	19:00
	5 月 17 日	9:30	16:30	5.4405	2.1529	19:00
	5 月 18 日	9:30	16:00	5.4591	2.2211	19:00
夏季	6 月 20 日	9:00	14:00	6.7649	2.7319	19:30
	6 月 21 日	8:30	14:00	6.8969	2.5362	19:00
	7 月 21 日	8:30	14:30	9.2741	3.1702	20:00
	7 月 22 日	8:30	15:00	8.7199	3.4263	19:30
	8 月 17 日	9:00	15:30	6.5787	2.4661	19:00
	8 月 22 日	9:00	15:30	7.8606	3.2777	19:00
秋季	9 月 19 日	9:30	17:00	6.6841	2.4697	19:00
	9 月 20 日	10:00	17:00	6.1781	2.4901	18:30
	10 月 20 日	10:30	17:30	6.1599	2.1513	18:00
	10 月 21 日	11:00	17:00	5.6483	2.2104	18:00

2.2.1.3　红富士苹果树干不同方位液流的变化规律

树干的测定方位不同，其液流速率存在一定的差异（王华田，2002）。树干不同方位的液流速率是否呈规律性的变化也是一个颇有争议的问题。由于受树种、年龄、立地条件、环境因素及测定方法等方面的影响，很难得出普遍适用的规律。为探讨液流在不同方向上的差异，选取三棵样树，于 2011 年 8 月 1 日～8 月 5 日，连续测定阿克苏地区富士苹果标准木胸高位置距形成层 3 cm 位点处南向和北向的液流速率。如图 2-4 所示是富士苹果树干不同方位液流速率日变化进程。从中可以看出，对富士苹果树干不同方向同步检测的边材液流速率，南、北两个方向存在着一定差异。其中，南侧的液流速率较高，北侧液流速率较低。这种差异很可能是由于所测标准木的冠幅和边材分布的不均匀性引起的，表 2-6 是测定树干不同方位的冠幅和边材厚度分布特征，从中可以看出，富士苹果南向的冠幅和边材厚度较大，北侧较小。但这可能只是其中一个原因，其机制还有待于进一步研究。

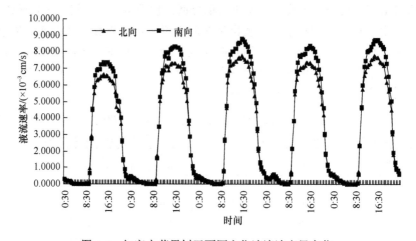

图 2-4　红富士苹果树干不同方位液流速率日变化

Fig. 2-4　The sap flow velocity in different radial positions of Red Fuji apple

表 2-6　富士苹果标准木冠幅和边材分布特征

Table 2-6　Distribute characteristic of crown breadth and sapwood of Red Fuji apple

样木	测定方位	冠幅/m	边材厚度/cm
1	南向	2.34	3.7
	北向	2	3.4
2	南向	3.01	4.3
	北向	2.56	3.7
3	南向	2.67	4.7
	北向	2.46	4

分别以三棵样树北方位的液流速率作为自变量（x），南方位的液流速率作为因变量（y）进行回归分析，分析过程中发现南、北方位液流速率的回归关系用线性方程拟合最佳，且相关性均非常显著。回归方程中，$R^2=0.998$，F 检验值的概率均为 0.000，说明回归方程有意义。运用这一结果可以较为准确地通过北方位液流速率来计算南方位的液流速率。图 2-5 绘出了树干南、北方位液流速率相关关系的曲线拟合图及线性方程，可以直观地看出液流速率的相关关系。富士苹果南、北

方位液流速率具有显著差异，且南、北方位液流速率间存在显著的正相关性。马玲等（2005）对马占相思树干液流进行研究，结果为马占相思树干液流速率各方位间均有显著相关关系。这可能与树冠结构、微环境条件有关，还需进一步考证。

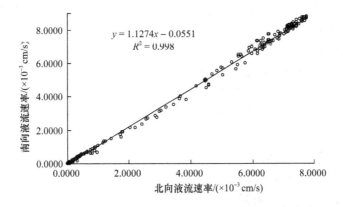

图 2-5　红富士苹果树干南北方位液流速率相关关系
Fig. 2-5　Correlated relationship between south and north of sap flow velocity of Red Fuji apple

2.2.2　红富士苹果树干液流与环境的协变机制

在影响液流的诸多因素中，什么是主要因素？什么是次要因素？什么因素在什么水平上影响液流？这些是我们要弄清楚的地方。在时间和空间上进行高密度的观测是 20 世纪 90 年代以来水分研究的主要特点之一，在本试验中所采用的热扩散测定系统及 Vantage Pro2 自动气象站均配备数据采集器（LOGGER），可根据需要人为设定取样频率，这就为实时监测环境与树干液流的关系奠定了基础。在影响树干液流与树木耗水的因素中基本可以分为三类，即生物学结构因素、土壤供水因素和气象因素。树干潜在液流能力是由生物学结构因素决定的，如气孔导度、边材比例、木质部导水率、木质部的液质与木质比等；土壤供水因素反映液流的总体水平，即每日累计液流量的大小和液流速率的波峰值等，在土壤供水严重不足情况下，这种特征更加明显；而气象因素影响树木液流的瞬时变动特征，树木作为一个独立的个体，本身也是一个开放的系统，树体内部的液流会对外界环境条件的变化产生反应，因而，只有深入研究环境因子对树木液流的影响机制，才能利用环境因子来预测树木耗水量，了解树木的水分生理特性对环境条件变化的反应与适应。

气象因素作为液流的一种制约因子，有着固定的变化节律，对液流的影响也有固定的节律性，气象因素中太阳辐射强度是一个很重要的因子，太阳辐射强度的昼夜变化节律与液流速率的节律变化完全一致，这说明了气象因素对于液流的影响方式。举个例子，夜间和白天液流差别很大，是什么造成的？尽管土壤水分含量对液流量大小起很大作用，但不能说是由土壤水分含量造成的，由此可以区分气象因素与土壤水分含量是两种不同的机制，某一时刻树干液流速率的高低与当时的气象因素是不可分割的，气象因素制约着树干液流。干旱季节，树木遭受轻度的水分胁迫时，树干液流的日变化规律一般不变，但是累计液流量和最大液流速率会明显减少。因此，土壤含水量一般不会影响液流的节律变化。

综上所述，影响树干液流速率变化的主要因子可归纳为内因和外因两部分。在树木的整个生长期中，叶面积量、叶片形态结构及边材结构的变化等都会对树干液流速率产生影响。但是由于树干液流的连续测定是在同一株富士苹果标准木上进行的，因此，可以认为外部环境因子对不同生长季节树干液流速率的差异起重要作用。

树干液流速率 Vs（cm/s）表示树木液流测定的横断面上各位点液流速率的平均值，是树木水分运移规律的重要参数，它反映的是液流的即时变动规律。因此，选择 Vs 作为液流的指标，研究环境因子对液流的影响。

2.2.2.1　气象因素与液流的统计关系

（1）太阳辐射强度对液流速率的影响

由图 2-6 可以看出，液流速率的日变化趋势与太阳辐射一致，都呈单峰曲线分布，说明太阳辐射是影响树干液流速率变化的直接因子。液流速率一般随着太阳辐射强度（ESR）的增强而相对增加。

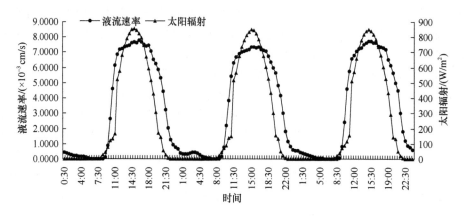

图 2-6　液流速率（Vs）与太阳辐射（ESR）的日变化规律
Fig. 2-6　Diurnal change of sap flow velocity and solar radiation

晴天的太阳辐射与树干液流速率变化有明显的相同趋势，在阴天由于树干液流启动时间推迟，液流也相应地变小。晴天与阴天气象因素的差别很大，这主要体现在太阳辐射及由辐射差异引起的温湿度的变化上，主要在两个方面影响着液流速率变化，一方面影响液流的启动时间，清晨液流的启动时间晚于太阳辐射的启动时间；另一方面影响液流峰值的大小，阴天低太阳辐射和低空气温度对应着低的峰值，晴天午间持续的高温和强辐射对应着较高的峰值。

为了更好地分析太阳辐射强度与液流的关系，对二者进行曲线拟合，从以下几个拟合模型中选取。

① 线性（liner）：$y=b_0+b_1x$

② 二次（quadratic）：$y=b_0+b_1x+b_2x^2$

③ 生长（growth）：$y=e^{(b_0+b_1x)}$

④ 三次（cubic）：$y=b_0+b_1x+b_2x^2+b_3x^3$

⑤ 幂（power）：$y=b_0^{(xb_1)}$

⑥ S：$y=e^{(b_0+b_1/x)}$

⑦ 指数（exponential）：$y=b_0e^{b_1x}$

⑧ 对数（logarithmic）：$y=b_0+b_1\ln x$

从表 2-7 可以看出，二次曲线的拟合效果最好，具有较高的相关关系。所以可以认为，太阳辐射对液流的影响呈现二次曲线的关系，即 $Vs=0.609+0.029\,ESR-1.792\times10^{-5}\,ESR^2$。分析该曲线可以看出，当太阳辐射较低时，液流速率随太阳辐射的增加而增加，可是，当太阳辐射大于某极限值时，液流速率将随太阳辐射的升高而快速降低。对方程进行求导很容易就可以得出这一极大值点，即 $ESR=828.68\ W/m^2$ 处，此时 $Vs=7.6941\times10^{-3}\ cm/s$。根据二次曲线推导出的最大值只具有理论意义，与实际的测定值还存在差别。但是在野外实际测定中，$ESR=828.68\ W/m^2$ 这一极大值点具有重要的现实意义。太阳辐射强度如果高于此值，气温将伴随着高强度的太阳辐射不断升高，叶温的升高使得树叶气孔大量关闭，从而导致液流速率的下降。一般来说，太阳辐射强度为 800～1000 W/m²，此时树干液流会维持在比较高的水平，树木的蒸腾作用也比较旺盛（图 2-7）。

表 2-7　不同模型对液流速率（Vs）和太阳辐射强度（ESR）关系的拟合效果
Table 2-7　Curve fitting for sap velocity and solar radiation by different models

因变量	模型	R^2	自由度	F 值	显著性水平	系数			
						b_0	b_1	b_2	b_3
	linear	0.829	142	690.73	0.000	1.079	0.009		
	quadratic	0.945	141	799.64	0.000	0.609	0.029	-1.792×10^{-5}	
液流速率	cubic	0.919	140	798.35	0.000	0.374	0.038	-7.051×10^{-5}	4.230×10^{-8}
	growth	0.468	142	124.98	0.000	-1.313	0.005		
	exponential	0.468	142	124.98	0.000	0.269	0.005		

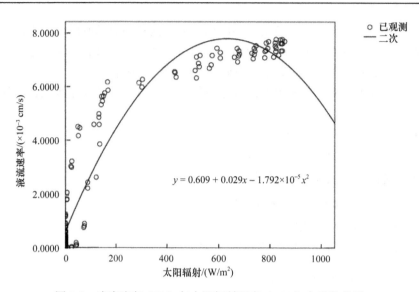

图 2-7　液流速率（Vs）与太阳辐射强度（ESR）之间的关系

Fig. 2-7　Relationship between sap flow velocity and solar radiation

在 22:30 到次日 7:30，这段时间太阳辐射为零，而液流速率还在继续下降，但速度缓慢（图 2-6），说明还有其他因素影响着液流速率的变化规律。

（2）空气温度对液流速率的影响

由图 2-8 可以看出，液流速率的日变化趋势与空气温度（Ta）相同，都是呈现单峰曲线。在白天，随着温度的升高，液流速率也增大。空气温度达到峰值的时间是 18:00 左右，而液流速率达到峰值的时间比大气温度提前了 2 h 左右。夜间，液流速率随着大气温度的降低而减小。

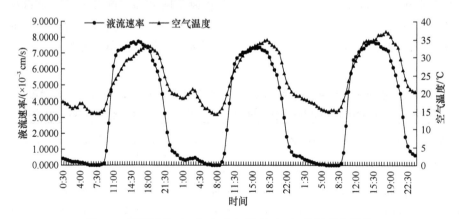

图 2-8　液流速率（Vs）与空气温度（Ta）的日变化规律

Fig. 2-8　Diurnal change of sap flow velocity and air temperature

由于太阳辐射与空气温度本身存在着一定的相关性，空气温度随太阳辐射的增强而升高，因此，空气温度与树干液流速率的变化趋势和太阳辐射与树干液流速率的变化趋势大致相同。通过对多次的观测统计资料分析，以二次曲线模型拟合的温度-液流关系模型的相关性较高，即 $Vs=-9.722+0.703\ Ta-0.006\ Ta^2$（Ta 代表空气温度）（表 2-8、图 2-9）。这种关系有一定的适用范围，即 15～35℃，如果超出这个范围，拟合效果就会发生偏差。从二者的关系曲线来看，在一定范围内，液流速率随着气温的上升而缓慢上升，气温高于 20℃时，液流速率随气温的上升明显加快。

表 2-8　不同模型对液流速率（Vs）和空气温度（Ta）关系的拟合效果

Table 2-8　Curve fitting for sap velocity and air temperature by different models

因变量	模型	R^2	自由度	F 值	显著性水平	系数			
						b_0	b_1	b_2	b_3
液流速率	linear	0.881	142	1050.509	0.000	-6.319	0.403		
	quadratic	0.888	141	547.120	0.000	-9.722	0.703	-0.006	
	cubic	0.886	141	557.776	0.000	-9.036	0.587	0.000	-9.406×10^{-5}
	power	0.805	142	587.559	0.000	1.011×10^{-9}	6.594		
	S	0.864	142	903.305	0.000	6.915	-152.386		
	growth	0.735	142	393.063	0.000	-6.454	0.266		
	exponential	0.735	142	393.063	0.000	0.002	0.266		
	logistic	0.735	142	393.063	0.000	635.490	0.767		

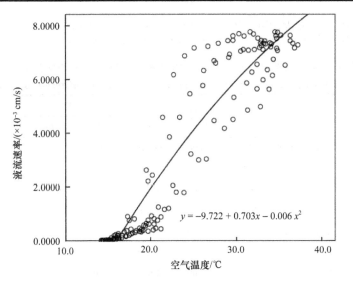

图 2-9　液流速率（Vs）与空气温度（Ta）之间的关系

Fig. 2-9　Relationship between sap flow velocity and air temperature

（3）大气相对湿度对液流速率的影响

大气相对湿度（RH）是指空气中实际水汽压与同温下饱和水汽压的百分比（贺庆棠，1981）。它是水汽压和气温的函数，大气相对湿度一般在清晨时最大，午后空气温度最高时最小。当大气环境比较干燥，植物叶片的水分含量又接近饱和状态时，水分必然会通过叶片表面扩散至大气中。大气相对湿度对植物蒸腾强弱的影响很大：大气相对湿度越小，植物蒸腾作用越强，而大气相对湿度越大，植物蒸腾就越弱（高清，1976）。由图 2-10 可以看出，液流速率的日变化趋势与大气相对湿度呈负相关，大气相对湿度呈多峰曲线。无论在晴天还是阴雨天气，这种趋势都较明显。经拟合筛选，用三次函数模型的拟合效果更好（表 2-9、图 2-11）。

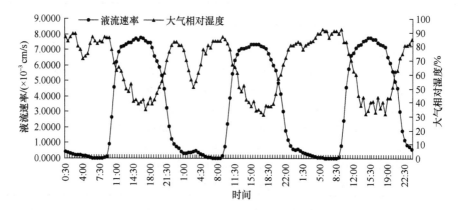

图 2-10　大气相对湿度（RH）与液流速率（Vs）的日变化规律
Fig. 2-10　Diurnal change of sap flow velocity and relative humidity

表 2-9　不同模型对液流速率（Vs）和大气相对湿度（RH）关系的拟合效果
Table 2-9　Curve fitting for sap velocity and relative humidity by different models

因变量	模型	R^2	自由度	F 值	显著性水平	系数 b_0	b_1	b_2	b_3
液流速率	linear	0.787	142	524.95	0.000	13.010	−0.147		
	logarithmic	0.763	142	455.90	0.000	38.396	−8.470		
	quadratic	0.790	141	265.14	0.000	10.707	−0.065	−0.0007	
	cubic	0.791	141	267.63	0.000	9.728	0.000	−0.002	7.897×10^{-6}
	power	0.520	142	153.82	0.000	1.076×10^{9}	−5.046		
	S	0.461	142	121.36	0.000	−4.456	259.073		
	growth	0.569	142	187.11	0.000	5.840	−0.090		
	exponential	0.569	142	187.11	0.000	343.645	−0.090		

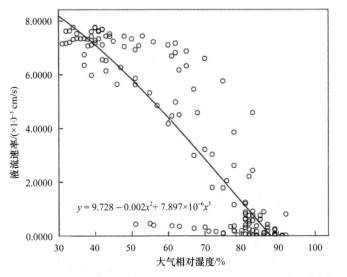

图 2-11 液流速率（Vs）与大气相对湿度（RH）之间的关系
Fig. 2-11 Relationship between sap flow velocity and relative humidity

（4）风速对液流速率的影响

风对于蒸腾的影响很复杂。据孙鹏森、王华田等研究指出，风速（V）打破了界面层阻力，会提高蒸腾速率，它和光照、气温一样，对液流的作用比较明显和直接，同时反应较快。本研究通过对富士苹果液流速率与风速之间进行分析和曲线拟合，却发现相关性较差（表 2-10）。风速对红富士苹果的树干液流速率没有明显和直接的影响。具体原因有待进一步考证。

表 2-10 不同模型对液流速率（Vs）和风速（V）关系的拟合效果
Table 2-10 Curve fitting for sap velocity and wind speed by different models

因变量	模型	R^2	自由度	F 值	显著性水平	系数			
						b_0	b_1	b_2	b_3
	linear	0.099	142	15.627	0.000	2.267	2.964		
液流速率	quadratic	0.113	141	8.986	0.000	2.172	5.532	−2.959	
	cubic	0.116	140	6.110	0.001	2.159	8.041	−10.252	4.432

2.2.2.2 土壤因素与液流的关系

土壤温度对树干液流的影响机制比较复杂。图 2-12 显示的是富士苹果在一年中平均土壤温度的变化及树干液流的变动情况，从中可以发现这样的规律：土壤温度的变化具有明显的节律性，即除了呈现出有规律的日变化外，还遵从一个更长的波动周期即季节变化。对任何相近两天的土壤温度进行比较，从图 2-13 可以看出，后一天的土壤温度在整体上明显高于前一天的土壤温度，前后两天呈现一定的增幅，这是热量累积的结果。因为受多种因素的影响，土壤温度的日变化与树干液流的日变化并不一致（图 2-13），土壤温度日变化达到峰值的时间比树干液流有一定的延迟。考察每天土温的高峰期，都位于当天液流高峰之后的下降期，即 5:00～7:00，所以利用统计分析方法，难以描述二者的关系，甚至得到相反的结论。

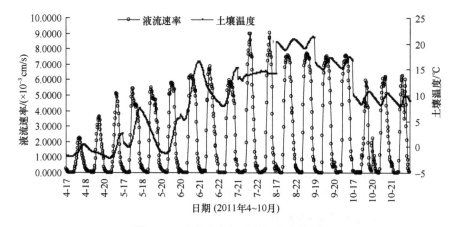

图 2-12　液流速率与土壤温度的关系
Fig. 2-12　Relation between sap flow velocity and soil temperature

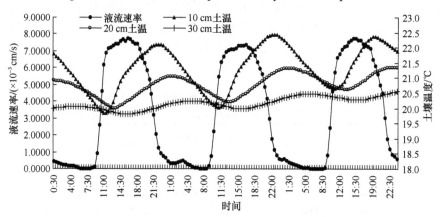

图 2-13　液流速率与不同深度土壤温度日变化规律
Fig. 2-13　Diurnal change of sap flow velocity and oil temperature in different depth

2.2.2.3　树干液流与影响因子的回归分析

本研究主要对影响液流的气象因素和土壤因素进行分析。气象因素作为树木耗水的一种制约因子，有着固定的变化规律，对树木液流量的影响也有固定的节律性。树干液流速率在很大程度上是由当时的蒸腾拉力和土壤温湿度决定的，而蒸腾拉力是由太阳辐射强度、空气温湿度等因子决定的。土壤供水决定树木耗水的总体水平，土壤含水量一般不会影响树木液流的节律变化，但在干旱季节，树木遭受水分胁迫时，树木液流量的日变化会出现昼低夜高的变化趋势。

尽管各独立影响因子与树干液流之间拟合效果比较好的关系模型不是线性的，但用线性模型分析同样具有较高的相关性，因此，我们采用多元逐步回归的方法对影响因子进行筛选，选出重要的因子，分别以 1%和 5%的可靠性作为入选和剔除临界值，构建利用环境因子推导液流速率的经验模型，以利于进行树木耗水量的估测。

（1）日变化分析

用液流速率（Vs）与太阳辐射（ESR）、空气温度（Ta）、大气相对湿度（RH）、10 cm 土壤温度（Ts10）、20 cm 土壤温度（Ts20）、30 cm 土壤温度（Ts30）和土壤水势进行逐步回归，得到以下模型（表 2-11），只有少数因子与树干液流回归均达到显著水平，晴天对液流影响的显著性大小依次为空气温度（$P<0.0001$）、太阳辐射（$P<0.0001$），阴天对液流影响的显著性大小情况同晴天一样。

（2）季节变化分析

用 4～10 月各三天树干日平均液流速率（Vs）与太阳辐射（ESR）、平均空气温度（Ta）、大气相对湿度（RH）、10 cm 土壤温度（Ts10）、20 cm 土壤温度（Ts20）、30 cm 土壤温度（Ts30）和土壤水势进行逐步回归，得到以下模型（表 2-11），只有气象因素与树干液流回归达到极显著水平，对液流影响的显著性大小依次为空气温度（$P<0.0001$）、太阳辐射（$P<0.0001$）和大气相对湿度（$P=0.0009$）。

表 2-11　树干液流与环境因子的回归模型

Table 2-11　Regression model between sap flow velocity and environment factors

日、季变化	回归方程	判定系数 R^2	数据记录次数
晴天	Vs=−4.903+0.319Ta+0.003ESR	0.948	96
阴天	Vs=−5.486+0.313Ta+0.003ESR	0.956	96
季节变化	Vs=10.86+0.637Ta+0.372ESR+0.245RH	0.947	672

富士苹果树干液流的变化主要受其本身的生物学特性和外界环境因子的影响，外界环境因子包括气象因素（太阳辐射、空气温度、大气相对湿度、风速）和土壤温度、土壤水势。通过在不同天气条件、不同时期测定富士苹果树干液流，以及分析环境因素与树干液流之间的关系可以看出，随着观测时段的变化，其影响的主导因子也随之发生变化。逐步回归分析表明，各回归模型均达到了较好的效果。对于富士苹果，晴天和阴天的日变化中大气相对湿度、10 cm 土壤温度、20 cm 土壤温度和土壤水势与液流速率相关性较差，因而被剔除；季节变化中，10 cm 土壤温度、20 cm 土壤温度和土壤水势均被剔除，说明其与液流速率的相关性还不够

高。在日变化和季节变化中空气温度和太阳辐射都是影响液流的主导因子，其他环境因子只在某些观测时段对液流产生作用。因此树干液流方法可以快速灵敏地反映树木蒸腾在不同环境条件下的日变化过程，不仅可以根据环境因子估测树木蒸腾耗水量，而且可以揭示环境因子对树木水分平衡状况的影响，更好地监测单株树木的耗水动态。

2.2.2.4 叶水势与液流速率的关系

（1）叶水势的日间变化

从图 2-14 中可以看出，富士苹果叶水势日变化呈单峰曲线。9:00 左右叶片水势较高，一般为–0.6 MPa 左右，之后逐渐降低，至 15:00 左右叶水势达到一天中的最低值，为–1.3 MPa 左右，直到 21:00 才恢复到清晨的较高水平，之后便一直处于平稳阶段。

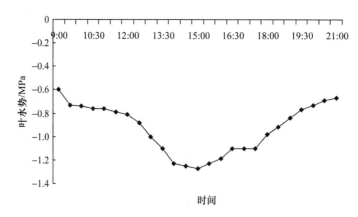

图 2-14 红富士苹果叶水势日间变化曲线

Fig. 2-14 Daily change of leaf water potential of Red Fuji apple

（2）叶水势与气象因素的关系

结合观测日各气象因素进行相关分析，发现富士苹果叶水势与太阳辐射、空气温度、大气湿度显著相关（$n=36$），相关系数分别达到–0.716、–0.914、0.703。为了进一步表述叶水势与气象因素之间的相互关系，选取叶水势为因变量，各个气象因素为自变量作多元回归方程模型，回归方程如下：

$$y = 0.016x_1 + 0.017x_2 + 0.005x_3 - 0.545 \quad 其中：R^2 = 0.844 \quad P < 0.0001$$

式中，y 表示叶水势（MPa），x_1 表示太阳辐射（W/m^2），x_2 表示空气温度（℃），x_3 表示大气相对湿度（%）。

从多元回归方程可以看出，叶水势与各个气象因素的关系显著，可见该回归方程能够较好地表述富士苹果叶水势与各气象因素变化特征的相关关系。

（3）叶水势与液流速率的关系

经过线性回归分析（表 2-12），液流速率与叶水势回归显著，即叶水势减小，富士苹果的液流速率增大。

表 2-12 叶水势与液流速率的关系
Table 2-12 Relationship between leaf water potential and stem sap flow rate

线性回归方程	自由度	R^2	显著性水平	F 值
$Y= -0.813x-5.8$	25	0.672	0.000	24.136

注：Y 表示液流速率（$\times 10^{-3}$ cm/s），x 表示叶水势（MPa）

2.2.2.5 红富士苹果生长季耗水量变化

通过对 4～10 月各日的液流量进行累计，得到整个生长季内单株红富士苹果的耗水量，如图 2-15 所示。

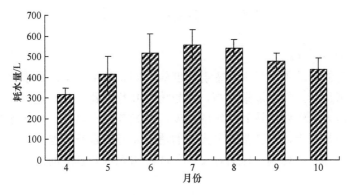

图 2-15 红富士苹果 4～10 月耗水量变化趋势
Fig. 2-15 Change tendency of water consumption from April to October of Red Fuji apple

从图 2-15 可以看出，红富士苹果生长季内的月耗水量变化明显，这与气象变化表 2-1 中的太阳辐射、空气温度、降雨量的变化趋势相同。如图，4～7 月随着太阳辐射的增强，空气温度不断升高，大气相对湿度降低，耗水量也相应增加；8～10 月随着太阳辐射的减弱，空气温度降低，相对湿度增加，耗水量开始逐渐下降。对苹果生长季各月的耗水量进行计算，结果见表 2-13。

由表 2-13 可以看出，苹果主要生长季内耗水总量为 3260.87 L，4 月耗水量与 7、8 月的耗水量差异显著，其他各月的耗水量差异不显著。耗水量最大的是 7 月，为 556.09 L，占耗水总量的 17.05%，耗水量最小的是 4 月，为 316.51 L，占耗水总量的 9.70%。各月耗水量排序为：7 月＞8 月＞6 月＞9 月＞10 月＞5 月＞4 月。

表 2-13　　红富士苹果主要生长季各月日耗水量

Table 2-13　Monthly and daily water consumption of Red Fuji apple in major growing season

月份	平均日耗水量/（L/d）	月耗水总量/L	占总耗水量的百分比/%
4 月	10.55±2.72a	316.51±33.29a	9.70
5 月	13.37±6.77ab	414.55±85.62ab	12.72
6 月	17.18±7.73ab	515.35±94.69ab	15.80
7 月	17.94±5.79b	556.09±73.34b	17.05
8 月	17.43±3.29b	540.21±41.60b	16.57
9 月	15.97±3.18ab	478.94±38.90ab	14.69
10 月	14.17±4.38ab	439.22±55.39ab	13.47
总计		3260.87±383.21	100.00

注：列内平均数经邓肯氏多重极差测验，小写字母代表 5%水平

2.3　研究结论与讨论

（1）液流的启动

树木液流的启动主要受太阳辐射强度的控制。从生理学的角度来看，清晨，太阳辐射逐渐加强，气温逐渐升高，诱导植物叶片气孔开放，进行光合与蒸腾等生理活动。但太阳辐射需达到一定的强度，即光补偿点以上，气孔才开始张开。无论是晴天还是阴天，气孔都需要光强的诱导才开始张开，但是阴天由于太阳辐射较弱，需要等光照达到一定的程度，因此，阴天气孔开放的时间较晚，且液流速率值低。

（2）液流的峰型

晴天，红富士苹果液流速率的变化呈单峰曲线，这与各种影响因素有密切的关系。在夜间，没有有效的太阳辐射就不会有适度的蒸腾作用，空气温度较低，大气相对湿度大，这些因素导致叶片气孔在夜间阻力大或者关闭，树体各项生理活动较弱。而到了上午，随着太阳辐射增强，空气温度升高，大气相对湿度降低，树体的各种生理活动也比较旺盛，叶片气孔张开，蒸腾作用增强，导致树体水分散失增多，树体上部水势降低，随着水势梯度向下传递，根系吸水增多，所以测量到的树干液流速率也相应增加。到了 15:00 左右，太阳辐射最强，一天中气温达到最大值，树干液流速率也达到最大值。下午情况则与上午正好相反。阴天时，太阳辐射很弱，空气温度不高，大气相对湿度较大，也就造成了树干液流速率比较低。

阴天红富士苹果液流速率的变化规律与晴天一致，但峰型却有很大差异，树干液流在启动以后到达到最大值之前都会形成由许多小峰组成的"高峰平台"，呈

多峰曲线。这种现象可能与阿克苏地区该时段微气象环境的波动变化存在一定的关系，特别是由于在阿克苏地区，中午后 14:00～18:00 这段时间内，太阳辐射强度、空气温度和大气相对湿度的波动相对较大。另外有人已经发现，低空空气相对湿度、强光、水分亏缺能引起叶片气孔的不均匀关闭，产生蒸腾速率的气孔振荡现象，可能也会对树干液流的波动产生一定的影响，也就直接体现在液流的变化上（廖建雄和王根轩，2000）。同样，在液流回落时也如此。

（3）液流的停止

在夜间，理论上叶片气孔已经完全关闭，叶片蒸腾和树干液流应为零，但是红富士苹果的树干液流在夜间没有明显的停止界限，无论是晴天还是阴天，微弱的液流会持续整个夜晚，有时甚至还会出现小波峰。孙鹏森等（2000）在其研究中也发现在夜间树干存在上升液流，分析原因可能是白天叶片气孔张开，水分散失导致树冠部位水势较低，形成了叶片—树冠—根部的水势差，蒸腾作用需要上升液流。夜间气孔关闭，但此时这种水势差仍然存在，并没有立即消失，在一段时间内仍会有一部分水分被动地通过根部进入树干到达树冠，形成夜间补偿流，恢复树干部位的水分贮存，进而在夜间产生一定的液流现象。王华田等（2002）研究油松树干液流所得结论与之相似。

李海涛等（1998，2006）对阔叶树种棘皮桦（*Betula davurica*）、五角枫（*Acer mono*）等及针叶树种湿地松（*Pinus elliottii*）等进行研究后，依据 Kramer 等提出的水分吸收理论，认为在夜间树木蒸腾速率基本为 0，虽然没有大量水分进入根部，但此时由于生理代谢溶质在根系内皮层内积累，这种内皮层内外渗透势差导致水势梯度的形成，产生根压，使得土壤中的水分进入根部，在树体内做上升运动。因此在夜间可能是由于根压的存在产生了上升液流，补充白天蒸腾丢失的大量水分，恢复体内水分平衡。鲁小珍（2001）对栓皮栎夜间液流的产生、于占辉等（2009）对黄土高原半干旱区侧柏（*Platycladus orientalis*）树干液流动态的研究都做过类似的探讨。

在本研究中，作者认为红富士苹果夜间出现的液流也是由于根压，加之阿克苏地区有着特殊地理位置和气候条件，阿克苏属于干旱地区，典型的温带大陆性气候，昼夜温差大，苹果树在白天消耗了大量的水分，需要从土壤中主动吸收水分来补充组织中的缺水，恢复植物体内的平衡。此时的液流主要用来补充树体内的水分亏缺，而不是用于蒸腾过程。另外，有研究表明，树体的主要蓄水部位是大枝和树冠，夜间树冠部位会把通过根部上升的水流贮存起来，为第二天的蒸腾做好准备，尤其是树木在遭受水分胁迫时，夜间就会有较大的液流且持续时间较长。

（4）液流的季节变化动态

树干液流速率受多种因素的影响，因此不同的情况下有不同的树干液流速率，表现出了植物体对环境变化的适应。主要生长季节内，红富士苹果树干液流速率在白天的数值包括最大值都是夏季＞秋季＞春季。这主要是由于春天太阳辐射弱，气温低，树体生理活动不旺盛，树体叶片也未完全展开，树体蒸腾比较弱，因此蒸腾利用的水分比较少。到了夏季，温度升高，树叶大部分完全展开，树体生理活动旺盛，蒸腾失水迅速，树体需要从根部吸收更多的水分运输到树体上部，因此测量到的树干液流速率值较大。从夏季逐渐到秋季则与从春季到夏季的变化相反。这与孙慧珍的研究结果相同（孙慧珍等，2002）。但是，夜间的平均液流速率则是秋季最大，夏季次之，春季最小。分析原因可能是秋季气候干燥，降水稀少，大气相对湿度较低，因此树体需要在夜间吸收更多的水分来补充白天散失的水分。

（5）树干不同方位液流的变化

红富士苹果树干南、北两个方向的液流速率存在着一定的差异。造成这种差异的原因可能与树冠结构、微环境条件有关，也可能是试验误差引起的，具体原因还有待进一步考证。但是在研究工作中，不同方位边材液流速率的差异必须引起高度重视，否则将会导致研究结果出现严重偏差，使研究结论失去说服力（王华田，2002）。Granier（1985）认为增加探头数量是比较好的解决方法，直径 15 cm以下的单株使用一个探头，15～20 cm 使用 2 个探头，20 cm 以使用 3 或 4 个探头。对于胸径较小的树木，如果安装探针过多，相邻的加热探针就会相互影响从而导致测定结果异常，因此在实际研究工作中，需根据树干直径及树干不同方位液流的变异程度来确定探头的安装数量。尽管不同方位的液流速率差异明显，但不同方位之间的液流速率呈现非常显著的线性相关。

此外，树干液流在边材（由外往里）不同深度，水分传输功能的大小可能有差异（赵平等，2005）。这种差异随着干径的增大而增大，因此在估算整树耗水量时误差较大。试验中 TDP 采用的是点状热电偶，其测定的结果仅代表热电偶插入深度的边材液流速率，如何通过有效方法将液流速率整合到整树，最终计算整树耗水，并能避免或减少树干液流在计算过程中所产生的误差是非常关键的。据此，要根据树木不同径阶边材宽度的大小，确定 TDP 探头的规格、数量和插入的位置、方向等。Edwards 等（1984）用甲苯胺蓝染色法对杨树树干木质部轴向水流导度进行过研究，结果表明，树干边材不同深度的透水性有很大差别。由此说来，树干边材内层与外层的液流速率也存在差别。因此，在试验过程中需要测定边材不同深度的液流速率，然后求出不同深度的总液流，并进行累加才能获得整树的蒸腾：

$$E = \sum Js_i As_i$$

式中，Js 为液流速率；As 为边材面积；i 为不同深度边材。

在实际操作中该公式的运用仍然比较复杂。在实际研究中发现，10 年生红富士苹果的边材长度通常为 4～6 cm，超过 6 cm 的个体较少，试验中所使用的热扩散探针长度为 30 mm，测量所得液流速率是线平均值，所以认为，热扩散探针基本上能够整合红富士苹果液流速率因边材长度不同而可能出现的差异，测定值反映的是边材平均液流速率。

（6）环境因子对液流的影响

a. 红富士苹果树干液流速率的日变化趋势与太阳辐射一致。首先，太阳辐射强度直接影响气孔的开闭，在无光条件下大部分植物的气孔处于关闭状态或气孔阻力很大，此时，无论环境条件如何变化，植物都难以进行蒸腾作用；而日出以后，随着太阳辐射的增强气孔逐渐张开，气孔阻力减少，有利于植物蒸腾；其次，太阳辐射强度还影响着叶片温度和空气温度，在强烈的直射光中，叶温可以高出气温 2～10℃，这大大提高了水汽扩散梯度，从而促进了蒸腾的进行（王沙生等，1990）。可见蒸腾与辐射强度的关系极为密切。

b. 红富士苹果树干液流速率随温度的升高而加快。在植物正常的新陈代谢和生理活动过程中，温度的变化不仅影响其生物化学过程，而且影响植物体内物质扩散等物理过程。一般来说，环境温度升高能够增加水的自由能，使水分子扩散速度加快，有利于根系吸收水分和水分在植物体内的运输（李合生，2001）。空气温度不仅影响地表温度和植物体温，而且影响大气相对湿度，空气温度高所包含的水汽也就越多（孙鹏森等，2000）。由于叶肉细胞内部蒸发表面很大，同时细胞间隙容积又很小，叶肉细胞间隙内的水汽压随着温度的升高而增大，并且增大速度快于大气的水汽压（因为在异常广阔的大气空间中，白天气温升高时植物蒸腾散失到大气中的水分，不足以显著改变大气中的水汽压）。因此空气温度的升高，使大气的水汽压与叶肉细胞间隙的水汽压之间产生更大的差额，蒸腾速率也随之增高（王沙生等，1990），故而液流速率加快。测定过程中还得出大气温度达到峰值的时间是 18:00 左右，而液流速率达到峰值的时间比大气温度提前 2 h 左右。分析原因认为是：阿克苏地区夏季炎热干旱，在 18:00 左右当地空气温度达到一天内的最大值，同时太阳辐射也比较强，两者共同作用，抑制叶片的气孔开度增大，液流速率不能升高。同时还说明，在阿克苏地区，空气温度在 16:00 左右时开始抑制植物液流速率增大。在一定范围内，液流速率随着气温的上升而缓慢上升，但是当空气温度高于 20℃时，液流随气温的上升明显加快。这是因为，高温为近地面蒸发区液态水提供蒸发潜热耗能，使得近地面蒸发区的水汽压增大，在晴朗天气，大气中的水汽压不变，而空气中的水汽压与叶片内水汽压梯度增大，使得水分气化过程变快，液流上升（Mcllroy，1984）；同时，树冠表面温度的升高使得上层湍流高度上的水汽与蒸发表面的垂直输送加快，因此蒸腾作用加快，液流提升。有研究表明：当空气温度由 20℃增加到 30℃时，近地面蒸发区和大气之间的水汽压差由 1.16 kPa 增加到 13.04 kPa，如果气孔开度没有变化，水汽从叶内向外扩散的速度将增加近 2 倍（王沙生等，1990）。

c. 大气相对湿度的增加，会降低液流的速率。因为大气湿度高，空气中较大的水汽压减小了叶片气孔内腔与边界层的水汽压梯度，使水的气化速度变慢。值得注意的是，不能忽视气温的影响，因为，不同温度下，相同的大气湿度其水汽压差异也比较大，空气温度高，大气中的水汽压较低，大气与近表面蒸发区之间水汽压梯度增大，因此，即使相对湿度相同，高温下蒸腾强度较大，液流快。

d. 较低的风速对蒸腾速率有两种相反的效应，一方面是风带走了聚集在气孔附近的水汽，使叶内外的水汽压梯度增大，会加速植物蒸腾，这种作用在大气湿度很高或大部分气孔关闭时不太明显。另一方面，风通过改变叶温来影响蒸腾，尤其是在晴朗无云的天气太阳辐射很强时，风能使叶温显著降低，并且大风会使叶片迅速失水，导致气孔关闭，从而减弱植物蒸腾（王沙生等，1990）。本研究通过对红富士苹果液流速率与风速之间进行分析和曲线拟合，却发现相关性较差，分析其原因，第一可能是由于地域差异，阿克苏地区除了偶尔刮沙尘暴时风速比较大之外，其他时候刮风次数比较少，就算起风，多半也是在夜间，而夜间树干液流速率非常小，对风速的感应不大；第二可能是由于实验误差所致，测量风速所使用的风杯对微风的感应不大，而苹果园又比较密闭，降低了风速。因此，本试验中风速对红富士苹果树干液流的影响非常微小。其具体原因还有待进一步考证。

e. 土壤温度日变化的峰值较液流速率日变化的峰值具有一定的延迟现象。这是因为土壤温度不像太阳辐射强度、空气温度那样直观地作用于植物蒸腾，它对于液流的影响是长期的。春天，土壤温度逐渐上升，水的表面张力和黏滞度逐渐下降，水的吸力值也降低，土壤水势升高，根部对水分的有效利用性提高，在土壤含水量较低时这种影响更加明显；同时根部开始活动并生长，根部的吸水速率提高，液流加快。夏季，根据非饱和土壤水分在非恒温条件下的运动方程，由于温度提高了土壤中的水汽压及水汽密度，水汽必然会从温度高处移动至温度低处，同时在温度梯度的影响下，土壤水以水汽状态从暖端流向冷端，导致土壤水分入渗增加（华孟和王坚，1993），表层可用水减少，在土壤连续干旱或供水条件不足的情况下，这种矛盾显得更加突出，因而会影响液流；但是，如果土壤水分供应良好，土壤水分有效性反而因为深层渗透而有所提高，所以液流速率增加。因此要视具体情况具体分析。秋冬季节，土壤温度降低，根系生长活动减弱，水分有效性降低，液流速率也随之降低。

f. 在不同测定期间树干液流日变化与相应的环境因子逐步回归分析得出，影响树干液流日变化的最主要环境因子是空气温度。这与陈崇等（2009）对绦柳树干液流变化及其影响因子的研究及虞沐奎等（2003）对火炬松树干液流的研究基本相一致，但这与孙慧珍等（2005b）对东北东部山区主要树种液流的研究及赵平等（2006）对马占相思树液流的研究不一致，他们均认为太阳辐射是最主要的影响因子。而 Teskey 和 Sheriff（1996）等研究表明，树木蒸腾与太阳辐射、土壤水分、水汽压亏缺均相关，但土壤水分占主导地位，当土壤含水量减少，土壤保水能力增强，增加水分流向根部的阻力；另外随着土壤含水量减少，土壤水势降低，在相同的大气条件下，减少了土壤-植物-大气水势梯度，即降低了水分流动的驱动力，所以植物从干旱的土壤中吸收水分速度减慢。在本研究中土壤温度和土壤水势并没有选入方程，分析原因可能是园地土壤供水充足，不存在水分亏缺现象，因此土壤水势的日变化很小，对树干液流日变化影响也较小。是否树种和地区差异也会造成影响树干液流速率主导因子的差异，还有待于深入探讨和研究。

（7）叶水势对液流的影响

植物叶片水势是衡量植物抗旱能力的重要生理指标，能够反映植物的水分状况，代表植物水分运动的能量水平。生长在干旱地区的植物只有具有较低的叶水势才能从土壤中吸收足够的水分来维持正常的生理活动，因此探索植物叶水势的变化规律对了解植物体内的水分平衡及水分运动具重要意义。

红富士苹果的叶水势与树干液流速率呈负相关。叶水势表现出清晨较高，之后开始下降至中午到达低谷，然后再回升的规律。这是因为上午太阳辐射逐渐增强，空气温度升高，大气相对湿度下降，叶内外水汽压梯度增大，叶片蒸腾也不断增强，由于水分在植物体内运动需要叶片水势作为原动力，为了从土壤中吸收水分来满足植物蒸腾耗水的需要，必须减小叶水势，增大水势差，以增强从土壤中吸收水分的能力，树干液流速率也随之增大。随着太阳辐射的继续增强及气温的迅速升高，蒸腾不断加快并达到峰值，树体内开始缺水，叶水势也开始迅速下降，至15:00左右叶水势降至最低值，此时树干液流速率达到最大值，以从土壤中大量吸收水分来缓和体内水分亏缺的矛盾。然后，随着太阳辐射的减弱，空气温度下降，大气相对湿度升高，使得叶片蒸腾减弱，叶水势开始缓慢回升，液流速率也开始降低。进入夜间水势基本处于平缓稳定恢复阶段，此时水势值基本上反映出土壤水分供应的水平。

（8）生长季红富士苹果耗水量的变化

红富士苹果在整个生长季内的耗水量表现出4月较低，5月、6月逐渐增大，7月达到最大值，之后开始逐渐下降的特点。原因如下：4月苹果叶片未完全展开，蒸腾面积较小，气温较低，所以树体的蒸腾作用较弱，需要的水分也就相应较少；5月、6月温度逐渐升高，树体生长旺盛，需要从根系吸收大量的水分，耗水量增加；随着太阳辐射的增强，空气温度迅速升高，果实开始迅速生长，叶面积指数增加，造成了7月树体蒸腾作用的增加，导致植株需要大量的水分来维持自身的水分平衡并使果实饱满，所以树体耗水量增加，达到了生长季内的最大值；8月试验地区降雨量增加，一方面增加了空气湿度；另一方面降低了温度，但是由于8月果实开始膨大，树体仍然保持较高的生长态势，因此耗水量虽然较7月有所下降，但是仍然保持总体相对较高的水平；进入9月随着果实渐渐成熟，树体生长变缓，土壤温度和空气温度下降，太阳辐射变弱等因素综合作用，苹果树自身需要的水分下降，蒸腾作用变弱；10 月开始采摘果实，气候开始转凉，树体耗水继续下降，由于树叶并没有脱落，耗水量下降幅度不明显。红富士苹果整个生长季的耗水量说明了 7 月、8 月是苹果需水关键时期，应着重加强这一时期的水分管理。

2.4　小结与展望

2.4.1　小结

本研究主要从单株水平研究了阿克苏地区红富士苹果的耗水特性，分析了树干边材液流的日变化、连日变化和季节变化，以及树干不同方位液流的变化规律，同时也分析了液流速率与同步检测的环境因子之间的关系，主要结论如下。

a. 红富士苹果树干液流的启动、高峰和停止主要受气象因素的控制。液流的启动时间会稍微滞后于太阳辐射启动的时间。在中午，晴天液流速率呈明显的单峰型曲线，阴天则表现为多峰或双峰型曲线，并且晴天的峰值要明显大于阴天。在夜间，苹果树干液流仍然有微弱的活动。

b. 红富士苹果树干液流速率随季节变化呈现一定的规律性，液流的启动夏季比春季早 1~2.5 h，秋季晚于夏季 1~2 h。夏季的峰值大于秋季和春季。而秋季的夜间，树体会吸收更多的水分，其液流速率也大于夏季和春季。

c. 树干南侧的液流速率较高，北侧的液流速率较低，且南、北方位液流速率间存在显著的相关关系。

d. 不同气象因素对液流的影响方式不同。在众多影响因子中，空气温度和太阳辐射在日变化（晴天、阴天）和季节变化中都是影响液流的主导因子，其他环境因子则对某些观测时段的液流产生作用。

e. 叶水势与液流的关系显著，表明叶水势可以反映树木体内的水分运动和水分平衡情况。并且叶水势对气象因素变化的敏感度较高，在供水充足的条件下，叶水势受气温的影响最大。

f. 富士苹果主要生长季内耗水总量为 3260.87 L，7 月耗水量最大，4 月耗水量最小。各月耗水量排序为：7 月＞8 月＞6 月＞9 月＞10 月＞5 月＞4 月。

2.4.2　展望

a. 在耗水的研究中，热扩散技术以其操作灵活、野外实测功能强、数据采集自动化等诸多优点而得到越来越广泛的应用。运用热扩散方法研究不同树冠大小、不同干径大小、树干导管栓塞情况下树干液流速率的研究将是一个重要的方向。

要适当运用热扩散方法对树体的根系、主枝、枝条进行测量，综合考虑分析水分在树体内的运输分配规律。另外，TDP 茎流计包含有 6 组探针，每棵树安装 2 组，只能对 3 棵树进行监测，样方量较少，因此，要取得更为精准的测量，还需要以大量的野外实测数据作为基础，这在以后的工作中会逐步完善。

b. 本试验就阿克苏地区红富士苹果主要生长季节的树干液流进行了研究，得出了初步的结果，影响树干液流的环境因子之间是相互协调、相互制约的，不能独立起作用也不会独立存在，并且这些因素的变化都遵循着一定的规律。这些环境因子会因年份、树木生长时期和树木种类而变化，影响机制十分复杂。因此要想对影响树干液流的各主要环境因子进行深入研究，就必须在试验过程中控温、控水、控光及进行交叉作用试验来研究不同环境因子之间的依赖关系，并找出这些环境因子影响树干液流的确切数量关系，在此基础上逐步建立环境因子和树木自身生长参数的数学模型，去模拟不同树种的树干液流变化。另外本研究只进行一年的监测，年际变化还有待进一步研究。

c. 由于试验条件的限制，只研究了环境因子对树干液流的影响。树木自身的生物学结构（气孔导度、木质部的导水率、木质部的木质与液质比等）也会影响树干液流。只有把环境因子和树木的生物学结构结合起来，综合分析它们对树干液流的影响机制，才能够彻底了解树干液流的运移规律。

参 考 文 献

常杰. 1996. 林网生态场内作物的生理生态与物质生产. 杭州: 浙江大学出版社: 62-98.

陈崇, 李吉跃, 王玉涛. 2009. 绦柳树干液流变化及其影响因子研究. 北京林业大学学报, 30(4): 83-87.

程维新, 胡朝炳, 张兴权. 1994. 农田蒸发与作物耗水量研究. 北京: 气象出版社: 42-73.

高健, 侯成林, 吴泽民. 2000. 淹水胁迫对 1-69/55 杨蒸腾作用的影响应用. 生态学报, 11(4): 518-522.

高洁, 傅美芬, 刘成康, 等. 1997. 干热河谷主要造林树种水分生理生态学特点. 西南林学院学报, 17(2): 30-35.

高清. 1976. 植物生理学. 台北: 华冈出版有限公司.

贺庆棠. 1981. 植物生理学. 北京: 农业出版社.

华孟, 王坚. 1993. 土壤物理学. 北京: 北京农业大学出版社.

贾玉彬, 王文全, 张新荣, 等. 1997. 土壤水分与毛白杨蒸腾耗水关系的研究. 河北林果研究, 12(3): 279-283.

贾志清, 刘涛, 李昌哲, 等. 1999. 黄家二岔小流域不同树种蒸腾作用研究. 水土保持通报, 19(5): 12-15.

李海涛, 陈灵芝. 1998. 应用热脉冲技术对棘皮桦和五角枫树干液流的研究. 北京林业大学学报, 20(1): 1-6.

李海涛, 向乐, 夏军, 等. 2006. 应用热扩散对亚热带红壤区湿地松人工林树干边材液流的研究. 林业科学, 42(10): 31-38.

李合生. 2001. 现代植物生理学. 北京: 高等教育出版社.

李雪华, 蒋德明, 骆永明. 2003. 不同施水量处理下樟子松幼苗叶片水分生理生态特性的研究. 生态学杂志, 22(6): 17-20.

廖建雄, 王根轩. 2000. 植物的气孔振荡及其应用前景. 植物生理学通讯, 36(3): 272-276.

刘昌明, 王会肖. 1999. 土壤-作物-大气界面水分过程与节水调控. 北京: 科学出版社.

刘奉觉, Edwards W R N, 郑世锴. 1993. 杨树树干液流时空动态研究. 林业科学研究, 6(4): 368-372.

刘奉觉, 郑世锴, 臧道群. 1987. 杨树人工幼林的蒸腾变异与蒸腾耗水量估算方法的研究. 林业科学, 23(林业专辑): 35-44.

刘世荣, 温远光, 王兵, 等. 1996. 中国森林生态系统水文生态功能规律. 北京: 中国林业出版社.

鲁小珍. 2001. 马尾松、栓皮栎生长盛期树干液流的研究. 安徽农业大学学报, 28(4): 401-404.

马玲, 赵平, 饶兴权, 等. 2005. 马占相思树干液流特征及其与环境因子的关系. 生态学报, 25(9): 2145-2151.

马雪华. 1993. 森林水文学. 北京: 中国林业出版社.

满荣洲, 董世仁, 郭景唐. 1986. 华北油松人工林蒸腾的研究. 北京林业大学学报, (2): 1-4.

聂立水, 李吉跃, 翟洪波. 2005. 油松、栓皮栎树干液流速率比较. 生态学报, 25(8): 1934-1940.

任庆福, 孟平, 张劲松, 等. 2008. 华北平原农田毛白杨防护林蒸腾变化规律及其与气象因子的关系. 林业科学研究, 21(6): 797-802.

阮成江, 李代琼. 2001. 黄土丘陵区沙棘的蒸腾特性及影响因子. 应用与环境生物学报, 7(4): 327-331.

申登峰, 周晓雷, 闫月娥, 等. 2003. 绿洲防护林体系主要造林树种蒸腾特征研究. 甘肃林业科技, 28(1): 1-6.

孙慧珍, 李夷平, 王翠, 等. 2005a. 不同木材结构树干液流对比研究. 生态学杂志, 24(12): 1434-1439.

孙慧珍, 孙龙, 王传宽. 2005b. 东北东部山区主要树种树干液流研究. 林业科学, 41(3): 36-38.

孙慧珍, 周晓峰, 康绍忠. 2004. 应用热技术研究树干液流进展. 应用生态学报, 15(6): 1074-1078.

孙慧珍, 周晓峰, 赵惠勋. 2002. 白桦树干液流的动态研究. 生态学报, 22(9): 1387-1391.

孙龙, 王传宽, 杨国亭, 等. 2007. 应用热扩散技术对红松人工林树干液流通量的研究. 林业科学, 43(11): 8-14.

孙鹏森, 马履一, 王小平, 等. 2000. 油松树干液流的时空变异性研究. 北京林业大学学报, 22(5): 1-6.

孙英君, 王劲峰. 2004. 一种空气饱和差区域分布的推算方法. 国土资源遥感, (1): 23-26.

汤章城. 1983. 植物干旱生态生理的研究. 生态学报, 3(3): 197-201.

王斌瑞, 高宗杰, 赵琳. 1993. 小型蒸发计在林地土壤蒸发研究中的应用. 北京林业大学学报, 15(1): 101-104.

王华田. 2002. 北京市水源保护林区主要树种耗水性的研究. 北京: 北京林业大学博士学位论文.

王华田. 2003. 林木耗水性研究述评. 世界林业研究, 16(2): 23-27.

王华田, 马履一, 孙鹏森. 2002. 油松、侧柏深秋边材木质部液流变化规律的研究. 林业科学, 38(5): 12-37.

王华田, 马履一. 2002. 利用热扩散式边材液流探针(TDP)测定树木整株蒸腾耗水量的研究. 植物生态学报, 26(6): 661-667.

王孟本, 柴宝峰, 李洪建, 等. 1999. 黄土区人工林的土壤持水力与有效水状况. 林业科学, 35(2): 6-14.

王沙生, 高荣孚, 吴贯明. 1990. 植物生理学. 北京: 中国林业出版社.

魏天兴, 朱金兆, 张学培, 等. 1998. 晋西南黄土区刺槐油松林地耗水规律的研究. 北京林业大学学报, 20(4): 36-40.

肖文发, 徐德应, 刘世荣, 等. 2002. 杉木人工林针叶光合与蒸腾作用的时空特征. 林业科学, 38(5): 38-46.

闫文德, 田大伦, 项文化. 2004. 樟树林冠层生态因子及其对蒸腾速率的影响. 林业科学, 40(2): 170-173.

于占辉, 陈云明, 杜盛. 2009. 黄土高原半干旱区侧柏(*Platycladus orientalis*)树干液流动态. 生态学报, 29(7): 3971-3975.

余新晓. 1990. 降雨侵蚀力指数的时间序列分析. 北京林业大学学报, 12(2): 55-60.

虞沐奎, 姜志林, 鲁小珍. 2003. 火炬松树干液流的研究. 南京林业大学学报(自然科学版), 27(3): 7-10.

曾凡江, 张希明, 李小明. 2002. 柽柳的水分生理特性研究进展. 应用生态学报, 13(5): 611-614.

曾小平, 赵平, 彭少麟. 2000. 鹤山人工马占相思林水分生态研究. 植物生态学报, 24(1): 69-73.

张劲松. 2001. 植物蒸散耗水量计算方法综述. 世界林业研究, 14(2): 23-28.

张劲松, 孟平, 尹昌君. 2002. 杜仲蒸腾强度和气孔行为的初步研究. 林业科学, 38(3): 34-37.

张启昌, 杜凤国, 夏富才. 2000. 美国椴光合蒸腾的生理生态. 北华大学学报(自然科学版), 1(5): 436-438.

张小由, 康尔泗, 张智慧, 等. 2005. 黑河下游天然胡杨树干液流特征的试验研究. 冰川冻土, 27(5): 742-746.

赵明, 李爱德, 王耀琳, 等. 2003. 沙生植物的蒸腾耗水与气象因素的关系研究. 干旱区资源与环境, 17(6): 131-137.

赵平, 饶兴权, 马玲. 2005. Granier 树干液流测定系统在马占相思的水分利用研究中的应用. 热带亚热带植物学报, 13(6): 457-468.

赵平, 饶兴权, 马玲. 2006. 马占相思(*Acacia mangium*)树干液流密度和整树蒸腾的个体差异. 生态学报, 26(12): 4050-4053.

郑有飞, 刘建军, 王艳娜. 2007. 增强 UV-B 辐射与其他因子复合作用对植物生长的影响研究. 西北植物学报, 27(8): 1702-1712.

钟育谦, 郑阿宝, 阮宏华, 等. 1999. 下蜀次生林蒸腾强度的时空变化. 南京林业大学学报, 23(1): 61-64.

Cochard H, Rodolphe M, Patrick G, et al. 2000. Temperature effects on hydraulic conductance and water relations of Quercus robur . J Exp Bot, 51(348): 1255-1259.

Denmead O T. 1984. Plant physiological methods for studying evapotranspiration: problems of telling the forest from the trees . Agric Water Management, 8: 167-189.

Do F, Rocheteau A. 2002. Influence of natural temperature gradients on measurements of xylem sap flow with thermal dissipation probes I Field observations and possible remedies . Tree Physiology, 22: 641-648.

Dunin F X, Greenwood E A N. 1986. Evaluation of the ventilated chamber technique for measuring evaporation from a forest. Hydro Proc, 1: 47-62.

Dye P J, Olbrich B W, Calder I R. 1992. A comparison of the heat Pulse method and deuterium tracing method form measuring transpiration from eucalyptus grandis trees . J ExP Bot, 43: 337-343.

Edwards W R N. 1986. Percision weighing lysimeter for trees, using a simplified tared-balance design . Tree Physiol, 1: 127-141.

Edwards W R N, Booker R E. 1984. Radial variation in the axial conductivity of populus and its significance in heat pulse velocity measurement . Journal of Experimental Botany, 33(153): 551-561.

Fiora A, Cescatti A. 2006. Diurnal and seasonal variability in radial distribution of sap flux density: implications for estimating stand transpiration . Tree Physiology, 26(9): 1217-1225.

Franco C M, Magalhaes A C. 1965. Techniques for the measurement of transpiration of Individual plants . Arid Zone Res, 25: 211-224.

Granier A. 1985. A new method of sap flow measurement in tree stems . Ann Sci For, 42(2): 193-200.

Granier A, Huc R, Barigah S T. 1996. Transpiration of natural rain forest and it's dependence on climatic factors. Agrie For Meteorol, 78: 19-29.

Granier A, Loustau D. 1994. Measuring and modeling the transpiration of a maritime pine canopy from sap-flow data . Agric For Mete-orol, 71(1-2): 61-81.

Hinckley T M, Brooks J R, Cermak J, et al. 1994. Water flux in a hybrid Poplar Stand . Tree Physiol, 14: 1005-1018.

Kim C P. 1998. Impact of soil heterogeneity in a mixed-layer model of the planetary boundary layer . Hydrological Sciences Journal, 43(4): 633-658.

Kline J R. 1970. Measurement of transpiration in tropical trees with tritiated water . Ecology, 62: 717-726.

Knight D H, Fahey T J, Running S W, et al. 1981. Transpiration from100-year-old lodge pole pine forests estimated with whole-tree potometers. Ecology, 62: 717-726.

Ladefoged K. 1960. A method for measuring the water consumption of large intact tree . Physiological plantarum, 13: 648-558.

Martin T A. 2000. Winter season tree sap flow and stand transpiration in an intensively managed loblolly and slash Pine Plantation. J Sustainable Forestry, 0(1/2): 155-163.

Mcllroy I C. 1984. Terminology and concepts in natural evaporation . Agriculture Water Management, 8: 77-98.

Monteith J L, Unsworth M H. 1990. Principles of environmental physics. New York: Edward Arnold: 291.

Nicolas E, Torrecillas A, Alarcon J. 2006. Using sap flow measurements to quantify water consumption in apricot trees . Acta Horticulturae, 717: 37-40.

Nobel P S. 1991. Physiochemical and environmental plant physiology. San Diego: Academic Press: 635.

Ro H M. 2001. Water use of young Fuji apple trees at the soil moisture regions in drainage lysimeters . Agricultural Water Management, 50(3): 185-196.

Roberts J. 1977. The use of tree-cutting techniques in the study of the water relations of pinussylvestris. L J Exp Bot, 28: 751-767.

Schuepp P H. 1993. Leaf boundary layers: Tansley Review No. 59. New Phytol, 125: 477-507.

Sobrado M A, Turner N C. 1983. Comparison of the water relations characteristics of Helianthus petiolaris when subjected to water deficits. Oecologia, 58: 309-313.

Teskey R O, Sheriff D W. 1996. Water use by Pinus radiate trees in a Plantation . Tree Physiol, 16: 273-279.

Waring R H, Roberts J M. 1979. Estimating water flux through stems of Scot pine with titrated water and phosphorus-32. J Exp Bot, 30: 459-471.

Zhou G Y, Huang Z H, Jim M. 2002. Radial variation in sap flux density as a function of sapwood thickness in two *Eucalyptus*(*Eucalyptus urophylla*)plantations . Acta Botanica Sinica, 44(12): 1418-1424.

第三章　新疆红富士苹果养分特性
（施肥对苹果的影响）

施肥是为了供给果树生长充足的营养，在果树正常生长的基础上才能谈到怎样提高果实产量和品质。不同果树、不同品种，肥料种类、肥料比例、施肥方法、施肥时间对果实产量和品质都有不同程度的影响，其相关研究也有大量文献报道。

1. 苹果品质与养分的关系

近年来的研究表明，氮素不仅是一种植物必需的养分，而且与其他环境因子如光、水分等一样，氮素还是一种植物可以感受的信号，氮素营养信号的变化，可以引起植物细胞有关基因表达的变化或激活酶，从而影响某些植物的代谢与发育过程（Crawford，1995）。刘汝亮（2007）进行了苹果园养分资源综合管理技术的研究，结果表明，施氮量为 $0 \sim 500 \text{ kg/hm}^2$ 时，随着氮素用量的增加，有利于提高果实的产量，但果实品质随着施氮量的增加而降低，VC、花青苷、可溶性糖、可溶性固形物的指标均随氮施用量的增加而降低；各种肥料对苹果产量的贡献率大小顺序为氮肥＞钾肥＞磷肥，其中钾肥和微量元素锌、锰对苹果品质有明显的促进作用；氮磷钾平衡施用才能使苹果产量最高、品质最佳、效益较好；苹果养分平衡施肥体系为 N 0.3 kg/株，P_2O_5 0.1 kg/株，K_2O 0.25 kg/株，并适量增施锌肥和锰肥；施锌可以抑制新梢生长速率，对果实直径生长速率、百叶干重、叶面积生长有显著的促进作用；综合考虑苹果生长与品质因素，渭北平原地区果园以喷施 0.5%～1.0%浓度的锌为宜；适量喷施锰肥可以调控苹果树体的营养分配，为苹果果实的优质高产打下良好的物质基础，在渭北旱原黄土区缺锰的果园，喷施 0.4%～0.8%的锰，其综合效果和效益为最佳。

在果树年生长周期中，无论单施钾肥或与氮、磷肥配施，或叶面喷施，均获得不同程度的明显增产优质作用（樊红柱等，2007）。适量施用氮肥不仅能提高叶片的光合速率，增加光合叶面积，还能促进花芽分化，提高坐果率，增强库活性，提高果实品质和产量，但过量后引起果实可溶性糖浓度下降，可滴定酸升高，导致果实品质下降、树体旺长等不良后果，加重某些果实生理病害的发生，如苦痘病（Dejong et al.，1989；Tylor and van Den Ende，1969；Williams，1965；Saenz et al.，1997；束怀瑞等，1981；张绍玲，1993；Curtis et al.，1990）等。郑诚乐（1993）

多点试验表明，增施钾肥，不仅能改善苹果品质，提高着色度，还能同时使苹果增产 28.5%～74.1%（三年平均值）。贾天利等（1992）报道，16 年生国光苹果树，在普遍株施 75 kg 有机肥+0.5 kg N+0.25 kg P_2O_5 基础上，增施 0.5 kg K_2O，可增产 41.44%（4 年平均值），果实含糖量提高 1.29%。全国果树化肥试验网综合全国 14 个点的试验结果，提出苹果幼树适宜氮磷钾配比为 1∶1∶1，结果的成年苹果树为 2∶1∶2。陆胜友等（1996）对辽宁西北部（土壤缺氮、少磷、钾不足）地区的低产成龄苹果梨树进行了氮磷钾肥配比试验，研究结果表明，N∶P_2O_5∶K_2O=1∶1∶1.5 时综合效益较高。杨玉华等（1996）的研究表明，在氮磷肥的基础上增施钾肥，可以提高叶片中钾素含量，提高单果重和等级果率，N∶P_2O_5∶K_2O =1∶0.6∶1。武继含等（1991）对初盛果期苹果施肥量的研究表明，N∶P_2O_5∶K_2O =1∶1.2∶0.7 时经济效益较高。钾素可以促进果树根系发展，提高果品可溶性固形物含量，促进果实的增大与着色，延长水果的贮藏期，增加果树光合产物的积累，减少果树的消耗，调节果树生长发育的生理平衡，提高果品产量和质量（顾曼如等，1992）。无机钾肥在果树上施用，主要是作基肥和追肥。在果树年生长的中、后期施钾，不仅能同时提高树体和果实中钾含量，而且对果实品质提高具有明显作用，这种良好作用，在一定施用量范围内，与施钾量成正相关。因此认为，在无机钾肥用量不足时，应采取作追肥为宜。施用量充足时，可采取基肥（总用量的 30%）和追肥（总用量的 70%）兼顾。追肥适期，一般为 4～6 月（早熟品种）或 6～8 月（中、晚熟品种）。就生育期而言，以果实开始膨大至迅速膨大期追施为效果最佳期。

　　肥料的施用特别是氮磷钾，讲求配合施用，而且比例要平衡。上面的有关钾素在果树优质增产中的作用的研究，也是强调了这一点。又如钾肥对红富士苹果生理生化特性与果实品质的影响的研究，也是证明了氮磷钾配施可以改善红富士苹果果树光合作用，促进光合产物的积累，增强果树对各个营养元素的吸收和利用，有效提高果实品质及产量，并且得出对红富士苹果施用氮磷钾的最佳用量：N 为 23.08～30.41 kg/666.7 m^2、P 为 21.06～27.22 kg/666.7 m^2、K 为 32.14～45.55 kg/666.7 m^2。

　　周桂珍（2007）就施用沼液对红富士苹果果实品质和叶片生理生化特性及土壤酶活性的影响进行了研究，沼液中营养元素其实也主要是氮磷钾，沼液应该属有机肥料，沼液和化肥的配合施用会影响过氧化氢酶的活性、可溶性固形物含量、VC 含量、花青苷含量，施肥量的多少则影响土壤转化酶的活性、果实硬度。沼液+化肥对过氧化氢酶活性有明显的促进作用；单施沼液的情况下，果实可溶性固形物增加；中等水平施肥条件下，果实 VC 含量增加；单施沼液会使花青苷含量下降；在中等施肥条件下，还原糖含量增加；根施沼液＋化肥或高水平施肥条件下，总酸含量增加。

　　钙素营养主要采用喷施的方式，也可以根施。根施在土壤中主要施用石灰和过磷酸钙；喷施通常施用的无机钙化合物有氯化钙、硝酸钙、氢氧化钙。喷洒浓度和次数以"少量多次"为原则，一般氯化钙的浓度为 0.5%左右，硝酸钙要小一些。针对套袋果实喷施钙肥应在果实套袋之前进行。

叶面肥能有效平衡果树营养，提高肥料利用率及果实品质、产量，减少生理病害，降低生产成本，提高经济效益（王斌和马朝阳，2009）。套袋红富士苹果叶面喷施有机肥可使果面光洁鲜艳，果点小，无锈斑，糖酸含量增加，风味变浓（周长梅等，2008）。孟凡丽等（2009）研究表明对果实硬度、可溶性固形物含量、可溶性糖含量和花青素含量影响最佳的氨基酸浓度是 1200 倍，对果形指数和维生素 C 含量影响最佳的氨基酸浓度是 1000 倍。林云第等（2001）喷施微肥试验结果表明，套袋前富士苹果喷施活性钙或氯化钙，生长期及采前喷施多种微肥，可提高果实的着色指数、提高可溶性固形物含量、增加果肉硬度。耿增超等（2004）研究结果表明喷施钙肥能有效提高红富士苹果的产量和品质。李志强等（2012）研究表明，喷施叶面肥可提高富士果实的果形指数，以尿素处理对果实果形指数提高最大。前人探索叶面肥对苹果品质影响，一般都是在苹果生长期喷施叶面肥，采收期测定品质，缺乏喷施叶面肥对不同时期品质影响的理论数据。

喷施叶面肥可以改变果树的光合特性，且果实品质也有所提高。郑秋玲等（2009）研究结果表明，光合特性的改善明显提高果实的含糖量，增加枝条中 C、N 贮藏营养及枝条含水量。车玉红（2005）研究表明，无论何时喷钙，均能提高光合作用，且果实的外观品质和内在品质都较对照有明显的提高，单果重增加，果实硬度变大，可溶性固形物、花青苷含量、VC 含量、蛋白质含量均有所增大，可滴定酸和叶绿素含量都与对照相较有所下降。求盈盈等（2009）结果表明，喷施叶面营养对杨梅叶绿素质量分数影响较小，但叶面营养提高了 PSⅡ反应中心内部的光能转换效率，果实单果重增加，VC、糖和果实硬度有所提高。王晨冰等（2011）研究结果表明，喷施沼液对艳光油桃叶片营养及果实品质都有促进作用。

2. 糖代谢相关酶与品质的关系

糖分作为衡量新疆红富士苹果品质的重要指标之一，其成分含量高低与相关代谢酶活性息息相关，特别是蔗糖代谢相关酶。蔗糖是植物体内最重要的一种碳水化合物。它是大多数植物光合产物从"源"向"库"运输的主要形式（Kriedmann，1969），也是许多果实中糖积累的主要形式（Vizzotto et al.，1996；Komatsu et al.，1999；Bianco and Rieger，1999）。此外蔗糖（或起源于蔗糖的某些代谢中间物）还作为细胞代谢的调节因子（可能通过影响基因表达起作用）发挥着营养之外的作用（Jang and Sheen，1994）。与蔗糖代谢和积累密切相关的酶主要有蔗糖磷酸合成酶（sucrose phosphate synthase）、蔗糖合成酶（sucrose synthase）和转化酶（invertase）。

A. 转化酶

转化酶可将蔗糖分解成葡萄糖和果糖，反应不可逆。许多植物的转化酶已被分离纯化和测序（Archbold，1992）。根据溶解度、最适 pH、等电点和细胞定位鉴别和分离出多种转化酶：它们分别是酸性转化酶（包括可溶性的和与细胞壁结合的）、中性转化酶和碱性转化酶。可溶性的酸性转化酶主要存在于液泡中，其作用是调节此区蔗糖的贮存和糖的种类（Klann et al.，1993；Elliot et al.，1993；Lingle and Dunlap，1987），液泡中的酸性转化酶能调节成熟果实内己糖的浓度，决定主要的贮存物质是葡萄糖还是蔗糖（Ohyama et al.，1995）；此酶在细胞质中也有发现（Fahrendorf and Beck，1990）。与细胞壁结合的酸性转化酶在快速生长的组织中和吸收糖的细胞中作用显著（Stanzel et al.，1988）。中性转化酶存在于细胞质中，其作用未知。碱性转化酶绝大多数位于细胞质中（Ricardo and Ap Rees，1970）。一般认为，细胞内能量的需求靠转化酶的分解作用，而生物合成需要蔗糖合成酶（SS）的分解作用（Ap Rees，1984）。转化酶在植物的碳分配中起重要的作用。在烟草中表达酵母的转化酶可使叶内碳水化合物含量升高，抑制光合作用并刺激呼吸作用（Stitt，1990），而缺乏转化酶的突变体花梗异常并影响胚的发育（Miller and Chourey，1992），由此证明转化酶能影响植物的代谢和母体细胞的正常发育。新红星苹果的酸性转化酶是由 30 kDa 的亚基组成（王永章和张大鹏，2002a）蔗糖的含量与酸性转化酶的活性成负相关，在发育初期酸性转化酶的活性很高，几乎测不到蔗糖。随着果实的发育，其活性下降，而蔗糖含量开始上升；酸性转化酶活性的高峰出现在细胞分裂阶段（Coombe，1976）和呼吸旺盛的阶段（Lenz and Noga，1982），表明此时期蔗糖是发育代谢的碳源。葡萄糖和果糖可以诱导苹果中细胞壁和液泡酸性转化酶活性的下降，而蔗糖没有诱导效应，这种调节是在蛋白质翻译后的调节；在生理浓度范围内果糖和蔗糖分别是酸性转化酶的竞争性和非竞争性抑制剂（王永章和张大鹏，2002a）。

B. 蔗糖合成酶

果实发育的不同阶段蔗糖代谢酶的活性是不同的。SS 具有双功能的特性，既能合成蔗糖又能分解蔗糖，它在不同的发育时期活性变化不同，水解蔗糖的 SS 在果实发育早期活性很高，随后持续下降，到果实发育后期，其活性已经降到最低水平；合成蔗糖的 SS 活性在幼果期逐渐增加，在果实膨大期达到最高，再随果实生长逐渐下降。而转化酶则是不可逆地催化蔗糖分解为单糖。SS 和转化酶调节蔗糖的分解与合成，使库细胞与韧皮部保持一定的蔗糖浓度梯度，利于蔗糖运入细胞（Wendler et al.，1990）。因而 SS 和转化酶活性的改变直接影响库强（Echeverria and Bums，1989）。可以推测，SS 在果实发育早期主要催化蔗糖的分解，而在果实发育中期，SS 则用于合成贮藏的蔗糖。可以认为，SS 是调节组织库强的关键酶（龚荣高等，2004）。

C. 蔗糖磷酸合成酶

蔗糖磷酸合成酶在源组织中参与蔗糖的合成，在库组织中并不是重要的酶。

在甜菜根中需要一定活性的蔗糖磷酸合成酶，因为它是甜菜根中蔗糖合成的主要酶（Fieuw and Willenbrink，1987）。在甜瓜成熟的过程中，蔗糖磷酸合成酶的活性是上升的，同时伴随着蔗糖的积累，但其活性比其他酶的活性要低（Lingle and Dunlap，1987）。香蕉中蔗糖的积累似乎与蔗糖磷酸合成酶的活性有关，在苹果的发育过程中蔗糖磷酸合成酶的变化不大（王永章等，2001）。

3. 激素与品质的关系

现有的研究表明（夏国海等，2000），在植物体中，碳水化合物从源向库的运输分配及其在库器官中积累与代谢的各个环节都有激素的参与和调控。赤霉素（GA）、生长素、细胞分裂素及脱落酸（ABA）等在果实的不同发育阶段都能在一定程度上调节果实中糖的积累（Beruter and Kalberer，1983）。夏国海等（2000）将 C^{14} 蔗糖、吲哚乙酸（IAA）、GA_3 和 ABA 同时引入葡萄离体果实中的研究表明：GA_3 在幼果膨大期，IAA 在果实成熟前，ABA 从缓慢生长期到果实成熟前都能明显促进果实对蔗糖的吸收。IAA 可以促进蔗糖的分解，GA_3 增加果糖的积累，IAA 和 GA_3 主要参与调控果实前期的发育，而 ABA 主要调控果实后期的发育，它可增加果实中蔗糖的积累，可能原因是 ABA 促进了葡萄果实维管束中蔗糖的卸载。ABA 促进糖分在库器官中积累的机制可能是：ABA 调节与蔗糖质子共运输相联系的 ATPase 活性（Kasai et al.，1993），直接促进糖分从维管束的卸载，ABA 还提高转化酶的活性，促进蔗糖的分解，同时它还防止库细胞糖分的外泄，ABA 能启动和促进与成熟有关物质的代谢转化过程。乙烯虽然是小分子有机化合物，但是它有广泛的生物活性及生物功能，能影响和调控植物生长发育的整个过程（丁民奎，1990）。其中乙烯对果实成熟的调控研究得最为广泛和深入。对香蕉果实后熟过程研究表明，外源乙烯促进香蕉果实淀粉的分解，促进果实中乙烯的自我催化及合成，能显著提高淀粉酶、淀粉磷酸化酶和蔗糖磷酸合成酶的活性，且这些调控与蛋白磷酸化有关（Hubbard et al.，1990）。

4. 存在的问题

a. 由于过于重视种植面积和产量的提升，新疆优势特色果品的品质有所下降，致使果品销售受到严重影响。随着新疆新定植果树逐步进入盛果期，如果不能有效保持和提升新疆特色果品的品质，果品销售问题势必将愈加凸显。

b. 与区外省区相比，新疆苹果优质栽培技术相对滞后，在苹果栽培管理过程中多为粗放性管理，缺乏施肥等管理依据，存在施肥过量或不足的现象，造成肥料浪费和品质下降。

c. 缺乏与新疆优质苹果栽培相配套的库源调控技术，造成树体营养过剩或营养不良，严重影响产量和品质。同时，增加了成本投入，降低了单位面积经济效益。

本研究以新疆天山北坡伊犁霍城县栽培的红富士苹果为试验材料，采用 N（尿素）、P（重过磷酸钙）、K（硫酸钾）3 因子 5 水平二次回归正交试验设计，研究了氮磷钾（NPK）配比施肥与果实外观品质和内在品质的关系，探讨了 NPK 配比施肥对果实内蔗糖合成相关酶活性和内源激素的相关性，为今后新疆红富士苹果果实品质提升奠定了理论基础。

3.1 研究材料、关键技术和方法

3.1.1 研究区概况

新疆伊犁霍城县地处伊犁河谷的开阔地带，四季分明，冬季时间为 11 月 22 日～翌年 3 月 10 日，长达 109 d，夏季凉爽，冬季较长，积雪条件好，冰冻时间长。霍城属温带亚干旱气候，年均气温 9.1℃，极端最高气温 40.1℃，极端最低气温−42.6℃。年均降水 219 mm。本试验中果园气候属于温带大陆性干旱气候，位于天山山脉北部逆温带区域。试验前测出研究区内的供试土壤为砂壤土，具体土壤理化性质见表 3-1（秦伟等，2012）。

表 3-1　试验果园土壤养分状况
Table 3-1　Soil nutrient status in test orchard

土层/cm	速效氮/（mg/kg）	速效磷/（mg/kg）	速效钾/（mg/kg）	有机质/（g/kg）
0～20	14.39	13.82	425.7	19.51
20～40	15.68	22.07	201.8	13.35
40～60	15.42	19.76	120.4	13.11

3.1.2 研究材料

于 2011 年 4～10 月在新疆伊犁霍城县伊车嘎善锡伯族乡，以株行距为 3m×4m、6 年生红富士苹果园果树为研究对象，树形为疏散分层形，生长较好，树体差异性小，果园管理水平良好。

试验氮肥选用尿素（含氮量 46%），磷肥选用重过磷酸钙（含 P_2O_5 46%），钾肥选用硫酸钾（含 K_2O 51%）。

3.1.3 研究方法

3.1.3.1 试验设计

（1）NPK 配比施肥处理

在试验果园中选择长势一致、生长健壮、树龄一致的果树 105 株，采用 N（尿素）、P（重过磷酸钙）、K（硫酸钾）3 因子二次回归正交设计，以苹果园最大产量 60 000 kg/hm² 为期望产量值，每 100 kg 苹果经济产量消耗 N、P_2O_5、K_2O 分别按 0.55 kg、0.21 kg、0.60 kg 计算各个参试元素的携出量（姜远茂等，2007）；携出量减去肥底贡献的元素量后除以各元素的当季利用率为理论最佳施肥量。将理论最佳施肥量设定为该试验的中值水平（编码值为 0 时的水平），应用统计软件提供的参数进行设计。共 15 个处理，每个处理 5 株树，设 3 次重复，随机区组排列。施肥方案编码值和处理量分别见表 3-2 和表 3-3。

表 3-2　试验元素编码值和对应的元素量（单位：kg/株）
Table 3-2　The test element coding and corresponding element

编码	−1.2154	−1	0	1	1.2154
N	0	0.262	0.655	1.047	1.309
P_2O_5	0	0.204	0.509	0.815	1.018
K_2O	0	0.036	0.091	0.145	0.182

表 3-3　二次回归正交设计施肥方案
Table 3-3　Two regression orthogonal design of fertilization scheme

处理号	编码		
	N	P_2O_5	K_2O
D1	1	1	1
D2	1	1	−1
D3	1	−1	1
D4	1	−1	−1
D5	−1	1	1
D6	−1	1	−1
D7	−1	−1	1
D8	−1	−1	−1
D9	−1.2154	0	0
D10	1.2154	0	0
D11	0	−1.2154	0
D12	0	1.2154	0
D13	0	0	−1.2154
D14	0	0	1.2154
D15	0	0	0

于 2011 年 4 月中旬和 5 月中旬分别进行施肥。分为底肥和追肥两次施入，基肥 N、P、K 分别为总设计量的 90%、100%、100%，N 剩余 10% 为追肥。施肥方法为穴施，距苹果树主干 1.5 m 处分 4 个方向挖穴，其中穴直径 40cm，深 40 cm。

肥料与耕作层土壤（0～20 cm）混匀后上覆底土浇水。

（2）果实采样处理

在施肥、疏果和摘叶处理之后，自红富士盛花后，根据果实的鲜重和外观色泽变化将果实分为幼果期、膨大期、着色期、完熟期，每个生育期参照当时标准果的大小进行采样，每次取 10 个果。用冰盒带回实验室，测定果实发育指标后贮存于–20℃冰箱中备用。

3.1.3.2　果实品质测定

果实纵横径、单果重测定：选择花期一致的红富士苹果果实挂好标牌，在果实不同生育期采果时，从树体的东、西、南、北、内膛进行随机取果，每次选 10～15 个大小相近的富士果实。用游标卡尺测定每个果实的纵径和横径，用电子天平称量每个果实的质量，均取平均值。

总糖的测定：采用 GB/T 5009.8—2008 中的酸水解法测定。

还原糖的测定：采用 GB/T 5009.7—2008 中的直接滴定法测定。

蔗糖、葡萄糖、果糖的测定：采用高效液相色谱法（张丽丽等，2010）进行测定。仪器为：Agilent 1200 高效液相色谱仪，Venusil -NH2 柱（5 μm，4.6 mm×250 mm，Agela 公司），Chromachem 蒸发光散射检测器。色谱条件为柱温 40℃，流速 1.0 mL/min，流动相为乙腈：水＝80：20，每次进样量为 20 μL。蔗糖、果糖、葡萄糖含量以外标法定量。

总酸的测定：采用 GB/T 12456—2008 中的酸碱滴定法测定。

VC 的测定：采用 GB/T 6195—1986 中的 2,6-二氯靛酚滴定法测定。

蛋白质的测定：采用考马斯亮蓝法测定（曹建康等，2007）。

总酚、花青素、类黄酮的测定：采用紫外比色法（赵越等，2003）测定。

3.1.3.3　酶活性测定

淀粉酶活性的测定：采用酶动力学方法中的化学法（中国科学院上海植物生理研究所等，1999）测定。

蔗糖磷酸化合成酶、蔗糖合成酶的测定：采用分光光度法（赵越等，2003）进行测定。

3.1.3.4　内源激素测定

称取苹果果肉 1.0 g，液氮速冻并研磨成粉末，加入冷却的 80%甲醇溶液 10 mL，超声浸提 5 min，浸提液 10 000 r/min 离心 10 min 得上清液，浸提两次，合并 3 次上清液，全部滤液于 35℃减压浓缩至 3 mL，加 0.1g PSA 吸附酚类物质，5000 r/min

离心 5 min 得上清液，上清液用 2 mol/L 柠檬酸调节至 pH=3，再用等体积乙酸乙酯萃取 3 次，合并酯相，于 40℃氮气吹干，所得残留物加入 3 mL pH 3.5 磷酸盐缓冲液溶解，过 C18 小柱，用 80%甲醇洗脱收集后，在 40℃氮气吹干，用流动相溶解残渣并定容至 1 mL，溶液经 0.45 μm 微孔滤膜过滤后，进行 GA_3、IAA、ABA 含量质谱分析（黄晓荣等，2009；马有宁和陈铭学，2011）。

3.1.4 数据处理

试验数据整理和处理采用 Excel 软件，数据显著性分析用 DPS 数据处理系统。

3.2 研究取得的重要进展

3.2.1 不同 NPK 配比施肥对红富士苹果果实品质的影响

3.2.1.1 不同 NPK 配比施肥对红富士苹果果实外在品质的影响

（1）不同 NPK 配比施肥对果实纵径的影响

从表 3-4 中可以看出，果实发育过程中纵径呈增长趋势。幼果期的纵径值较低，D_8 处理为最低值 27.19 mm，D_9 和 D_{11} 处理为最高值 29.22 mm，各处理间无显著性差异；膨大期苹果的纵径值比幼果期增长较大，其中 D_7 处理为最低值 48.83 mm，D_6 处理为最高值 51.50 mm，各处理间无显著性差异；着色期苹果的纵径值比膨大期增长较小，其中 D_7 处理为最低值 52.13 mm，D_{12} 处理为最高值 57.05mm，各处理间也无显著性差异；成熟期苹果的纵径值达最大值，D_{12} 处理为最低值 54.91 mm，D_1 处理为最高值 61.59 mm，其中 D_1 与 D_4、D_5 和 D_{12} 处理间差异性达到极显著水平（$P<0.01$）。此试验结果表明，在果实幼果期、膨大期和着色期，NPK 不同配比对果实纵径生长影响较小，而在果实成熟期 NPK 配比较高对果实纵径生长影响较大。

（2）不同 NPK 配比施肥对果实横径的影响

从表 3-5 中可以看出，在果实发育过程中横径也呈增长趋势。幼果期的横径值较低，D_8 处理为最低值 29.81 mm，D_{11} 处理为最高值 32.33 mm，各处理间无显著性差异；膨大期苹果的横径值比幼果期有所增长，但幅度不是太大，其中 D_2 处理为最低值 40.76 mm，D_6 处理为最高值 43.76 mm，各处理间无显著性差异；着色期苹果的横径值比膨大期增长较大，其中 D_1 处理为最低值 60.19 mm，D_8 处理为最高值 69.79 mm，各处理间也无显著性差异，其中 D_1 与 D_3、D_4、D_8、D_{12}、D_{13} 和

表 3-4　不同 NPK 配比施肥处理下红富士苹果在果实各发育期的纵径均值及其方差分析结果

（单位：mm）

Table 3-4　The vertical diameter of mean and variance analysis of Red Fuji apple in different NPK fertilization conditions

处理编号	幼果期	膨大期	着色期	成熟期
D_1	28.86±1.9aA	50.99±6.82aA	52.38±5aA	61.59±2.96cB
D_2	27.69±2.26aA	49.28±2.69aA	53.51±5.16aA	56.23±2.88abAB
D_3	28.45±2.03aA	50.96±3.78aA	54.65±3.39aA	56.5±3.27abAB
D_4	28.21±2.39aA	50.63±4.97aA	54.97±4.16aA	54.97±2.81aA
D_5	28.92±2.11aA	51.31±4.44aA	54.38±3.37aA	55.57±3.28aA
D_6	27.99±2.28aA	51.50±3.85aA	53.96±5.06aA	56.31±2.35abAB
D_7	28.18±1.51aA	48.83±2.98aA	52.13±5.9aA	59.6±6.33abcAB
D_8	27.19±1.4aA	51.06±3.62aA	54.54±4.5aA	58.13±3.04abcAB
D_9	29.22±2.58aA	50.52±4.71aA	55.87±4.52aA	56.81±4.23abAB
D_{10}	28.84±2.15aA	50.24±3.02aA	55.27±4.49aA	56.14±3.56abAB
D_{11}	29.22±2.58aA	50.49±3.52aA	54.26±4.57aA	58.37±2.57abcAB
D_{12}	28.84±2.15aA	50.98±4.33aA	57.05±4.31aA	54.91±3.51aA
D_{13}	29.18±3.12aA	50.12±5.11aA	55.14±3.84aA	60.56±6.77bcAB
D_{14}	28.67±1.84aA	51.30±6.25aA	55.39±3.75aA	57.1±4.9abcAB
D_{15}	28.46±2.92aA	50.96±2.98aA	54.64±4.21aA	56.09±3.51abAB

注：表中各数据后面的小写英文字母表示在 5%水平上的差异显著，大写英文字母则表示在 1%水平上的差异显著

表 3-5　不同 NPK 配比施肥处理下红富士苹果在果实各发育期的横径均值及其方差分析结果

（单位：mm）

Table 3-5　The transverse diameter of mean and variance analysis of Red Fuji apple in different NPK fertilization conditions

处理编号	幼果期	膨大期	着色期	成熟期
D_1	31.98±2.89aA	42.68±4.64aA	60.19±6.54aA	70.79±3.32bcBC
D_2	30.24±2.45aA	40.76±3.38aA	65.18±4.56abAB	66.95±3.18abABC
D_3	30.21±2.02aA	42.73±4.08aA	67.2±4.07bB	66.48±2.31abAB
D_4	30.35±2.15aA	41.84±3.13aA	68.16±4.19bB	67.38±3.41abABC
D_5	31.49±2.32aA	42.69±4.47aA	66.35±1.96bAB	67.65±3.46abABC
D_6	30.97±2.74aA	43.76±3.86aA	66.93±6.94bAB	65.71±4.52aAB
D_7	30.72±1.8aA	41.24±2.67aA	65.11±5.99abAB	65.55±3aA
D_8	29.81±2.46aA	42.73±2.81aA	69.79±4.99bB	68.61±3.75abcABC
D_9	30.83±4.49aA	41.07±3.33aA	66.81±4.67bAB	66.14±4.27aAB
D_{10}	30.82±2.27aA	40.87±3.03aA	66.07±6.19bAB	67.01±2.76abABC
D_{11}	32.33±2.49aA	42.31±4.17aA	66.24±4.02bAB	67.26±2.71abABC
D_{12}	31.01±2.1aA	41.87±3.84aA	67.6±4.95bB	64.12±3.79aA
D_{13}	30.43±2.24aA	42.49±4.4aA	67.44±3.95bB	71.75±4.67cC
D_{14}	31.76±2.32aA	42.31±4.2aA	68.94±4.58bB	64.76±4.6aA
D_{15}	30.63±2.23aA	42.53±2.93aA	65.76±5.22bAB	65.69±3.6aAB

注：表中各数据后面的小写英文字母表示在 5%水平上的差异显著，大写英文字母则表示在 1%水平上的差异显著

D_{14} 处理间差异性达到极显著水平（$P<0.01$）；成熟期苹果的横径值达最大值，D_{12} 处理为最低值 64.12 mm，D_{13} 处理为最高值 71.75 mm，其中 D_1、D_{13} 与 D_7、D_{12} 和 D_{14} 处理间差异性达到极显著水平（$P<0.01$）。此试验结果表明，施肥效应在着色期就对果实横径生长具有影响，其中 NP 较高水平配比有利于果实横径生长。

（3）不同 NPK 配比施肥对果形指数的影响

从表 3-6 中可以看出，在果实发育过程中果形指数呈先增后减的趋势，其中幼果期、着色期和成熟期各处理果形指数均为 0.8～0.9，果形基本以圆形和近圆形为主，而在膨大期各处理果形指数均为 1.1～1.2，果形呈长圆形。经对各处理方差分析可知，各处理与对照 D_{15} 相比均无显著性差异（$P>0.05$），说明配比施肥对果形指数影响不明显。

表 3-6　不同 NPK 配比施肥处理下红富士苹果在果实各发育期的果形指数均值及其方差分析结果

Table 3-6　The figure index of mean and variance analysis of Red Fuji apple in different NPK fertilization conditions

处理编号	幼果期	膨大期	着色期	成熟期
D_1	0.91±0.06aA	1.19±0.07aA	0.88±0.15aA	0.87±0.09aA
D_2	0.92±0.05aA	1.22±0.11aA	0.82±0.1aA	0.84±0.05aA
D_3	0.94±0.05aA	1.2±0.1aA	0.82±0.07aA	0.85±0.05aA
D_4	0.93±0.05aA	1.21±0.13aA	0.81±0.06aA	0.82±0.05aA
D_5	0.92±0.04aA	1.21±0.1aA	0.82±0.05aA	0.83±0.07aA
D_6	0.91±0.06aA	1.18±0.05aA	0.81±0.1aA	0.84±0.08aA
D_7	0.92±0.05aA	1.19±0.07aA	0.8±0.1aA	0.88±0.09aA
D_8	0.91±0.05aA	1.2±0.08aA	0.78±0.08aA	0.86±0.06aA
D_9	0.93±0.06aA	1.23±0.08aA	0.84±0.06aA	0.86±0.06aA
D_{10}	0.94±0.06aA	1.23±0.06aA	0.84±0.08aA	0.84±0.06aA
D_{11}	0.88±0.12aA	1.2±0.06aA	0.82±0.09aA	0.84±0.06aA
D_{12}	0.93±0.08aA	1.23±0.11aA	0.85±0.06aA	0.86±0.07aA
D_{13}	0.96±0.09aA	1.18±0.1aA	0.82±0.08aA	0.84±0.07aA
D_{14}	0.91±0.1aA	1.21±0.1aA	0.8±0.06aA	0.88±0.09aA
D_{15}	0.93±0.09aA	1.2±0.06aA	0.84±0.11aA	0.86±0.08aA

注：表中各数据后面的小写英文字母表示在 5%水平上的差异显著，大写英文字母则表示在 1%水平上的差异显著

（4）不同 NPK 配比施肥对果实单果重的影响

从表 3-7 中可以看出，在果实发育过程中单果重呈急剧增长趋势。幼果期的单果重较低，D_8 处理为最低值 12.52 g，D_1 处理为最高值 16.57 g，各处理间无显著性差异；膨大期苹果的单果重比幼果期增长较大，其中 D_2 处理为最低值 52.49 g，

D_6 处理为最高值 62.39 g，各处理间无显著性差异；着色期苹果的单果重比膨大期增长较大，D_1 处理为最低值 94.71 g，D_8 处理为最高值 132.59 g，其中 D_1 与 D_8、D_{14} 处理间差异性达到极显著水平（$P<0.01$）；成熟期苹果的单果重达最大值，D_{12} 处理为最低值 121.44 g，D_{13} 处理为最高值 147.25 g，其中 D_1 与 D_6、D_{12}、D_{14}、D_{15} 处理间差异性达到极显著水平（$P<0.01$）。这表明，施肥效应在着色期就对果实单果重产生影响，此结果与对横径的影响基本一致。

表 3-7　不同 NPK 配比施肥处理下红富士苹果在果实各发育期的单果重均值及其方差分析结果（单位：g）

Table 3-7　The fruit weight of mean and variance analysis of Red Fuji apple in different NPK fertilization conditions

处理编号	幼果期	膨大期	着色期	成熟期
D_1	16.57±3.44aA	61.29±20.53aA	94.71±25.39aA	160.06±25.29cB
D_2	13.89±3.09aA	52.49±9.66aA	115.68±25.85abAB	133.69±18.53abAB
D_3	13.95±2.19aA	58.87±10.34aA	121.36±19.81abAB	140.14±17.03abcAB
D_4	14.41±3.01aA	59.39±11.76aA	125.55±17.32bAB	138.83±18.52abcAB
D_5	15.45±3.37aA	61.01±12.7aA	120.85±12.13abAB	138.58±17.19abcAB
D_6	14.85±3.47aA	62.39±13.12aA	126.45±32.17bAB	124.98±25.37abA
D_7	14.09±2.1aA	56.33±9.01aA	111.27±30.68abAB	135.17±22.75abcAB
D_8	12.52±2.6aA	60.33±9.32aA	132.59±28.5bB	143.23±16.46abcAB
D_9	15.91±3.86aA	57.23±12.34aA	123.55±22.19abAB	137.46±22.69abcAB
D_{10}	14.85±2.6aA	58.41±11.23aA	116.67±23.8abAB	138.93±12.84abcAB
D_{11}	15.73±3.42aA	58±9.32aA	121.39±17.99abAB	142.94±20.7abcAB
D_{12}	15.01±2.48aA	60.99±10.49aA	125.95±30.93bAB	121.44±14.76aA
D_{13}	14.94±3.25aA	58.13±13.11aA	123.56±16.47abAB	147.25±31.23bcAB
D_{14}	15.89±3.46aA	62.37±17.38aA	130.21±22.34bB	129.49±21.22abA
D_{15}	14.43±2.56aA	61.65±10.56aA	118.83±26.17abAB	130.5±18.3abA

注：各数据后面的小写英文字母表示在 5%水平上的差异显著，大写英文字母则表示在 1%水平上的差异显著

3.2.1.2　不同 NPK 配比施肥对红富士苹果果实糖分积累特性的影响

（1）果实中主要糖分的积累特性

如图 3-1 所示，在果实发育过程中的糖分含量主要由果糖、葡萄糖和蔗糖组成。各类糖分含量总体呈上升趋势，在果实膨大期以后总糖和果糖含量急剧增加，而蔗糖和葡萄糖则缓慢增加。在果实发育的不同时期，各类糖分的积累量存在一定的差异，其中果糖占总糖的 52%～67%，葡萄糖占总糖的 13%～22%，蔗糖占总糖的 2%～20%。果糖与葡萄糖的比值达到 4.1。因此，在果实

发育的不同时期，果实糖分的积累都以果糖为主，这说明红富士苹果属己糖积累型果实。

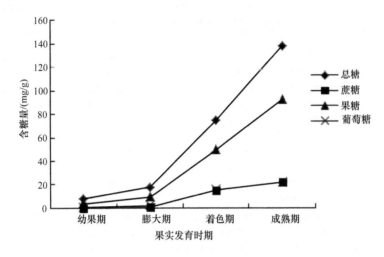

图 3-1　红富士苹果在果实发育过程中糖含量的变化情况

Fig. 3-1　The changes of sugar contents of fruit during their development in Red Fuji apple

（2）不同 NPK 配比施肥对红富士苹果总糖积累的影响

从表 3-8 中可以看出，在果实发育过程中红富士苹果的总糖含量呈急剧增长趋势。幼果期的总糖含量较低，最低值为 5.16 mg/g，最高值为 9.04 mg/g，各处理间有差异，其中 D_{12} 与 D_5、D_7、D_9 处理间达到极显著水平（$P<0.01$），这表明，施肥效应在幼果期就已经显现出来。在膨大期，除 D_5、D_{14}、D_{15} 与 D_4、D_8 处理有极显著差异外（$P<0.01$），其他各处理之间的差异不显著（$P>0.05$）。在着色期与成熟期，糖分积累趋于稳定，各处理之间的差异不显著，但 D_4、D_{13} 处理在成熟期糖分积累得较多，分别达到 144.29 mg/g 和 147.08 mg/g，其与处理 D_{11} 相比，差异显著（$P<0.05$）。由此可见，不同生育阶段总糖的积累在不同的施肥处理中表现不尽相同，尤以果实膨大期之后的施肥效应较为明显。

（3）不同 NPK 配比施肥对红富士苹果蔗糖积累的影响

由表 3-9 可知，红富士苹果的蔗糖含量在果实发育的各个阶段呈稳步增长趋势。幼果期，蔗糖含量最低值为 0.03 mg/g，最高值为 0.21 mg/g，各处理间有差异，其中 D_7 和 D_6、D_8、D_{10} 之间差异达到极显著水平（$P<0.01$）；在果实膨大期，蔗糖含量最低值为 1.03 mg/g，最高值 2.89 mg/g，D_8、D_9 与 D_{15} 之间有极显著差异（$P<0.01$）；在着色期，蔗糖含量最低值为 10.59 mg/g，最高值 17.65 mg/g，D1 与 D11 之间有极显著差异（$P<0.01$）；在成熟期，蔗糖含量最低值为 20.78 mg/g，最高值 31.97 mg/g，D_{12} 与 D_{13} 之间有极显著差异（$P<0.01$）。由此可见，在果实的不

表3-8　不同 NPK 配比施肥处理下红富士苹果在果实各发育期的总糖含量均值及其方差分析结果（单位：mg/g）

Table 3-8　The total sugar content of mean and variance analysis of Red Fuji apple in different NPK fertilization conditions

处理编号	幼果期	膨大期	着色期	成熟期
D_1	8.01±0.47defgEF	26.79±2.31bcdBC	62.31±4.79abAB	126±9.69abcA
D_2	8.20±0.49efgEF	25.85±2.24bcdBC	72.95±5.59bAB	135.04±7.50abcA
D_3	6.43±0.37bcABCD	24.97±2.17bcdABC	64.96±4.99abAB	126.21±6.51abcA
D_4	5.50±0.32abAB	29.34±2.51cdC	68.38±5.25abAB	144.29±8.57bcA
D_5	9.04±0.54gF	21.76±1.92abAB	64.46±4.95abAB	134.33±7.41abcA
D_6	6.88±0.40cdBCDE	25.57±2.22bcdBC	65.42±5.02abAB	127.21±5.80abcA
D_7	8.81±0.53fgF	25.78±2.23bcdBC	64.42±4.95abAB	129.79±9.41abcA
D_8	7.17±0.42cdeCDE	30.04±2.56dC	65.56±5.04abAB	138.83±5.14abcA
D_9	8.95±0.53gF	26.32±2.27bcdBC	55.52±4.28aA	122.19±6.08abA
D_{10}	6.05±0.35abcABC	24.72±2.15bcdABC	55.42±4.27aA	129.82±6.91abcA
D_{11}	7.70±0.45defDEF	26.84±2.31bcdBC	63.56±4.88abAB	119.3±5.79aA
D_{12}	5.16±0.30aA	24.75±2.15bcdABC	64.23±4.94abAB	129.67±10.80abcA
D_{13}	8.07±0.48defgEF	23.22±2.03abcABC	64.55±4.96abAB	147.08±8.90cA
D_{14}	6.13±0.360abcABC	18.23±1.64aA	63.35±4.87abAB	121.78±6.04abA
D_{15}	7.62±0.45defDEF	18.16±1.64aA	74.47±6.40bB	137.89±12.49abcA

注：表中各数据后面的小写英文字母表示在5%水平上的差异显著，大写英文字母则表示在1%水平上的差异显著

表3-9　不同 NPK 配比施肥处理下红富士苹果在果实各发育期的蔗糖含量均值及其方差分析结果（单位：mg/g）

Table 3-9　The sucrose content of mean and variance analysis of Red Fuji apple in different NPK fertilization conditions

处理编号	幼果期	膨大期	着色期	成熟期
D_1	0.18±0.07bcAB	2.03±0.92abAB	17.65±2.00dC	24.83±0.44abcdABC
D_2	0.19±0.06bcAB	2.35±0.42abAB	12.5±0.39abcAB	21.39±0.05abAB
D_3	0.16±0.02abcAB	2.12±0.41abAB	16.12±0.34cdBC	26.34±1.56bcdABCD
D_4	0.13±0.03abcAB	1.71±0.14abAB	14.85±2.35bcdABC	23.47±1.60abcABC
D_5	0.13±0.01abcAB	2.38±0.58abAB	15.1±0.94bcdABC	29.11±1.65deCD
D_6	0.21±0.09cB	1.89±0.82abAB	14.39±1.83abcdABC	25.53±1.92abcdABC
D_7	0.03±0.01aA	2.15±0.56abAB	14.47±1.46abcdABC	24.46±2.26abcdABC
D_8	0.21±0.06cB	2.89±0.94bB	14.4±1.87abcdABC	27.64±1.55cdeBCD
D_9	0.06±0.01abAB	2.89±0.15bB	13.43±0.52abcABC	27.39±2.75cdeBCD
D_{10}	0.2±0.08cB	2.18±0.32abAB	11.31±1.39abAB	25.62±1.77abcdABC
D_{11}	0.17±0.03bcAB	1.78±0.28abAB	10.59±0.30aA	24.5±1.64abcdABC
D_{12}	0.14±0.04abcAB	2.26±0.27abAB	14.05±1.75abcdABC	20.78±2.27aA
D_{13}	0.18±0.06bcAB	1.81±0.30abAB	14.24±1.70abcdABC	31.97±2.29eD
D_{14}	0.15±0.03abcAB	1.14±0.31aAB	14.16±1.39abcdABC	29.48±1.81deCD
D_{15}	0.16±0.03abcAB	1.03±0.24aA	13.17±0.41abcABC	21.80±1.92abAB

注：表中各数据后面的小写英文字母表示在5%水平上的差异显著，大写英文字母则表示在1%水平上的差异显著

同生育阶段，不同施肥处理的蔗糖积累，除了个别处理具有明显的差异性外，其他处理间的差异性不显著，这可能主要与蔗糖是各个时期的主要运输贮藏物质相关。

（4）不同 NPK 配比施肥对红富士苹果果糖积累的影响

从表 3-10 中可以看出，红富士苹果的果糖含量在果实发育过程中增长幅度较大。幼果期果糖含量较低，最低值为 3.15 mg/g，最高值为 5.51 mg/g，其中 D_{12} 和 D_5、D_7、D_9 之间的差异达到极显著水平（$P<0.01$）；在膨大期，果糖含量最低值为 9.44 mg/g，最高值为 18.23 mg/g，D_8 与 D_{14}、D_{15} 之间有极显著差异（$P<0.01$）；在着色期，果糖含量最低值为 37.13 mg/g，最高值为 49.89 mg/g，D_9、D_{10} 与 D_{15} 之间有极显著差异（$P<0.01$）；在成熟期，果糖含量最低值为 79.93 mg/g，最高值为 98.55 mg/g，D_{11} 与 D_{13} 之间有显著差异（$P<0.05$）。由此可见，在不同的施肥处理下，幼果期和膨大期红富士苹果果糖的积累存在差异，但在膨大期和成熟期，除了个别处理具有明显的差异性外，其他处理间的差异不显著，这主要因为果糖是红富士苹果糖分组成成分中含量最高的一种，也说明红富士苹果为己糖积累型果实。

表 3-10　在不同 NPK 配比施肥条件下红富士苹果在果实各发育期的果糖含量均值及其方差分析结果（单位：mg/g）

Table 3-10　The fructose content of mean and variance analysis of Red Fuji apple in different NPK fertilization conditions

处理编号	幼果期	膨大期	着色期	成熟期
D_1	4.89±0.29defgEF	15.82±1.71bcdBC	41.74±3.21abAB	84.42±6.49abA
D_2	5.00±0.30efgEF	15.12±1.66bcdBC	48.88±3.74bAB	90.48±5.02abA
D_3	3.92±0.23bcABCD	14.48±1.60bcdABC	43.52±3.34abAB	84.56±4.36abA
D_4	3.35±0.19abAB	17.71±1.86cdC	45.82±3.51abAB	96.67±5.75abA
D_5	5.51±0.33gF	12.10±1.42abAB	43.19±3.32abAB	90.00±4.97abA
D_6	4.20±0.25cdBCDE	14.92±1.64bcdBC	43.83±3.36abAB	85.23±3.88abA
D_7	5.38±0.32fgF	15.08±1.65bcdBC	43.16±3.32abAB	86.96±6.31abA
D_8	4.38±0.26cdeCDE	18.23±1.89dC	43.93±3.37abAB	93.02±3.45abA
D_9	5.46±0.33gF	15.48±1.68bcdBC	37.20±2.87aA	81.87±4.08abA
D_{10}	3.69±0.21abcABC	14.29±1.59bcdABC	37.13±2.87aA	86.98±4.63abA
D_{11}	4.69±0.28defDEF	15.86±1.71bcdBC	42.59±3.27abAB	79.93±3.88aA
D_{12}	3.15±0.18aA	14.32±1.59bcdABC	43.03±3.31abAB	82.41±11.49abA
D_{13}	4.92±0.29defgEF	13.19±1.50abcABC	43.25±3.320abAB	98.55±5.96bA
D_{14}	3.74±0.22abcABC	9.49±1.22aA	42.45±3.26abAB	81.59±4.05abA
D_{15}	4.65±0.28defDEF	9.44±1.21aA	49.89±4.29bB	92.38±8.37abA

注：表中各数据后面的小写英文字母表示在 5% 水平上的差异显著，大写英文字母则表示在 1% 水平上的差异显著

（5）不同 NPK 配比施肥对红富士苹果葡萄糖积累的影响

由表 3-11 可知，红富士苹果的葡萄糖含量在果实发育过程中增幅缓慢。在幼果期，葡萄糖含量最低值为 0.69 mg/g，最高值为 1.21 mg/g，其中 D_{12} 和 D_5、D_7、D_9 之间的差异达到极显著水平（$P<0.01$）；在膨大期，葡萄糖含量最低值为 2.73 mg/g，最高值为 4.51 mg/g，D_4、D_8 与 D_{14}、D_{15} 之间有极显著差异（$P<0.01$）；在着色期，葡萄糖含量最低值为 13.43 mg/g，最高值为 24.53 mg/g，D_2 与 D_3、D_7、D_9、D_{13} 之间有极显著差异（$P<0.01$）；在成熟期，葡萄糖含量最低值为 19.91 mg/g，最高值为 23.65 mg/g，D_7 与 D_{13} 之间有显著差异（$P<0.05$）。由此可见，在不同的施肥处理下，红富士苹果在幼果期和膨大期其葡萄糖的积累存在差异，但在果实膨大期和成熟期，除了个别处理具有明显的差异性外，其他处理间的差异不显著。这与红富士苹果果糖积累规律基本一致，也说明己糖积累型果实是按一定比例由蔗糖向果糖和葡萄糖转化，且以果糖为主，葡萄糖为辅。

表 3-11　在不同 NPK 配比施肥条件下红富士苹果在果实各发育期的葡萄糖含量均值及其方差分析结果（单位：mg/g）

Table 3-11　The glucose content of mean and variance analysis of Red Fuji apple in different NPK fertilization conditions

处理编号	幼果期	膨大期	着色期	成熟期
D_1	1.08±0.06defgEF	4.02±0.35bcdBC	20.81±0.29abcAB	21.12±1.16abA
D_2	1.10±0.06efgEF	3.88±0.34bcdBC	24.53±0.38cB	22.20±0.90abA
D_3	0.86±0.05bcABCD	3.75±0.33bcdABC	14.40±0.35aA	21.15±0.78abA
D_4	0.74±0.05abAB	4.40±0.37cdC	18.60±3.50abcAB	23.32±1.03bA
D_5	1.21±0.07gF	3.26±0.28abAB	22.90±1.44bcAB	22.12±0.89abA
D_6	0.92±0.05cdBCDE	3.84±0.34bcdBC	15.23±0.36abAB	21.27±0.70abA
D_7	1.18±0.07fgF	3.87±0.34bcdBC	14.55±0.29aA	19.91±2.02aA
D_8	0.96±0.06cdeCDE	4.51±0.38dC	22.95±1.77bcAB	22.66±0.62abA
D_9	1.20±0.07gF	3.95±0.34bcdBC	13.43±4.69aA	20.66±0.73abA
D_{10}	0.81±0.05abcABC	3.71±0.33bcdABC	16.06±4.31abAB	21.58±0.83abA
D_{11}	1.03±0.06defDEF	4.02±0.35bcdBC	18.91±4.10abcAB	20.32±0.70abA
D_{12}	0.69±0.04aA	3.71±0.32bcdABC	16.48±4.11abAB	20.76±2.06abA
D_{13}	1.08±0.06defgEF	3.48±0.30abcABC	13.93±1.80aA	23.65±1.07bA
D_{14}	0.82±0.05abcABC	2.74±0.25aA	18.84±4.10abcAB	20.61±0.73abA
D_{15}	1.02±0.06deDEF	2.73±0.25aA	16.40±1.67abAB	22.54±1.50abA

注：表中各数据后面的小写英文字母表示在 5%水平上的差异显著，大写英文字母则表示在 1%水平上的差异显著，下同

（6）不同 NPK 配比施肥处理下红富士苹果在成熟期的总糖含量的回归分析

利用 DPS 数据处理系统，将红富士苹果在果实成熟期的总糖含量作为目标函

数进行方程回归，建立苹果氮、磷、钾施用量与果实总糖含量之间的数学模型，得到的方程式如下：

$$Y = 126.10 + 41.37X_1 + 21.58X_2 - 107.83X_3 - 18.44X_1^2 - 36.38X_2^2 + 57.68X_3^2 - 2.47X_1X_2 - 146.96X_1X_3 + 190.54X_2X_3$$

（$F = 1.6150$，相关系数 $R = 0.862\,584$，显著水平 $P = 0.3106$，剩余标准差 $S = 6.924\,134\,56$，Durbin-Watson 统计量 $d = 2.295\,298\,02$）。

由方程式的检验结果可知达到了显著水平，并且 Durbin-Watson 统计量（实测值和公式计算值之间的误差统计量）在 2.0 左右，说明公式是合适的，也反映了 N、P、K 肥料与红富士苹果糖分含量之间存在密切的相关关系。具体结果分析如下。

方程中 X_1 和 X_2 二次项系数均为负数，表明在试验条件下氮和磷效应呈报酬递增趋势，其总糖含量随氮和磷的增加而增加，但有其上限，超过上限，总糖含量反而降低；方程中 X_3 二次项系数为正数，表明在试验条件下钾效应呈报酬递减趋势，其总糖含量随钾的增加而减少，但有其下限，超过下限，总糖含量反而增加。通过模型分析可以得出，以苹果总糖含量为经济目标时各个因素的最佳组合为：总糖含量为 151.74 mg/g，每株施氮量为 1.1124 kg，每株施磷量为 0.2559 kg。因为采用的是逐步回归方法，回归过程中已经剔除了不显著的偏回归系数，结合方程显著性检验结果，可以说明模型的回归关系达到显著水平，能反映总糖的变化过程，可以作为分析和预测的依据。由数学模型中的回归系数绝对值大小顺序（$X_3 > X_2 > X_1$）可以得出，试验中各肥元素对苹果总糖含量影响的大小顺序为钾>磷>氮；而且，氮和磷对总糖含量有正面影响效应，钾对总糖含量有负面影响效应，氮与磷、氮与钾呈负交互作用，磷与钾为正交互作用。

3.2.1.3　不同 NPK 配比施肥对红富士苹果果实其他内在品质的影响

从表 3-12 中可以看出，在果实成熟期不同 NPK 配比施肥处理下红富士苹果的总酸含量存在一定差异性，其中处理 D_2、D_3、D_4、D_5、D_6、D_7、D_{15} 与处理 D_{13} 存在极显著差异（$P < 0.01$），说明处理中 K 含量高低对总酸含量有影响；维生素 C 含量在处理 D_9 与 D_{11} 之间存在极显著差异（$P < 0.01$），说明处理中 N 和 P 可能影响维生素 C 含量；花青素含量在处理 D_1 与处理 D_3、D_5、D_{13} 之间存在极显著差异（$P < 0.01$），说明 N、P、K 的交互作用对其含量影响较大；总酚含量在处理 D_3 与 D_7 之间存在极显著差异（$P < 0.01$），说明 N 含量高低影响其含量；类黄酮含量在处理 D_1、D_7、D_9、D_{12} 与处理 D_2、D_3 之间存在极显著差异（$P < 0.01$），说明 P 和 K 含量高其交互作用对类黄酮影响较大；蛋白质含量在处理 D_2 与 D_{11} 之间存在极显著差异（$P < 0.01$），说明 N 和 P 对其含量有影响。

表 3-12　在不同 NPK 配比施肥条件下红富士苹果在果实各发育期的其他品质均值及其方
差分析结果

Table 3-12　The other quality of mean and variance analysis of Red Fuji apple in different
NPK fertilization conditions

处理编号	总酸（100g）/%	维生素 C /（mg/100 g）	花青素（100 g）/（ΔOD/g）	总酚/（ΔOD/g）	类黄酮/（ΔOD/g）	蛋白质/%
D_1	0.23±0.06AB	0.57±0.08ABC	0.3±0.06B	0.64±0.06BC	0.45±0.06B	0.23±0.01ABC
D_2	0.21±0.02A	0.57±0.04ABC	0.18±0.1AB	0.51±0.13ABC	0.28±0.02A	0.21±0.03A
D_3	0.2±0.06A	0.56±0.04ABC	0.09±0.05A	0.43±0.07A	0.29±0.05A	0.23±0.03ABC
D_4	0.2±0.02A	0.48±0.01AB	0.26±0.04AB	0.6±0.06ABC	0.41±0.04AB	0.25±0.04ABC
D_5	0.21±0.03A	0.52±0.06ABC	0.12±0.1A	0.51±0.04ABC	0.35±0.04AB	0.22±0.02AB
D_6	0.2±0.04A	0.6±0.04ABC	0.16±0.05ABC	0.52±0.03ABC	0.38±0.04AB	0.27±0.02ABC
D_7	0.19±0.04A	0.48±0.03AB	0.25±0.04AB	0.68±0.14C	0.43±0.03B	0.27±0.04ABC
D_8	0.24±0.03AB	0.53±0.04ABC	0.13±0.03AB	0.65±0.12BC	0.4±0.02AB	0.24±0.02ABC
D_9	0.24±0.01AB	0.47±0.05A	0.23±0.05AB	0.67±0.06C	0.47±0.04B	0.3±0.01ABC
D_{10}	0.22±0.05AB	0.58±0.07ABC	0.2±0.1AB	0.49±0.04AB	0.35±0.05AB	0.25±0.03ABC
D_{11}	0.23±0.04AB	0.65±0.06C	0.26±0.12AB	0.56±0.1ABC	0.39±0.09AB	0.33±0.02C
D_{12}	0.22±0.05AB	0.52±0.03ABC	0.14±0.05AB	0.64±0.06BC	0.46±0.07B	0.23±0.04ABC
D_{13}	0.31±0.05B	0.58±0.07ABC	0.09±0.04A	0.54±0.04ABC	0.39±0.09AB	0.25±0.05ABC
D_{14}	0.22±0.01AB	0.61±0.06BC	0.06±0.08AB	0.57±0.1AB	0.41±0.1AB	0.31±0.03BC
D_{15}	0.21±0.06A	0.53±0.06ABC	0.25±0.03AB	0.52±0.08ABC	0.37±0.06AB	0.24±0.02ABC

3.2.2　不同 NPK 配比施肥对红富士苹果相关糖代谢酶的影响

3.2.2.1　红富士苹果果实发育过程糖相关酶活性的特点

由图 3-2 可知，红富士苹果在果实发育过程中淀粉酶活性总体呈下降的趋势，其中在幼果期为最大值 8.38 mg 麦芽糖/g FW，在着色期达到最小值 0.04 mg 麦芽糖/g FW；蔗糖合成酶活性总体呈急剧上升趋势，其中在幼果期未检出，而在成熟期达到了最大值 61.78 mg 蔗糖/(g FW·L)，从图 3-2 中可看出着色期是其急剧增加的转折点；蔗糖磷酸合成酶活性总体呈缓慢上升趋势，但上升幅度不大，其中在幼果期与蔗糖合成酶一样未检出，而在成熟期达到了最大值 3.66 mg 蔗糖/(g FW·L)。此试验结果可以说明幼果期淀粉含量最高，成熟期蔗糖含量最高。

3.2.2.2　不同 NPK 配比施肥对淀粉酶活性的影响

由表 3-13 可知，在不同 NPK 配比施肥条件下，红富士苹果的淀粉酶活性在果实发育过程中的下降趋势与对照 D_{15} 一致。在幼果期淀粉酶活性均为最大值，其中 D_1 达最大值 13.83 mg 麦芽糖/g FW，D_{14} 为最小值 2.75 mg 麦芽糖/g FW，D_1 与 D_{14}

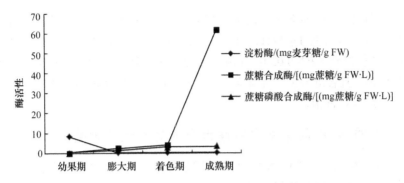

图 3-2 红富士苹果果实发育过程中糖相关酶活性的变化

Fig. 3-2 The changes of sugar metabolizing enzymes activity of fruit during their development in Red Fuji apple

表 3-13 在不同 NPK 配比施肥对红富士苹果果实淀粉酶活性的影响

（单位：mg 麦芽糖/g FW）

Table 3-13 The effect of amylase activity of Red Fuji apple in different NPK fertilization conditions

处理	幼果期	膨大期	着色期	成熟期
D_1	13.83±1.56aA	0.42±0.31aA	0.14±0.02abcAB	0.07±0.02aA
D_2	7.86±0.82defCD	0.23±0.02aA	0.17±0.05aA	0.12±0.11aA
D_3	6.37±0.75fghDEF	0.08±0.02aA	0.09±0.06abcAB	0.13±0.05aA
D_4	10±1.12bcBC	0.12±0.01aA	0.13±0.08abcAB	0.11±0.14aA
D_5	8.35±0.88cdeCD	0.1±0.05aA	0.12±0.11abcAB	0.05±0.07aA
D_6	7.05±0.77efgDE	0.14±0.04aA	0.11±0.02abcAB	0.11±0.05aA
D_7	6.14±0.95fghDEF	0.11±0.02aA	0.05±0.03abcAB	0.08±0.02aA
D_8	5.54±0.55ghEF	0.2±0.3aA	0.02±0.03cB	0±0aA
D_9	8.37±1.29cdeCD	0.32±0.33aA	0.12±0.02abcAB	0.07±0.07aA
D_{10}	10.97±2.61bB	0.21±0.02aA	0.14±0.02abcAB	0.18±0.21aA
D_{11}	6.21±1.75fghDEF	0.3±0.26aA	0.13±0.04abcAB	0.34±0.45aA
D_{12}	9.41±2.11bcdBC	0.31±0.04aA	0.11±0.02abcAB	0.35±0.3aA
D_{13}	4.58±0.62hFG	0.2±0.03aA	0.13±0.04abcAB	0.04±0aA
D_{14}	2.75±0.52hG	0.26±0.31aA	0.15±0.01abAB	0.03±0.03aA
D_{15}	8.38±1.29cdeCD	0.14±0.03aA	0.04±0.02bcAB	0.32±0.47aA

注：同列数据后不同大写字母表示差异达 1%显著水平，不同小写字母表示差异达 5%显著水平，下同

存在极显著差异（$P<0.01$），D_1、D_{14} 与对照 D_{15} 相比也存在极显著差异（$P<0.01$），说明较高的 N 和 P 配比有利于提高淀粉酶活性；膨大期淀粉酶活性与幼果期相比

各处理均有明显下降，且各处理间无明显差异（$P>0.05$）；在着色期淀粉酶活性呈继续下降趋势，但处理 D_2 与处理 D_8 存在极显著差异（$P<0.01$），而二者与对照 D_{15} 相比无显著差异（$P>0.05$）；在成熟期淀粉酶活性呈持续下降趋势，各处理基本达到最低值，且各处理间均无显著差异（$P>0.05$），也就说明红富士苹果果实成熟期淀粉含量为最低值。

3.2.2.3　不同 NPK 配比施肥对蔗糖合成酶活性的影响

由表 3-14 可知，在不同 NPK 配比施肥条件下，红富士苹果的蔗糖合成酶活性在果实发育过程中升降趋势与对照 D_{15} 一致。在幼果期蔗糖合成酶活性在各处理中均未检出，说明此时蔗糖的含量为最低；在膨大期蔗糖合成酶活性在各处理间不存在极显著差异（$P<0.01$），说明此时期肥效对蔗糖合成酶活性影响不大；在着色期蔗糖合成酶活性呈上升趋势，处理 D_1、D_3 与处理 D_{13} 存在极显著差异（$P<0.01$），而三者与对照 D_{15} 相比无显著性差异（$P>0.05$）；在成熟期蔗糖合成酶活性呈急剧上升趋势，各处理基本达到最高值，其中处理 D_4 达最大值为 110.97 mg 蔗糖/(g FW·L)，

表 3-14　NPK 配比施肥对红富士苹果果实蔗糖合成酶活性的影响

[单位：mg 蔗糖/(g FW·L)]

Table 3-14　The effect of sucrose synthase activities of Red Fuji apple in different NPK fertilization conditions

处理	幼果期	膨大期	着色期	成熟期
D_1	0	0.79±0.45bA	3.48±1.91bB	46.74±22.43bAB
D_2	0	1.43±0.78abA	5.04±0.65abAB	63.09±15.96abAB
D_3	0	1.6±0.14abA	3.41±1.19bB	64.61±26.12abAB
D_4	0	1.06±0.39abA	6.74±2.92abAB	110.97±25.42aA
D_5	0	1.6±0.26abA	7.82±1.19abAB	97.9±24.97abAB
D_6	0	1.48±0.19abA	6.36±1.67abAB	79.89±17.05abAB
D_7	0	1.54±0.17abA	4.72±0.8abAB	64.67±20.47abAB
D_8	0	1.23±0.19abA	4.72±0.54abAB	62.6±7.74abAB
D_9	0	1.95±0.69abA	4.15±0.58bAB	68.36±27.04abAB
D_{10}	0	1.63±0.83abA	4.61±0.53abAB	66.09±8.59abAB
D_{11}	0	2.13±0.5aA	5.04±3.26abAB	39.27±10.23bB
D_{12}	0	2.17±0.47aA	4.57±2.12bAB	55.61±27.92abAB
D_{13}	0	1.99±0.39abA	9±1.17aA	108.2±29.19aAB
D_{14}	0	1.63±0.67abA	4.68±0.95abAB	77±12.75abAB
D_{15}	0	2.28±0.5aA	3.98±0.67bAB	61.78±15.05abAB

注：同列数据后不同大写字母表示差异达 1%显著水平，不同小写字母表示差异达 5%显著水平，下同

处理 D_{11} 为最小值 39.27 mg 蔗糖/(g FW·L)，处理 D_4 和 D_{11} 间存在极显著差异（$P <$ 0.01），但二者与对照 D_{15} 相比无显著性差异（$P > 0.05$），也就说明红富士苹果果实成熟期蔗糖含量为最高值，且矿质元素 N 对其活性有影响。

3.2.2.4　不同 NPK 配比施肥对蔗糖磷酸合成酶活性的影响

由表 3-15 可知，在不同 NPK 配比施肥条件下，红富士苹果的蔗糖磷酸合成酶活性在果实发育过程中升降趋势与对照 D_{15} 一致。在幼果期蔗糖磷酸合成酶活性在各处理中均未检出，也说明此时期蔗糖的含量为最低；在膨大期蔗糖磷酸合成酶活性在各处理间不存在显著性差异（$P < 0.01$）；在着色期蔗糖磷酸合成酶活性呈上升趋势，其中处理 D_{13} 达最大值 7.06 mg 蔗糖/(g FW·L)，处理 D_{11} 达最小值 1.42 mg 蔗糖/(g FW·L)，且处理 D_{13} 与除处理 D_5、D_6、D_8 外的处理间均存在极显著差异（$P < 0.01$）；在成熟期蔗糖磷酸合成酶活性总体呈上升趋势，各处理基本达到最高值，但上升幅度不大，各处理间无显著差异（$P < 0.01$），说明在成熟期对蔗糖合成的促进作用远远大于其抑制作用。

表 3-15　NPK 配比施肥对红富士果实蔗糖磷酸合成酶活性的影响

[单位：mg 蔗糖/(g FW·L)]

Table 3-15　The effect of sucrose phosphate synthase activities of Red Fuji apple in different NPK fertilization conditions

处理	幼果期	膨大期	着色期	成熟期
D_1	0	0.96±0.24aA	2.03±1.46cdBC	3.64±0.34aA
D_2	0	0.87±0.28aA	2.62±0.51bcdBC	5.21±1.39aA
D_3	0	0.96±0.37aA	2.53±1.97bcdBC	5.93±1.07aA
D_4	0	0.83±0.32aA	2.89±3.09bcdBC	4.83±3.56aA
D_5	0	1.3±0.25aA	4.61±0.72abcABC	5.21±1.39aA
D_6	0	0.91±0.14aA	3.98±1.6bcdABC	6.92±0.5aA
D_7	0	0.84±0.28aA	2.54±0.85bcdBC	6.64±2.3aA
D_8	0	1.02±0.16aA	4.99±1.71abAB	4.07±0.76aA
D_9	0	1.88±0.76aA	2.26±0.24cdBC	6.01±1.31aA
D_{10}	0	1.61±0.76aA	1.72±0.54dC	4.61±0.69aA
D_{11}	0	1.86±0.94aA	1.42±0.3dC	4.37±1.47aA
D_{12}	0	1.85±0.96aA	1.63±0.48dC	4.25±1.5aA
D_{13}	0	1.91±0.25aA	7.06±1.14aA	5.93±1.54aA
D_{14}	0	1.76±0.78aA	2.11±0.31cdBC	6.37±0.62aA
D_{15}	0	1.5±0.77aA	2.68±0.39bcdBC	3.66±0.67aA

注：同列数据后不同大写字母表示差异达 1%显著水平，不同小写字母表示差异达 5%显著水平，下同

3.2.2.5 不同 NPK 配比施肥对成熟期果实蔗糖合成酶活性的回归分析

利用 DPS 数据处理系统以成熟期红富士蔗糖合成酶活性作为目标函数进行方程回归，建立苹果氮、磷、钾施用量与果实蔗糖合成酶活性之间的数学模型，得到的方程为下式：

$Y=52.01+74.85X_1+94.74X_2-731.71X_3+20.11X_1^2-43.14X_2^2+4098.93X_3^2-121.18X_1X_2$
$-483.56X_1X_3+346.62X_2X_3$（$F=10.6634$，相关系数 $R=0.974\,93$，显著水平 $P=0.009$，剩余标准差 $S=7.697\,04$）

从公式检验结果可以看出，公式达到了显著水平，说明公式是合适的，也反映了 N、P、K 肥料与红富士苹果蔗糖合成酶活性之间存在密切的相关关系。具体结果分析如下。

方程中方程中 X_1 和 X_3 二次项系数为正，表明在试验条件下氮和钾效应呈报酬递减趋势，其蔗糖合成酶活性随氮和钾增加而减少，但有其下限，超过下限，蔗糖合成酶活性反而增加；X_2 二次项系数为负，表明在试验条件下磷效应呈报酬递增趋势，其蔗糖合成酶活性随磷增加而增加，但有其上限，超过上限，蔗糖合成酶活性反而降低。通过模型分析得出以成熟红富士苹果蔗糖合成酶活性值为经济目标时各个因素的最佳组合为：蔗糖合成酶活性为 184.445 mg 蔗糖/(g FW·L)，施氮量 1.3090 kg/株。因为采用的是逐步回归方法，回归过程中已经剔除了不显著的偏回归系数，结合方程显著性检验结果，可以说明模型的回归关系达到显著水平，能反映蔗糖合成酶活性的变化过程，可作为分析和预测的依据。由数学模型中的回归系数绝对值大小顺序 $X_3>X_2>X_1$，可得出本试验中各因素对蔗糖合成酶活性影响的顺序：钾＞磷＞氮。氮与磷、氮与钾均呈负交互作用，磷与钾呈正交互作用。

3.2.3 不同 NPK 配比施肥对红富士苹果内源激素的影响

3.2.3.1 红富士苹果果实内源激素含量动态变化

由图 3-3 可知，红富士苹果果实内 GA₃ 和 IAA 含量总体呈先上升后下降的趋势，并在着色期达到最大值，分别为 2.54 mg/g 和 3.08 mg/g，在成熟期达到最小值，分别为 0.21 mg/g 和 0.004 mg/g；ABA 含量总体呈先下降后上升的趋势，并在着色期达最小值 0.07 mg/g，在成熟期达到最大值 0.29 mg/g。此结果说明在幼果期、膨大期和着色期内源激素以 GA₃ 和 IAA 为主，促进红富士苹果果实快速发育生长；而在成熟期以 ABA 为主，促进红富士苹果果实成熟，提高其内在品质。

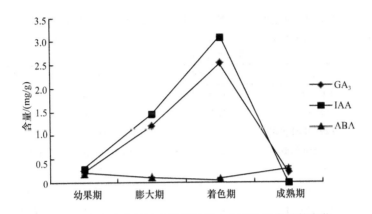

图 3-3　红富士苹果果实发育过程中内源激素含量的变化

Fig. 3-3　The changes of endogenous hormone contents of fruit during their development in Red Fuji apple

3.2.3.2　不同 NPK 配比施肥对红富士苹果果实中 GA_3 的影响

由表 3-16 可以看出，在不同 NPK 配比施肥条件下，红富士苹果的 GA_3 含量在果实发育过程中增长趋势与 D_{15} 对照一致，即呈先上升再下降。最低值在幼果期，GA_3 含量为 0.13 mg/g，最高值在着色期，各处理间存在差异，其中 D_2、D_5 和 D_6 之间差异达到极显著水平（$P<0.01$）。在膨大期，GA_3 含量最低值为 0.55 mg/g，最高值 2.11 mg/g，D_3 与 D_6、D_8 之间有极显著差异（$P<0.01$）。在着色期，GA_3 含量的最低值为 1.62 mg/g，最高值 4.58 mg/g，D_4 与 D_6、D_8 之间有极显著差异（$P<0.01$）。在成熟期，GA_3 含量最低值为 0.09 mg/g，最高值 0.67 mg/g，D_2、D_5 与 D_6 之间有极显著差异（$P<0.01$）。通过分析红富士苹果发育期过程中，具有极显著差异的各处理间 N、P、K 的施用量来看，不同生育阶段 N 和 K 与 GA_3 的积累都呈正相关性，说明增加 N 和 K 肥有利于 GA_3 含量的提高。

3.2.3.3　不同 NPK 配比施肥对红富士苹果果实中 IAA 的影响

由表 3-17 可以看出，各处理中 IAA 含量在果实发育过程中也呈现先上升后下降的趋势，与 D_{15} 对照一致。幼果期 IAA 含量最低值为 0.02 mg/g，最高值为 0.64 mg/g，各处理间存在差异，其中 D_1 和 D_5 之间差异达到极显著水平（$P<0.01$）。在膨大期，IAA 含量最低值为 0.77 mg/g，最高值为 1.95 mg/g，D_3、D_{12} 与 D_6、D_8 之间有极显著差异（$P<0.01$）。在着色期，IAA 含量最低值为 1.88 mg/g，最高值 4.48 mg/g，各处理间无显著差异（$P>0.05$）。在成熟期，IAA 含量最低值为 0.004 mg/g，最高值 0.011 mg/g，各处理间无显著差异（$P>0.05$）。从 N、P、K 的施用量来看，幼果期 N 施用量与 IAA 的积累呈正相关性，膨大期 N 和 K 施用量大有利于 IAA 的积累，而在着色期和成熟期 N、P、K 的施用对 IAA 积累差异性不明显。

表 3-16 不同 NPK 配比施肥条件下红富士苹果 GA_3 含量均值及方差分析表（单位：mg/g）

Table 3-16 The GA_3 content of mean and variance analysis of Red Fuji apple in different NPK fertilization conditions

处理	幼果期	膨大期	着色期	成熟期
D_1	0.4±0.03cdBC	1.6±0.2cC	2.72±0.35fgDEF	0.35±0.08bcBC
D_2	0.73±0.08aA	1.67±0.21cBC	2.46±0.32ghEF	0.67±0.13aA
D_3	0.29±0.02fgDE	2.11±0.27aA	3.7±0.46bB	0.25±0.06deDEF
D_4	0.39±0.03dBC	1.87±0.23bB	4.58±0.57aA	0.34±0.08bcBC
D_5	0.66±0.07bA	1.13±0.13deDE	2.41±0.31hF	0.61±0.12aA
D_6	0.13±0.01hG	0.65±0.07gG	1.62±0.21iG	0.09±0.04gG
D_7	0.3±0.02fgDE	0.9±0.1fEF	2.78±0.35efDE	0.25±0.06deDEF
D_8	0.2±0.01hFG	0.55±0.06gG	1.68±0.22iG	0.16±0.05fgFG
D_9	0.32±0.02efCDE	1.61±0.2cC	2.73±0.35fgDEF	0.28±0.07cdeCDE
D_{10}	0.38±0.03deC	0.98±0.11efDEF	3±0.38deCD	0.33±0.07cBCD
D_{11}	0.35±0.03defCD	0.91±0.1fEF	2.73±0.35fgDEF	0.3±0.07cdCD
D_{12}	0.46±0.04cB	1.79±0.22bcBC	3.31±0.42cC	0.41±0.09bB
D_{13}	0.38±0.03deC	1.16±0.14deD	3.16±0.4cC	0.33±0.07cBCD
D_{14}	0.25±0.01ghEF	0.89±0.1fF	2.42±0.31hF	0.2±0.05efEF
D_{15}	0.25±0.02ghEF	1.2±0.14dD	2.54±0.33fghEF	0.21±0.05efEF

注：同列数据后不同大写字母表示差异达 1%显著水平，不同小写字母表示差异达 5%显著水平，下同

表 3-17 在不同 NPK 配比施肥条件下红富士苹果 IAA 含量均值及方差分析表（单位：mg/g）

Table 3-17 The IAA content of mean and variance analysis of Red Fuji apple in different NPK fertilization conditions

处理	幼果期	膨大期	着色期	成熟期
D_1	0.02±0.02eE	1.48±0.37abAB	2.45±0.27aA	0.007±0.003aA
D_2	0.61±0.26abAB	1.71±0.17abAB	4.48±1.5aA	0.006±0.001aA
D_3	0.29±0.02cdCDE	1.95±0.48aA	3.98±0.42aA	0.005±0.001aA
D_4	0.42±0.05abcABCD	1.7±0.48abAB	3.31±0.98aA	0.007±0.004aA
D_5	0.64±0.09aA	1.24±0.16abAB	3.53±1.06aA	0.007±0.004aA
D_6	0.14±0.01deDE	0.81±0.26bB	3.12±1.85aA	0.007±0.004aA
D_7	0.3±0.02cdCDE	1.1±0.29abAB	2.86±1.61aA	0.008±0.002aA
D_8	0.28±0.14cdCDE	0.77±0.37bB	3.06±0.36aA	0.006±0.001aA
D_9	0.32±0.02cdBCD	1.79±0.25abAB	3.29±1.1aA	0.004±0.002aA
D_{10}	0.38±0.03bcdABCD	1.05±0.12abAB	2.13±0.27aA	0.01±0.004aA
D_{11}	0.35±0.03cdABCD	1.33±0.67abAB	2.53±0.43aA	0.008±0.006aA
D_{12}	0.44±0.07abcABC	1.95±0.23aA	1.88±0.21aA	0.004±0.002aA
D_{13}	0.39±0.03bcdABCD	1.32±0.24abAB	4.3±3.78aA	0.006±0.005aA
D_{14}	0.26±0.03cdeCDE	1.11±0.33abAB	3.38±1.11aA	0.011±0.005aA
D_{15}	0.28±0.03cdCDE	1.45±0.38abAB	3.08±0.33aA	0.004±0.001aA

3.2.3.4 不同 NPK 配比施肥对红富士苹果果实中 ABA 的影响

由表 3-18 可以看出，在红富士苹果果实发育过程中，NPK 配比施肥使 ABA 含量呈现先下降后上升的趋势，与 D_{15} 对照一致。在幼果期，ABA 含量最低值为 0.18 mg/g，最高值为 0.33 mg/g，各处理间存在差异，其中 D_6、D_9 和 D_{13} 之间差异达到极显著水平（$P<0.01$）。在膨大期，ABA 含量最低值为 0.04 mg/g，最高值 0.19 mg/g，D_{11} 与 D_{14} 之间有极显著差异（$P<0.01$）。在着色期，ABA 含量最低值为 0.02 mg/g，最高值 0.14 mg/g，D_1 与 D_{13} 之间有极显著差异（$P<0.01$）。在成熟期，ABA 含量最低值为 0.19 mg/g，最高值 0.46 mg/g，D_1 与 D_7 之间有极显著差异（$P<0.01$）。通过分析，红富士苹果发育期过程中，不同生育阶段 P 和 K 与 ABA 的积累密切相关。

表 3-18　在不同 NPK 配比施肥条件下红富士苹果 ABA 含量均值及方差分析表（单位：mg/g）

Table 3-18　The ABA content of mean and variance analysis of Red Fuji apple in different NPK fertilization conditions

处理	幼果期	膨大期	着色期	成熟期
D_1	0.28±0.04abcABCD	0.11±0.01cdeBCD	0.14±0.03aA	0.46±0.05aA
D_2	0.21±0.06cdefCDEF	0.08±0.01fgEF	0.13±0.05aAB	0.39±0.04bB
D_3	0.2±0.02defDEF	0.12±0.01bcdBC	0.07±0.02cdCDE	0.23±0.02cdeCD
D_4	0.25±0.03bcdeBCDEF	0.1±0.01defCDE	0.05±0.02cdDE	0.28±0.03cdC
D_5	0.3±0.04abAB	0.11±0.01cdeBCD	0.07±0.02cdCDE	0.23±0.02cdeCD
D_6	0.33±0.05aA	0.13±0.03bB	0.08±0.02bcBCD	0.41±0.1abAB
D_7	0.26±0.03bcdABCDE	0.09±0.01efDE	0.06±0.02cdDE	0.19±0.02eD
D_8	0.29±0.04abABC	0.12±0.02bcBC	0.07±0.02bcCDE	0.37±0.04bB
D_9	0.33±0.05aA	0.06±0.01ghFG	0.08±0.02bcBCD	0.26±0.03cdC
D_{10}	0.2±0.02defEF	0.1±0.01defCDE	0.05±0.02cdDE	0.28±0.03cdC
D_{11}	0.28±0.04abcABCD	0.19±0.02aA	0.07±0.02bcCDE	0.38±0.04bB
D_{12}	0.19±0.02efEF	0.12±0.01bcdBC	0.12±0.03abABC	0.26±0.03cdC
D_{13}	0.18±0.02fF	0.08±0.01fgEF	0.02±0.02dE	0.22±0.02deCD
D_{14}	0.19±0.02efEF	0.04±0.01hG	0.08±0.02bcBCD	0.28±0.03cdC
D_{15}	0.2±0.02defEF	0.11±0.01cdeBCD	0.07±0.02cdCDE	0.29±0.03cC

3.2.3.5 不同 NPK 配比施肥对着色期红富士苹果果实 IAA 含量的回归分析

利用 DPS 数据处理系统将着色期红富士 IAA 含量作为目标函数进行方程回归，建立苹果氮、磷、钾施用量与果实总糖含量之间的数学模型，得到的方程为下式：

$Y=2.36+1.36X_1+4.02X_2-14.12X_3-1.98X_2^2+135.47X_3^2-1.13X_1X_2-9.24X_1X_3-15.79X_2$ X_3（$F=1.0284$，相关系数 $R=0.760\,44$，显著水平 $P=0.5007$，剩余标准差 $S=0.773\,360$，Durbin-Watson 统计量 $d=1.7874$）

从公式检验结果可以看出，Durbin-Watson 统计量（实测值和公式计算值之间的误差统计量）在 2.0 左右，说明公式是合适的，也反映了 N、P、K 肥料与红富士苹果 IAA 含量之间存在密切的相关关系。具体结果分析如下。

方程中 X_2 的二次项系数为负，表明在试验条件下磷效应呈报酬递增趋势，其 IAA 含量随磷的增加而增加，但有其上限，超过上限，IAA 含量反而降低；方程中 X_3 二次项系数为正，表明在试验条件下钾效应呈报酬递减趋势，其 IAA 含量随钾增加而减少，但有其下限，超过下限，IAA 含量反而增加。通过模型分析得出以着色期红富士苹果 IAA 含量为经济目标时各个因素的最佳组合为：IAA 含量为 4.951 08 mg/g，施氮量 1.3090 kg/株，施磷量 0.640 42 kg/株。因为采用的是逐步回归方法，回归过程中已经剔除了不显著的偏回归系数，结合方程显著性检验结果，可以说明模型的回归关系达到显著水平，能反映 IAA 的变化过程，可作为分析和预测的依据。由数学模型中的回归系数绝对值大小顺序 $X_3>X_2>X_1$，可得出本试验中各因素对 IAA 含量影响的顺序：钾＞磷＞氮。氮与磷、氮与钾、磷与钾均呈负交互作用。

3.3　研究结论与讨论

a. 从果实主要内在品质糖分积累来看，红富士苹果的糖分以果糖、葡萄糖和蔗糖为主，其积累特征与前人研究结果基本一致（刘国荣等，2007；张绍玲，1993）。红富士苹果的糖分含量在果实发育过程中主要由果糖、葡萄糖和蔗糖组成，这说明红富士苹果为己糖积累型果实。此结论与吕英民和张大鹏（2000）的研究结果一致。试验结果表明，从总体上看，在幼果期和膨大期，氮肥和磷肥对红富士苹果果实中各组糖分积累的影响较大；而在着色期和成熟期，钾肥的作用则较为明显。从不同 NPK 与总糖的回归方程来看，各肥元素对苹果总糖含量影响的大小顺序为钾＞磷＞氮；而且，氮和磷对总糖含量有正面影响效应，钾对总糖含量有负面影响效应，氮与磷、氮与钾呈负交互作用，磷与钾为正交互作用。此研究结论与孙霞等（2011）在施肥对红富士苹果产量和品质影响的研究中得出的结果基本一致。

b. 从果实其他内在品质来看，N、P、K 不同元素针对不同指标影响也不同，其中它们之间的交互作用表现更明显，因此，在今后肥料施用过程中还是应注重肥料的配比和均衡。

c. 蔗糖是大多数植物光合产物从源向库运输的主要形式，进入果实参与代谢，也是果实积累糖的主要形式，此外蔗糖还作为一种信号分子，以其特有的信号效应调节着植物的生长发育与基因的表达。果实糖转化也与各种糖代谢酶活性密切相关，深入了解糖积累的机制，抓住关键环节，是提高果实品质的根本方法。蔗糖代谢是糖积累的重要环节，故本研究试图从 NPK 配比施肥对蔗糖代谢相关酶的活性影响，来探讨矿质元素与果实糖代谢酶之间的关系。

红富士苹果果实发育过程中糖代谢相关酶活性具有一定的规律性，其中淀粉酶活性呈下降趋势，而蔗糖合成酶和蔗糖磷酸合成酶活性呈上升趋势，且又以蔗糖合成酶上升最快最明显，此现象说明红富士苹果幼果期淀粉酶活性强有利于淀粉的积累，而成熟期随着蔗糖合成酶和蔗糖磷酸合成酶活性的增强淀粉分解加剧，促进了蔗糖合成积累，有利于可溶性糖分的积累。此结果与前人在西瓜（Fieuw and Willenbrink，1987）、香蕉（Terra et al.，1983）、苹果（王永章和张大鹏，2001）和梨（王晓婷，2007）的研究结果相似。

d. N、P、K 元素是果树肥料中重要三要素，是果树正常生长发育不可缺少的大量元素。它们除了直接参与果实品质形成过程外，还通过调节果树体内内源激素间接影响果实内在和外在品质的形成。例如，氮是果树体内蛋白质形成的物质基础，而蛋白质又能在生长素、细胞分裂素和赤霉素的催化下形成各种酶，参与果实形成的所有代谢过程；磷影响细胞分裂素在果树体内的形成；钾参与植物生长促进剂的形成过程，还在生长素和细胞分裂素共同催化下促进碳水化合物的运转、代谢（王际轩，2012）。因此，N、P、K 三元素与内源激素含量关系密切，在果实品质形成过程中发挥重大作用。

e. 红富士苹果在果实发育过程中内源激素含量具有明显的规律性，其中 GA_3 和 IAA 含量总体呈先上升后下降的趋势，最大值在着色期；ABA 含量总体呈先下降后上升的趋势，最大值在成熟期。此结果与李秀菊等（2000）用酶联免疫吸附测定（ELISA）分析方法测定红富士苹果果实发育期间内源激素含量变化的结果相一致。

f. 不同 NPK 配方施肥对红富士苹果中 GA_3 和 IAA 的积累量具有极显著差异。从本研究结果总体情况来看，每株施 N：P_2O_5：K_2O 为 1.047：0.0204：0.036 时，在着色期其 GA_3 含量达最大值；每株施 N：P_2O_5：K_2O 为 1.047：0.815：0.036 时，在着色期其 IAA 含量也达最大值，施肥处理中 N 和 K 的使用量都达到了较大值，因此，多施 N 和 K 对红富士苹果果实不同发育期 GA_3 和 IAA 的积累量具有一定的促进作用，此结果与回归方程分析基本一致。而株施 N：P_2O_5：K_2O 为 1.047：0.815：0.145 时，在成熟期其 ABA 含量达最大值，施 K 有利于红富士苹果果实中 ABA 含量的积累。本结果与何萍和金继运（1999）及郭英等（2006）研究成果相符。因此，果实发育前期多施 N 和 K 促进果实快速生长，后期多施 P 和 K 有利于果实成熟，提高品质（高英和张志宏，2009；李明等，2005；王际轩，2012）。

3.4 小结与展望

3.4.1 小结

a. 果实发育过程中红富士苹果果糖占总糖的 52%～67%，葡萄糖占总糖的 13%～22%，蔗糖占总糖的 2%～20%。果糖与葡萄糖的比值达到 4.1；在果实发育期各类糖分含量总体呈上升趋势，在果实膨大期以后其总糖和果糖含量急剧增加，而蔗糖和葡萄糖则缓慢增加。总体来说，红富士苹果果实糖分的积累都以果糖为主，属己糖积累型果实。

b. 以成熟期苹果总糖含量为目标函数，通过三元二次正交回归分析各个因素的最佳组合为：总糖含量为 151.74 mg/g，每株施氮量为 1.1124 kg，每株施磷量为 0.2559 kg。由数学模型中的回归系数绝对值大小顺序（$X_3 > X_2 > X_1$）可以得出，试验中各肥元素对苹果总糖含量影响的大小顺序为钾＞磷＞氮；而且，氮和磷对总糖含量有正面影响效应，钾对总糖含量有负面影响效应，氮与磷、氮与钾呈负交互作用，磷与钾为正交互作用。

c. 不同 NPK 配比施肥处理下红富士苹果的总酸含量存在一定差异性，其中处理 D_2、D_3、D_4、D_5、D_6、D_7、D_{15} 与处理 D_{13} 存在极显著差异（$P < 0.01$），说明处理中 K 含量高低对总酸含量有影响；维生素 C 含量在处理 D_9 与 D_{11} 之间存在极显著差异（$P < 0.01$），说明处理中 N 和 P 可能影响维生素 C 含量；花青素含量在处理 D_1 与处理 D_3、D_5、D_{13} 之间存在极显著差异（$P < 0.01$），说明 N、P、K 的交互作用对其含量影响较大；总酚含量在处理 D_3 与 D_7 之间存在极显著差异（$P < 0.01$），说明 N 含量高低影响其含量；类黄酮含量在处理 D_1、D_7、D_9、D_{12} 与处理 D_2、D_3 之间存在极显著差异（$P < 0.01$），说明 P 和 K 含量高其交互作用对类黄酮影响较大；蛋白质含量在处理 D_2 与 D_{11} 之间存在极显著差异（$P < 0.01$），说明 N 和 P 对其含量有影响。

d. 在红富士苹果果实发育过程中，淀粉酶活性总体呈下降的趋势，其中在幼果期为最大值 8.38 mg 麦芽糖/g FW，在着色期达到最小值 0.04 mg 麦芽糖/g FW；蔗糖合成酶活性总体呈急剧上升趋势，其中在幼果期未检出，而在成熟期达到了最大值 61.78 mg 蔗糖/(g FW·L)，在着色期是其急剧增加的转折点；蔗糖磷酸合成酶活性总体呈缓慢上升趋势，但上升幅度不大，其中在幼果期与蔗糖合成酶一样未检出，而在成熟期达到了最大值 3.66 mg 蔗糖/(g FW·L)。从此试验结果可以说明幼果期淀粉含量最高，成熟期蔗糖含量最高。在不同 NPK 配比施肥条件下，通过回归分析表明在试验条件下氮和钾效应呈报酬递增趋势，其蔗糖合成酶活性随氮和钾增加而减少，但有其下限，超过下限，蔗糖合成酶活性反而增加；磷效应呈报酬递增趋势，其蔗糖合成酶活性随磷增加而增加，但有其上限，超过上限，蔗糖合成酶活性反而降低。通过模型分析得出以成熟红富士苹果蔗糖合成酶活性值为经济目标时各个因素的最佳组合为：蔗糖合成酶活性为 184.445 mg 蔗糖/(g FW·L)，施氮量 1.3090kg/株。各因素对蔗糖合成酶活性影响的顺序：钾＞磷＞氮。氮与磷、氮与钾均呈负交互作用，磷与钾呈正交互作用。由上述可知，NPK 配比施肥在一定程度上影响红富士苹果果实蔗糖代谢相关酶的活性，从而最终可对果实内糖分积累进行调节。

e. 在红富士苹果果实发育过程中 GA_3 和 IAA 含量总体呈先上升后下降的趋势，并在着色期达到最大值，分别为 2.54 mg/g 和 3.08 mg/g，在成熟期达到最小值，分别为 0.21 mg/g 和 0.004 mg/g；ABA 含量总体呈先下降后上升的趋势，并在着色期达最小值 0.07 mg/g，在成熟期达到最大值 0.29 mg/g。此结果说明在幼果期、膨大期和着色期内源激素以 GA_3 和 IAA 为主，促进红富士苹果果实快速发育生长；而在成熟期以 ABA 为主，促进红富士苹果果实成熟，提高其内在品质。若以 IAA 含量作为目标函数进行方程回归，建立苹果氮、磷、钾施用量与果实总糖含量之间的数学模型，结果表明在试验条件下磷效应呈报酬递增趋势，钾效应呈报酬递减趋势。通过模型分析得出以着色期红富士苹果 IAA 含量为经济目标时各个因素的最佳组合为：IAA 含量为 4.951 08 mg/g，施氮量 1.3090 kg/株，施磷量 0.640 42 kg/株。由数学模型可得出本试验中各因素对 IAA 含量影响的顺序：钾＞磷＞氮。氮与磷、氮与钾、磷与钾均呈负交互作用。由此可知，通过 NPK 配比施肥可以调节红富士苹果的外在品质。

3.4.2 展望

进一步揭示不同 NPK 配比施肥条件下，新疆伊犁红富士苹果糖分积累特性及机制。糖分是果实品质优劣的主导因素，果实中糖的积累除受遗传基因控制外，外界自然环境因子、矿质元素与栽培措施等对果实中糖的积累也起着一定的调控作用，而且遗传基因的表达在很大程度上受到外界因素的调节。新疆伊犁属于温带亚干旱气候，具有特殊的自然环境因子，是新疆苹果生产的传统产区。本研究通过 NPK 配比施肥揭示在新疆伊犁特殊地理条件下矿质元素对红富士苹果果实糖分及果实内相关酶活性和内源激素的影响机制，阐明在新疆伊犁影响糖分积累的 NPK 配比的最佳施肥量。

参 考 文 献

曹建康, 姜微波, 赵玉梅. 2007. 果蔬采后生理生化实验指导. 北京: 中国轻工业出版社.

车玉红. 2005. 钙肥对红富士苹果果实品质及生理生化特性影响的研究. 咸阳: 西北农林科技大学硕

士学位论文.

程建徽. 2005. 杨梅果实糖积累特性与机制的研究. 合肥: 安徽农业大学硕士学位论文.

丁民奎. 1990. 果实成熟过程中的激素调控. 植物生理学通讯, (5): 5-9.

樊红柱, 同延安, 吕世华, 等. 2007. 苹果树体钾含量与钾累积量的年周期变化. 西北农林科技大学学报(自然科学版), (5): 169-17.

高英, 张志宏. 2009. 激素调控果树花芽分化的研究进展. 经济林研究, 27(2): 141-146.

耿增超, 张立新, 张朝阳. 2004. 渭北旱地叶面施钙对红富士苹果产量和品质的影响. 西北林学院学报, 19(2): 35-37.

龚荣高, 张光伦, 吕秀兰, 等. 2004. 脐橙果实糖积累与蔗糖代谢相关酶关系的研究. 四川农业大学学报, 22(1): 34-36.

顾曼如, 束怀瑞, 曲桂敏, 等. 1992. 红星果实的矿质元素含量与品质的关系. 园艺学报, 19(4): 301-306.

郭英, 宋宪亮, 王庆材, 等. 2006. 施钾对棉花苗期叶片内源激素与氧自由基代谢的影响. 华北农学报, 21(1): 59-62.

何萍, 金继运. 1999. 氮钾营养对春玉米叶片衰老过程中激素变化与活性氧代谢的影响. 植物营养与肥料学报, 5(4): 289-296.

黄晓荣, 张平治, 吴新杰, 等. 2009. 植物内源激素测定方法研究进展. 中国农学通报, 25(11): 84-87.

贾天利, 杨师教, 胡果萍. 1992. 钾肥能减轻苹果裂纹病. 山西农业科学, (4): 19-20.

姜远茂, 张宏彦, 张福锁. 2007. 北方落叶果树养分资源综合管理理论与实践. 北京: 中国农业大学出版社.

金方伦, 敖学希, 冯世华. 2004. 疏花疏果对猕猴桃果实大小和产量的影响. 贵州农业科学, (5): 12-13.

李明, 郝建军, 于洋, 等. 2005. 脱落酸(ABA)对苹果果实着色相关物质变化的影响. 沈阳农业大学学报, 36(2): 189-193.

李秀菊, 刘用生, 束怀瑞. 2000. 不同成熟型苹果果实生长发育过程中几种内源植物激素含量变化的比较. 植物生理学通讯, 36(1): 7-10.

李志强, 白文斌, 张亚丽, 等. 2012. 不同叶面肥对晋富 2 号苹果果实品质的影响. 山东农业科学, 40(1): 41-43.

林云第, 李培环, 张东起, 等. 2001. 喷施微肥提高套袋苹果果实质量. 落叶果树, (2): 75-81.

刘国荣, 陈海江, 徐继忠. 2007. 矮化中间砧对红富士苹果果实品质的影响. 河北农业大学学报, 30(4): 24-27.

刘汝亮. 2007. 苹果园养分资源综合管理技术研究. 咸阳: 西北农林科技大学硕士学位论文: 1-57.

陆胜友, 王巍, 闵玉梅. 1996. 苹果梨树氮磷钾配比施用试验. 北方果树, (4): 19.

吕英民, 张大鹏. 2000. 果实发育过程中糖的积累. 植物生理学通讯, 36(3): 258-265.

马有宁, 陈铭学. 2011. 植物内源激素预处理方法与色谱检测技术的研究进展. 中国农学通报, 27(03): 15-19.

孟凡丽, 苏晓田, 杨伟, 等. 2009. 不同叶面肥对新嘎啦苹果果实品质的影响. 北方园艺, (10): 107-109.

秦伟, 陈波浪, 何琼, 等. 2012. 不同NPK配比施肥对新疆红富士苹果内源激素的影响. 新疆农业大学学报, (5): 25-30.

求盈盈, 沈波, 郭秀林, 等. 2009. 叶面营养对杨梅叶片光合作用及果实品质的影响. 果树学报, 26(6): 902-906.

束怀瑞, 顾曼如, 黄化成, 等. 1981. 苹果氮素营养研究-I 施氮效应. 山东农学院学报, (2): 23-31.

孙霞, 柴仲平, 蒋平安. 2011. 氮磷钾配比对南疆红富士苹果产量和品质的影响. 干旱地区农业研究, 29(6): 130-134.

王斌, 马朝阳. 2009. 苹果树应用优达叶面肥肥效实验研究. 现代农业科技, (5): 38-41.

王晨冰, 李宽颖, 牛军强, 等. 2011. 喷施沼液对温室油桃叶片营养元素及果实品质的影响. 甘肃农业大学学报, 2(46): 76-79.

王际轩. 2012. 植物激素及其在提高果品产、质量中的应用. 北方果树, (3): 52-54.

王维孝. 1982. 富士不同疏果时期和留果量对果实品质、花芽分化的影响. 辽宁果树, (1): 70-71.

王晓婷. 2007. 不同梨品种光合特性和糖代谢规律及其酶学调控机制研究. 青岛: 青岛农业大学硕士学位论文.

王永章, 张大鹏. 2001. 红富士苹果果实蔗糖代谢与酸性转化酶和蔗糖合酶关系的研究. 园艺学报, (3): 259-261.

王永章, 张大鹏. 2002a. 果糖和葡萄糖参与诱导苹果果实酸性转化酶翻译后的抑制性调节. 中国科学 C 辑, 32(1): 30-39.

王永章, 张大鹏. 2002b. 发育过程中苹果果实的淀粉酶: 活性、数量变化和亚细胞定位. 中国科学 C 辑, (32): 201-210.

吴万兴, 鲁周民, 李文华, 等. 2004. 疏花疏果与套袋对枇杷果实生长与品质的影响. 西北农林科技大学学报(自然科学版), (11): 76-78.

伍涛, 陶书田, 张虎平, 等. 2011. 疏果对梨果实糖积累及叶片光合特性的影响. 园艺学报, (11): 7-14.

武继含, 姚元强, 刘同斌. 1991. 苹果氮、磷、钾肥用量经济效益研究. 落叶果树, (3): 6-8.

夏国海, 张大鹏, 贾文锁. 2000. IAA, GA 和 ABA 对葡萄果实 C14 蔗糖输入与代谢的调控. 园艺学报, (27): 6-10.

杨玉华, 吴应荣, 陈宇晖. 1996. 施钾对梨叶片含钾量及单果重的影响. 湖北农业科学, (4): 43-45.

张丽丽, 刘威生, 刘有春, 等. 2010. 高效液相色谱法测定 5 个杏品种的糖和酸. 果树学报, 27(1): 119-123.

张绍玲. 1993. 施氮量对不同树势红富士苹果生长和果实品质的影响. 河南农业科学, 8(5): 28-30.

赵越, 魏自民, 马凤鸣. 2003. 铵态氮对甜菜蔗糖合成酶和蔗糖磷酸合成酶的影响. 中国糖料, (3): 1-5.

郑诚乐. 1993. 钾素营养对果树增产增质效应. 福建果树, (1): 27-30.

郑秋玲, 韩真, 王慧, 等. 2009. 不同叶面肥对赤霞珠葡萄果实品质及树体贮藏养分的影响. 中外葡萄与葡萄酒, (7): 13-16.

中国科学院上海植物生理研究所等. 1999. 现代植物生理学实验指南. 北京: 科学出版社.

周长梅, 何保华, 韩永霞. 2008. 叶面喷肥对套袋苹果品质的影响. 山西果树, (3): 12-13.

周桂珍. 2007. 红富士苹果园施用沼液试验. 中国果树, (9): 17-20.

Ap Rees T. 1984. Sucrose metabolism//Lewis D H. Storage carbohydrates in vascular plants. Cambridge: Cambridge University Press: 53-73.

Archbold D D. 1992. Cultivar-specific apple fruit growth rates *in vivo* and sink activities *in vitro*. J Am Soc Hortic Sci, (117): 459-462.

Beruter J, Kalberer P P. 1983. The uptake of sorbitol by apple fruit tissue. Z. Pflanzenphys, (110): 113-125.

Bianco R L, Rieger M. 1999. Activities of sucrose and sorbitol metabolizing enzymes in vegetative sinks of peach and correlation with sink grow rate. J Amer Soc HortSci, (124): 381-388.

Coombe B G. 1976, The development of fleshy fruits. Ann Rev Plant Physiol, (27): 207-228.

Crawford N M. 1995. Nitrate: nutrient and signal for Plant growth. The Plant cell, (7): 859-868.

Curtis D, Righetti T L, Mielker E, et al. 1990. Post harvest mineral analysis of corkspotted and extra fancy 'Anjou' Pears. J Am Soe Hort Sci, (116): 969-974.

Dejong T M, Day K R, Johnson R S. 1989. Partitioning of leaf nitrogen with respect to within canopy light exposure and nitrogen availability in Peach. Trees, (3): 89-95.

Echeverria E, Bums J K. 1989. Vacuolar acid hydrolysis as a physiological mechanism for sucrose breakdown. Plant Physiol, 90(2): 530-533.

Elliot K J, Butler W O, Dickinson C D, et al. 1993. Isolation and characterization of fruit vacuolar invertase genes from two tomato species and temporal differences in mRNA levels during fruit ripening. Plant

Mol Biol, (21): 515-524.

Fahrendorf T, Beck E. 1990. Cytosolic and cell wall-bound acid invertase from leaves of *Urtica dioica* L. : a comparison. Planta, (180): 237-244.

Fieuw S, Willenbrink J. 1987. Sucrose synthase and sucrose phosphate synthase in sugar beet plants(*Beta vulgaris* L. spp. *altissima*). Plant Physiol, (131): 153-162.

Hubbard N L, Pharr M D, Huber S C. 1990. Role of sucrose phosphate synthase in ripening bananas and its relationship tother respiratory climacteric. Plant Physiol, (94): 201-208.

Jang J C, Sheen J. 1994. Sugar sensing in higher plants. Plant Cell, (6): 1665-1679.

Kasai M , Tamamito Y, Maeshima M, et al. 1993. Effect of in vivo treatment with abscisic acid and cytokines on a activities of vacuolar H^+-pumps of tonoplast-enriched membrane vesicle prepared from barley root. Plant Cell Physiol, (34): 1107-1115.

Klann E M, Chetelat R T, Bennett A B. 1993. Expression of acid invertase gene controls sugar composition in tomato(Lycopersicon)fruit. Plant Physiol, (103): 863-870.

Komatsu A, Takanokura Y, Moriguehi T, et al. 1999. Differential expression of three sucrose phosphate synthase isoforms during accumulation in citrus fruit(*Citrus unshiu* Marc). Plant Sci, (140): 169-178.

Kriedmann E. 1969. ^{14}C translocation in orange plants. Aust J Agrie Res, (20): 291-300.

Lenz F, Noga G. 1982. Photosynthese and Atmung bei Apfelfrüchten. Erwerbsobstbau, (24): 198-200.

Lingle S E, Dunlap J R. 1987. Sucrose metabolism in netted muskmelon fruit during development. Plant Physiol, (84): 386-389.

Miller E M, Chourey P S. 1992. The maize invertase-deficient miniature-1 seed mutation is associated with aberrant pedicel and endosperm development. Plant cell, (4): 297-305.

Ohyama A, Ito H, Sato T, et al. 1995. Suppression of acidic invertase activity by antisense RNA modifies the sugar composition of tomato fruit. Plant Cell Physiol, (36): 369-376.

Ricardo C P P, Ap Rees T. 1970. Invertase activity during the development of carrot roots. Phytochemistry, (9): 239-247.

Saenz J L, Dejong T M, Weinbaum S A. 1997. Nitrogen stimulated increases in peach yield are assoeiated with extended fruit development period and increased fruit sink capacity. J Amer Soe Hort Sci, 122(6): 772-777.

Stanzel M, Sjolund R D, Komor E. 1988. Transport of glucose, fructose and sucrose by *Streptanthus tortuosus* suspension cells. II . Uptake at high sugar concentrations. Planta, (174): 210-216.

Stitt M. 1990. Fructose-2, 6-bisphosphate as a regulatory molecule in plants. Annu Rev Plant Mol Biol, (41): 153-185.

Terra N N, Garcia E, Lajoto F M. 1983. Starch-sugar transformation during banana ripening: the behavior of UDP-glucose pyrophosphorylase, sucrose synthase and invertase. Food Sci, (48): 1097-1100.

Tylor B K, van Den Ende B. 1969. The nitrogen nutrition of the Peach trees IV. Storage and mobilizetion of nitrogen in mature trees. Autr J Agric Res, (20): 869-881.

Vizzotto G, Pinton R, Varanini Z, et al. 1996. Sucrose accumulation in developing peach fruit. Physiol Plant, (96): 225-230.

Wendler R, Veith R, Dancer J. 1990. Sucrose storage in cell suspension cultures of saccharum SP (sugarcane)is regulated by a cycle of synthesis and degradation. Planta, (183): 31-39.

Williams R R. 1965. The effect of summer nitrogen applications on the quality of apple blossom. J Hort Sci, (40): 31-41.

第四章 新疆红富士苹果外在品质调控（果形和果色）

随着人们生活水平的不断提高，果品的外观品质愈来愈受到人们的关注。目前阿克苏地区红富士苹果发展过程中出现两大外观质量上的问题，一是果实偏斜、变扁甚至畸形。据调查阿克苏富士苹果仅有10%左右果实的果形偏斜率≤15%（图版 4-1），属于一级果；60%左右的果形偏斜率为 15%～35%（图版 4-2），属于二级、三级果；30%左右的果形表现为大小果面明显、果形指数小，偏斜率＞35%（图版 4-3），属于四级果，即为畸形果。二是果实着色不好，存在不套袋着色过重，套袋以后果实着色过淡问题。外观品质不佳，成了阿克苏富士苹果产业发展的瓶颈。

富士苹果果形偏斜的问题已经引起了广大果树工作者的关注。富士苹果果形偏斜问题在山东（张宗坤，1986）、河北（孙建设等，1999）、陕西（薛志霞，2001）等地均有出现。有研究认为，如果植株本身营养水平低或者外界环境条件不适宜均能导致果实发育成畸形。果形的发育状况对果实的外观质量和内在品质都有影响（刘志等，2003）。赵建锋等（2007）研究称果形偏斜受品种遗传特性和植株本身营养状况及外界胁迫条件三者的影响；有研究表明通过人工授粉可显著降低猕猴桃畸形果的发生率（姚丰平等，2002）。刘志等（2003）研究认为下垂果对提高果形指数作用明显，另外，果形偏斜的另一个原因在于种子在心室的分布不均匀，分布均匀的种子，使果实本身营养分布均衡，果形端正。马宝焜等（1984）试验证明，不同着生方位内源激素的分布不均是导致红富士苹果偏斜的主要原因。孙建设等（1999）研究也称果实内源激素的分布不均是红富士苹果果形偏斜的原因。也有研究者认为，结果枝条的营养状况、枝条类型、授粉受精状况、果实着生位置、使用外源激素状况等方面均有影响（Luckwill，1957；王斐和凌益章，1997；Gao et al.，2010）。

1. 富士苹果生态适应性

红富士苹果从 20 世纪 80 年代初引入新疆 20 多个品系，经试种筛选出目前适合新疆栽培的有长富 2、秋富 1、岩富 10 等品系，表现较为良好（李疆和高疆生，2003）。红富士苹果为大型果，平均单果重 180～300 g，果形指数大约为 0.8，果实可溶性固形物含量为 11%～16%，酸含量为 0.2%～0.4%，果实硬度 8.60～10.89 kg/cm²。耐贮运性能强，一般可贮藏到第二年 4、5 月。气温对红富士苹果分布、生长发育、生理活动的影响较大（王建勋等，2006）。红富士的物候期介于双亲国光和元帅之间。当果园昼夜平均温度达到 3℃以上，树体地上部分就开始活动，当气温在 5℃以上时萌芽，温度在 8℃苹果开始生长，一般温度在 15℃以上处于生长的活跃时期，花期分为 4 个时期，分别为初花期、盛花期、终花期、谢花期（王中英，1994），花粉萌发最好温度为 15.5～21℃（马希满，1989）。在温室和湿度适宜的条件下，红富士苹果树坐果率较高，正常授粉花序坐果率达 70%左右，花朵坐果率可以达到 16.2%～40%（束怀瑞，1993）。适栽土壤为砂壤土，要求土层深厚，一般以 80cm 以上为好，土壤有机质含量在 2%以上。

2. 苹果果实的生长与发育

苹果果实的生长发育大致分为细胞分裂和体积膨大两个阶段，第一阶段为细胞分裂阶段，细胞数量急剧增加，从开花前已经开始，开花期暂停，授粉受精后继续进行，直到盛花后三周左右细胞分裂结束，从外观上看此时期果实以纵向生长为主，果形长圆形，第二阶段为体积膨大阶段，主要特征是细胞容（体）积和细胞间隙的不断扩张，果实横径迅速增长，果实由长圆变为圆形或椭圆形。这两个阶段是决定果实形状和大小的重要阶段（徐践和程玉琴，2008）。Barritt（2003）试验表明，某些基因组调节和控制着果实细胞的分裂和组织分化。果实的大小取决于果肉细胞的数量和其膨大程度，发育前期细胞数目的多少和发育后期细胞体积的大小对果实的大小及形状产生显著影响（李秀菊等，2000）。果实外观品质主要包括大小与形状，从细胞学基础方面来看，果形指数是果实发育前期的细胞分裂导致的后果（Goffinet et al.，1995）。从解剖结构上看，果实生长发育的关键取决于外、中、内三部分果皮细胞的数目与体积（王春飞等，2007）。

种子发育状况对果实生长发育意义重大，苹果经过开花、传粉、受精，结出果实和种子，受精完成后，花瓣、雄蕊及柱头和花柱都完成了"历史使命"，进而凋落，而子房继续发育为果实，其中子房壁发育成果皮，子房里面的胚珠发育成种子，胚珠发育过程中，产生的内源激素向外扩散，从而刺激周围果肉细胞分裂和膨大。其中细胞分裂素（CTK）与细胞分裂的时间和速度呈正相关关系（刘丙花等，2008）。

合适的果实生长动态曲线可以明确地表示果实的生长发育过程，果实的生长发育时期、形态变化及生长动态规律都能在生长曲线中恰当并且正确地反映出来，能够正确地指导生产栽培技术。果实的生长过程因种类、品种不同而有显著差异，开花坐果以后，果实经过连续的细胞分裂和膨大，而表现出一定的生长动态，这一生长动态以果实的横纵径、体积、鲜重、干重为指标反映，与生长时间形成累加生长曲线，通常依此来区分果实的生长型，不同树种果实、品种，甚至栽培措施均有差别。果实生长型可以分为单 S 型、双 S 型和三 S 型这三种类型。单 S 型的果实生长过程包括三个时期：第一次缓慢生长期（细胞分裂为主，果实体积增加不显著）；快速生长期（果实的体积增加迅速，即细胞膨大期）；第二次缓慢生长期（果实体积的增加速度减缓，在成熟时停止增加），在整个生长发育期间苹果只表现一个快速增长期，属于单 S 型果实（Gao et al.，2010）。Schneider 等（1993）根据相对生长速率，将苹果的果实生长划分为三个阶段：第一个阶段为盛花后 30～40 d，这一时期对果实生长最重要，为细胞的分裂旺盛期，纵径生长迅速，该阶段正值树冠及春梢顶芽形成期，因此果实内生长促进类的激素多，有利于幼果的前期生长；第二个阶段为盛花后 50～70 d，为细胞的迅速膨大期，果实横径生长迅速，果形逐渐由长圆形转变为椭圆形或圆形；第三个阶段为花后第 70 天至成熟，此期碳水化合物及水分以稳定比例供应果实，果实体积增加减缓，随着叶绿素消失，苹果外观显出黄色或红色。

3. 果实解剖结构的研究

苹果发育过程中，果实子房壁发育成果皮组织，果实外果皮的表皮细胞比中果皮、内果皮体积小，果实生长首先进行垂周分裂，接着进行平周分裂。垂周分裂指同一层的细胞数量增多，使表面积增大，平周分裂主要使细胞层数加多，组织加厚。从而使果实的亚表皮（下表皮）衍生而出。

幼果期阶段，苹果中果皮通过细胞的平周分裂而增加细胞层数，慢慢形成果肉。一般来说，果实的耐贮藏能力与果皮及果肉的组织结构关系密切。有报道称，有些葡萄品种具有良好的贮藏性能，研究发现其具有表皮组织及角质层较厚、表皮细胞及亚表皮细胞排列紧密整齐、果肉组织紧密排列大小匀称的特点（周会玲和李嘉瑞，2006）。大部分果实内果皮在开花前都是遵守"先垂周分裂，再平周分裂"的发育过程，以满足胚胎和胚珠发育生长的需要，两次分裂之后，内果皮的层数和厚度增加，矮樱桃增加到 23～25 层（王奎先等，2000）。荔枝达 11～13 层（李建国等，2003）。果实的体积大小取决于果实细胞的数量、体积，要增大果实体积，可以采取提高细胞体积膨大度和增大细胞分裂力的手段（Takeo et al.，2005）。果实细胞分裂停止的时间可以通过测定果肉组织中的脱氧核糖核酸的含量来准确判断（Ojeda et al.，1999），一般而言，果实细胞分裂停止的顺序遵循"先内，再中，后外"的原则（Nakagawa and Nanjo，1995）。果实果肉细胞数量的多少取决于果肉干物质的变化程度，果肉细胞的分裂比例依靠"源"和"库"的比例决定，在花后分裂旺盛时果实细胞开始增大直至出现峰（闫树堂和徐继忠，2005）。另外，细胞的延展性和可塑性是决定细胞体积膨大的重要因素（张大鹏和邓文生，1997）。

4. 授粉受精对果实发育的影响

传粉受精是植物有性繁殖过程中最重要的环节，开花以后花药成熟后会自然裂开，其中的花粉借助昆虫或风力落到雌蕊柱头的过程称为传粉或者授粉。花粉通过一定的方式落到雌蕊柱头上以后萌发，花粉管穿过柱头、通过花柱进入子房，直达胚珠，释放出精子，精子与卵细胞融合，形成受精卵，这个过程称为受精（Mayer and Gottsberger，2000；de Graaf et al.，2001；孟金陵等，1997；李光晨和范双喜，2001）。Herrero（1992）研究报道称，授粉后雌蕊被激活，花器官各部位发生变化，主要是协调雄配子发育和协助受精。授粉受精完成的质量受花粉管的数量、花粉的萌发率和生长速度、父本亲和性、授粉时间影响。张雪梅等（2009）研究指出，苹果花粉在授粉后 2 h 左右萌发，金冠×富士授粉 12～48 h 后花粉管穿过柱头 1/2 处并继续向下生长，48～72 h 花粉管穿过花柱基部。而王唯薇和赵德刚（2010）研究称，刺梨在授粉后 8 h 花粉才开始萌发。因此植物的授粉受精的时间因植物的种类、品种和环境条件不同而有差异。

授粉受精之后果树才能正常结实，授粉受精是否良好决定了之后果实发育的状况。授粉受精的影响来自内因和外因，内因主要是雌蕊生长状况、花粉质量的好坏、植株营养状况等自身因素，一般而言授粉受精时间越长花粉寿命也相对长；而授粉受精速度较快的品种花粉寿命短。外部因素主要包括湿度、温度等环境因素（柴梦颖等，2005）。温度是影响植物授粉受精是否完全的重要因素，只有达到适宜的温度才能进行正常的授粉受精，其中花粉管生长和花粉萌发的适宜温度因植物种类和品种不同而异，苹果花期的最适温度为 17～18℃。

直感是杂交当代种子之后，在胚乳中表现出与父本相似的遗传性状现象（夏征农，1999）。不同父本授粉之后，当年内种子或果实性状发生变异，表现出父本的遗传性状的现象称为花粉直感（李保国等，2004）。花粉直感是父本花粉对果实中母体组织的影响（Denny，1992）。不同父本花粉与柱头的亲和性对授粉受精作用、种子发育状况和果实内在品质的形成有影响（徐义流和张绍铃，2003）。花粉直感分为两类，分别是花粉种子直感和花粉果实直感，对果实当年的产量和品质有一定的影响，一般表现在果形指数、果实着色、果实内在品质及采收期等方面（Gupton，1997；Stancevic，1971；Nyeki，1972；Kumark and Das，1996）。祝服奎等（2006）用嘎拉、首红、藤牧一号为红将军苹果授粉，能显著提高红将军的坐果率和品质。将藤牧一号、红星、金冠作为富士苹果的授粉树，花粉直感现象明显，其中藤牧一号效果最好（李保国等，2004）。授粉品种和主栽品种之间的亲和性越高，主栽品种产生的果实直感效应越强（王宁等，2010）。因此，选择合适的授粉品种对改善果实品质作用很大。

近年来，由于果农滥用化学农药，加之在花期遇到天气异常、低温冻害、昆虫活动力降低等影响，导致严重的果树授粉受精不良，从而导致坐果率的降低（李天忠等，2004）。尤其是阿克苏地区，4 月恰逢灾害性沙尘天气，加之昼夜温差较大，已成了影响富士苹果授粉受精的主要因素。富士苹果坐果率乃至经济收益的主要影响因素在于授粉受精是否良好，因此，研究和探讨富士苹果的授粉受精，研究采用人工辅助授粉等措施，已成为当前果树生产环节中重要的工作。

5. 种子发育状况对果实发育的影响

被子植物经过授粉受精后，雌蕊内的胚珠逐渐发育成种子（贺学礼，2004）。果实品质的形成与种子发育状况密切相连，传统理论认为果实内种子数量的多少及其在心室中的分布直接影响果实大小和形状（郗荣庭，1995）。苹果种子由受精胚珠发育而成，种子保藏在果实里，不同品种的果实内种子的数目不同。果实在发育初期，种子的内源激素向外扩散，刺激周围的果肉组织膨大，因此种子数量和发育质量是果实端正的主要因素。一般而言，端正果的种子发育饱满而且分布均匀；偏斜果内种子少且分布不均，在没有种子或种子发育不良的部位，在膨大的过程中细胞发育不良，导致了果形偏斜。如果具有同样的种子数量，那么种子的分布是否均匀对果形有着重要影响。种子的质量和数量，主要取决于授粉受精的好坏。因此，花期授粉对于种子发育好坏与分布均匀非常重要（李楠，1997）。目前，阿克苏地区种植富士苹果造成授粉受精不良的主要原因有三个方面：一是当地果农授粉树选择不合理，有的农户出于经济利益考虑，多种植富士苹果树，配置的授粉树数量少而且配置不规范；二是阿克苏地区在花期时温度快速升高，导致富士苹果花期过短，加之沙尘天气严重影响了授粉受精；三是由于修剪不当，树冠郁闭不能较好地接受异花花粉。

有研究称，苹果梨种子发育良好且分布均匀，果形较端正。偏斜果在凸起的一侧种子与端正果没有区别，但是畸形果的畸形面，大部分种子会发育不良（王邦锡等，1994）。王荣敏（2005）等研究报道，种子数量和在心室中分布状况与黄金梨、鸭梨果实的形状有密切关系。柑橘果实的种子数与坐果、单果重及可溶性固形物含量成多项式曲线相关（叶春海和吕庆芳，1997）。但近几年的研究结果并不完全支持以上观点。李学强和李秀珍（2009）对南果梨研究称当种子数为10粒时的果实单果重最大，但果实外观品质、内含物等与种子数的变化没有规律性。有研究报道苹果梨种子数的多少与单果重、果形指数、内在品质等没有相关性（朴一龙等，1997）。而孙建设等（1999）认为果实发育成畸形果的原因与种子发育不良密切相关，但果形偏斜并非完全由种子发育不良引起。种子在果实的组成中占主要位置，种子的发育状况对果实生长和品质的形成意义重大。因此，深入研究种子发育状况对果实品质的影响，对制定栽培措施有指导意义。

6. 内源激素对果实发育的影响

（1）内源激素的生理生化作用

植物激素（plant hormone or phytohormone）是指在植物体内合成的、通常从合成部位输往使用部位、对植物生长发育能产生显著调节作用的微量的生理活性物质，因其是植物代谢产物，故又称为内源激素（endogenous hormones）（王忠，2000）。内源激素对细胞的分裂和伸长、组织及器官的分化、成熟及衰老等方面都起作用，内源激素单独或者相互协调作用，从而对植物生长、发育及分化进行调控，内源激素不是营养物质，产生在植物体内的特定部位，均能以很低的浓度对植物的生长发育产生特定的调控作用（余叔文等，1998）。20 世纪 30 年代科学家展开了对内源激素的研究，主要是对 IAA 的研究，50 年代开始，又确定了 GA 和CTK 的研究，60 年代之后，ABA 和 ETH 又被列入研究的内源激素之列（潘瑞炽，2001）。目前农林方面，公认的五大类植物激素是生长素类（IAA）、赤霉素类（GA）、细胞分裂素类（CTK）、乙烯（ETH）和脱落酸（ABA）。现代分子生物学的研究认为，植物激素是一种微量的活性物质，广泛存在于植物体内，可调控植物整体或者某一器官的生长发育过程，具有非常重要的生理功能。目前已经证实，传统的五大类内源激素中，ETH 与果实成熟直接相关，而 GA、CTK、ABA 对果实发育的所有时期有影响（刘利德和姚敦义，2002）。

　　IAA 可增强细胞壁的可塑能力，通过促进细胞长度增加来促进生长，但是，如果 IAA 浓度过高，则会抑制植物生长。IAA 还有促进生根、保持顶端优势，以及阻止器官脱落和影响花芽分化的作用。赤霉素类内源激素一般在苹果植物体内的枝条顶部和根系中合成，通常根系中合成的 GA 沿木质部向上运输；枝条顶部合成的 GA 则通过韧皮部往下移动，对于苹果种子来说，GA 主要在液体胚乳和幼嫩的叶片中合成。GA 主要的生理作用是促进细胞伸长同时诱导淀粉酶的形成；在生长逆境时，GA 往往表现出更好的效果；对于生长作用和呼吸作用通常表现出"前期促进后期抑制"的现象。细胞分裂素类内源激素主要产生在苹果植物体内正在进行分裂的器官内，如根尖、未成熟的种子或者幼果中其他部位。CTK 的运输通过木质部，与蒸腾液流中的水分一样移动速度很快，几乎是 IAA 的十倍到几百倍。在苹果中目前已分离出至少 4 种 CTK，分别为玉米素、双氢玉米素、玉米素核苷和玉米素核苷酸。CTK 主要的生理作用包括促进细胞分裂和扩大，诱导芽的分化和延缓衰老等。ABA 主要产生在苹果的根尖及成熟叶片，另外苹果的花、果实和种子等器官中也能合成少量的 ABA。ABA 的主要生理作用包括引导休眠、促进果实的成熟和脱落、后期抑制生长等，当遭遇干旱气候威胁时，促进气孔关闭等。果树内的各种激素间存在相关作用，主要包括 4 方面作用：第一是相互影响，外源 GA$_3$ 能够增进植物内源 IAA 的合成，因为外源的 GA$_3$ 对果实内 IAA 氧化酶、过氧化酶的活性有抑制作用，从而延缓 IAA 的分解，高浓度的 IAA 能够促进 ETH 的迅速生成；第二是共同增效，如 GA$_3$ 与 IAA 一起使用可促进果实形成层细胞分裂，对某些苹果品种，可以同时施用两种激素来诱导无籽果的形成；第三是互相配合，如 CTK 对诱导芽的产生作用大，而 IAA 能促进根原基形成，对植物细胞和组织进行培养的试验中，培养基中必须含有一定浓度的 IAA 和 CTK 时，细胞的全能性才可以表现出来，芽和根同时生长，生长为完整无缺的植株；第四是拮抗作用，植物顶端部位产生的 IAA 向下运输时，控制侧芽生长，表现出顶端优势，将 CTK 外施到侧芽上面，可以抑制生长素增加，促进侧芽的生长。

果实内 IAA 与果实发育密切相关，其对于促进细胞分裂、胚与胚乳的发育、促进维管束发育及同化物的调运和分配具有重要的调控作用（吕忠恕，1982）。Miller 等（1987）研究报道称桃幼果果实内高含量的 IAA 促进了早期的细胞快速分裂，果实发育后期，IAA 的主要作用是促进果实的迅速膨大，该结论在大樱桃上也得到了证实（刘丙花等，2008）。研究认为，GA 能诱导细胞分裂、促进细胞伸长，以及促进营养物质向果实转移、促进 IAA 的合成（曾骧，1992；Ulger et al.，2004；Gaspar et al.，1996）。刘丙花等（2008）在研究大樱桃的内源激素时发现，种子内 IAA 含量随 GA 含量的增大而增大，相同的研究结果在刺梨上也得到证实（王唯薇和赵德刚，2010）。有研究认为果实发育过程中，种子对 GA 的含量水平有强依赖性，如果种子存在发育障碍或败育，花托中的 GA 含量就会下降（余叔文和汤章城，1998）。有研究称，植物生长过程中种子和果肉中 IAA 与 GA 互为依存，如果种子或者果实中 GA+IAA 含量总体维持较高水平，种子或者果实就能得到良好的发育（樊卫国等，2004）。研究发现，在幼果期果肉中 CTK 含量最高，能够促进果肉细胞迅速得到分裂，外在表现为果实的纵轴伸长速度加快（束怀瑞，1993）。此外，CTK 与 GA 共同协调调运同化物质至果实起到调控果形外观的作用（方金豹等，2002；关军锋等，2000）。ABA 可调控果实体内碳水化合物的分配和运输（吕英民等，1999），Beruter（1983）通过持续研究金冠苹果，得出 ABA 的含量变化和山梨醇的吸收呈正相关。ABA 的另一重要作用就是在果实生长发育中影响果实成熟，这一结论在荔枝、猕猴桃及其他品种的苹果上得到了证实（陶汉之等，1994），在成熟前及生理落果前，糯米糍荔枝果实内的 ABA 含量很高（向旭等，1994）。此外，ABA 还可促进果实内离层的形成（Luckwill，1973），促进器官脱落，这也体现了其促进果实成熟的作用（黄卫东等，1994）。苹果果实从开花到果实衰老的全过程均为生长发育过程，全过程中一直受到内源激素的调控（邹养军和王永熙，2002）。

（2）内源激素对苹果开花坐果的作用

内源激素对苹果的开花坐果调控主要是控制花的萌发、花芽分化及脱落完成。影响开花坐果的内源激素主要包括 IAA、GA、ETH、CTK（刘涛等，2010）。内源激素对苹果开花坐果的调控，主要体现在控制花粉管的生长与花粉萌发的速度。Smulders 等（1988）研究称，IAA 是离体烟草成花和花芽分化所必需的激素。ETH 具有促进开花的作用，其效果与植物体的体积大小有关，处理时植物体体积大小和产生花数成正比（李凤玉和梁海曼，1999）。GA 能够使新川中岛桃提前结束休眠状态，早早进入萌芽、开花，并且明显提高桃树开花质量（范伟国等，2009）。CTK 影响植物的生殖生长，普遍体现在花的败育和落花落果的过程。花的发育程度受到许多环境因子的影响，而落花落果则导致作物产量下降，造成较大的经济损失，引起了广泛的重视（周蕾等，2006）。大量科研人员的研究结果显示，植物的成花调控也受到了 ABA 的影响，同时对维持贮藏蛋白质基因表达的能力也有影响（Bewley，1999）。

（3）内源激素对苹果生长发育的影响

从细胞学角度来看，细胞分裂及细胞膨大是苹果果实生长发育的基础，因而果肉细胞的数量、体积及细胞间隙对果实体积大小具有重大的影响。苹果幼果生长前期以细胞的快速分裂为主，后期则以细胞体积的迅速膨大为主。苹果幼果前期开展人为调控，以便影响果个大小形状（Ulger et al.，2004）。在苹果幼果的发育时期，果实中的种子是产生内源激素的主要场所，在发育初期 CTK、GA 和 IAA 的含量明显高于 ABA，这与幼果期时细胞分裂生长旺盛是一致的。幼果前期时，CTK 调控下果肉细胞分裂速度快，数目迅速增加；幼果发育后期 GA 则起主要调控作用，果肉细胞体积迅速膨大。因此近年来在幼果期使用外源激素促进苹果的萼端发育、提高苹果果形指数、增大果个、改善果实外观品质的研究较多，且研究结果较为一致。

（4）内源激素对苹果成熟的影响

苹果果实成熟过程是一个复杂的发育调控过程，基因有序表达并与环境互相作用促使果实的果质、风味、果色、香味等都变化。果实发育后期种子慢慢成熟，果实中的促进类激素水平下降，控制细胞分裂和膨大及竞争养分的能力降低，果实的体积大小基本不变，此时果实中抑制生长类激素 A 含量逐步提高，从而促进果实向成熟方向发展。在外源施用 IAA 后，猕猴桃果实中内源 IAA 能够提高，并且使内源 ABA 的含量下降，同时推迟了内源 ABA 峰值出现的时间，果实的成熟延迟（陈昆松和张上隆，1997）。火柿成熟期时 CTK、GA、IAA 含量都呈缓慢降低的趋势，其中 GA 的变化趋势最明显（郑国华和杉浦明，1991），说明内源激素对柿果的成熟具有显著影响。香梨生长发育期间，GA_3 含量一直在较高水平，采摘之后迅速减至较低水平，从而促进果实成熟（阮晓和王强，2000）。施用外源乙烯催熟果蔬已在农林业生产上得到了广泛应用，如柑橘、番茄、柿子、香蕉、草莓等果实的催熟（Alexander and Grierson，2002）。CTK 是以促进细胞分裂为主的一类植物激素，另有研究表明细胞分裂素同赤霉素等一样具有延迟果实成熟的作用。在发育后期与成熟期，苹果果实具有非常活跃的 ABA 代谢作用，可以自我调节以维持激素平衡（陈尚武和张大鹏，1998）。

7. 外源激素的研究与应用

当前，对于外源激素的研究及其在农林业生产上的应用已成为近代植物生理学和农业科学的重大进展之一（Zeffari et al., 1998）。研究发现外源激素有利于保花保果、显著提高作物的产量（陆欣媛等，2010）及其花期调控（Locoya，1994）能力，特别是在开花、结实和营养生长等方面的报道早在 20 世纪 50 年代就出现过，1950 年 Laibach 和 Kribben 用生长素处理黄瓜时发现，雌花的比例提高了，在诱导花芽的分化过程中发现 IAA、NAA、GA$_3$、CTK、ETH、ABA 等多种延缓剂等都起到了明显作用（程铭等，2010），均会影响到雌雄异花作物的性别表现（徐宁生等，2000），而雌雄异花植物性别分化过程会受到外源激素的影响（王俊香和冶晓瑞，2008）。Paroussi 等（2002）研究报道称 GA$_3$ 在增加草莓叶柄长度与叶面积方面有积极的作用，它能增加花蕾的数量，加速开花。Christodiulon 等（1966）用 20 ppm（1 ppm=1 mg/L）的 GA$_3$ 在盛花期时处理汤普森无籽葡萄，葡萄果实变长了，而在发育的后期进行同样的处理，只能使得浆果增大。在金冠苹果上的研究认为，在花期后 4 d 用一定浓度的 PBA、BA、Zt 处理果实，能够促进果实的伸长（Williams et al., 1969）。陆秋农等（1983）在落花后将 100～200 ppm 的 BA 喷在红星苹果上，果顶五棱突起表现非常明显。有研究报道在枇杷开花后，对其用 6-BA+GA$_3$+IAA 混合喷施，可以增加果形指数（丁长奎和章恢志，1988）。Letham（1968）将 400 ppm 的 ZT 喷在苹果上抑制了果实的伸长，因此他认为苹果幼果中 CTK 和 GA 之间的平衡关系与成熟时形状有一定关系。吴少华等（1986）指出，新世纪梨在受精后，随着果实的发育（授粉后 70 d 左右），在果实迅速膨大时 GA 含量达到峰值，表明 GA 物质对果实的生长有刺激作用。另外，陆秋农等（1983）用普洛马林处理苹果幼果期的果实，解剖观察其纵切面时发现细胞数量比没有处理过的果实增多了，他由此认为是 BA 起了主要作用。影响外源激素与果形发育关系的主要因素有如下几种：第一是不同种类的生长调节剂对同一种果树的果形和大小的作用不一致；第二是同类外源激素在相同果树的不同发育时期施用效果不一致，如喷赤霉素，在葡萄花期时能使浆果变长，在幼果期时处理只能增大果形（Costa and Bagni，1983）；第三是属于同一大类外源激素的不同品种，在相同果树上施用后的效果也不一致；第四是同一品种外源激素的浓度不同效果不一致。因此，针对不同果树适用的外源激素的种类、最适宜浓度、最佳的施用时间及混合剂等的研究，使其达到既能增加果树的坐果，又能改善果实的形状，对生产栽培过程具有重要的作用。

8. 负载量与果形的关系

果实的品质、产量和负载量有一定的相关关系。如果留果数量少，果树没有完全发挥出生产潜力，会给果农造成经济损失；反之，留果数量多，消耗了树体的大量营养，造成果实普遍偏小，着色不均匀，糖含量偏低，酸涩而风味变淡，严重影响了果实的商品性，而且容易引起树体衰弱，而导致结果大小年，从而进一步加剧风害和病虫害的发生。有研究表明为保证果树的优质高产，必须确定合适的单株负载量（李振刚，2000）。李平等（2002）研究称，留果量合适时果实的商品性最好，不过树体负载量对果实固形物和果形指数的影响不明显。张宗坤（1986）认为，长富2果实偏斜率与花序留果量存在正相关关系，花序留单果，不仅可以显著提高果形端正度，也有利于克服产量大小年。

9. 树体营养与果形偏斜关系的研究

树体贮藏养分的多少，尤其是在上一年树体内营养物质的积累，直接会影响到花芽的质量。强壮的花芽营养充足萌发早，其结实能力强，幼果内因有丰富的养分，生长速度快，果实发育中果个大而且果形端正高桩（郜荣庭，1995）。果实细胞分裂过程中原生质的增长，需要大量的氮、磷和碳水化合物来支撑。果实中的氮、磷，可以通过树体的根系从土壤中吸收，用于蛋白质合成所需要的碳水化合物，因此树体中贮藏的营养非常重要。树体贮藏碳水化合物是否充足及其早春时期的分配情况，成为果实细胞分裂期时主要的限制因子。如果果树早期缺磷，则会导致果肉细胞数目减少，但钾的含量有利于促进细胞的增大，提高原生质的活性和糖的运转，促进干物质的增加。在果实膨大期，合理喷施叶面磷、钾肥，不仅有利于果肉细胞增大，而且对果实均衡膨大有促进作用（张力栓，2002）。因此，在果树初果期时，8月以后和次年的春季开花之前，应少施氮肥，秋季或者春季应该施用有机肥料，在6月上旬后进行疏果能减少畸形果的发生。通常情况下，在树体营养状况良好时，通过合理的修剪，使得树势较中庸，枝条透光良好、留果合理，且果个大，形成的果实形状就好（庞中存，1998）。

10. 套袋对果形的影响

20世纪80年代末到90年代初，由于苹果市场的激烈竞争，消费者对果品质量的要求较高，生产外观品质好、可供出口的红富士和红星苹果变成生产上的一大需要（杨尚武，2004；刘志坚，2001）。因此，我国从韩国和日本引进苹果套袋技术和纸袋，尤其是近十年来，苹果套袋技术在我国得到了普遍的推广和应用。目前我国河北、山东、辽宁、陕西等地均使用苹果套袋栽培技术（黄春辉等，2007）。苹果套袋最初是用报纸粘成的，后来为了降低套袋苹果的成本，众多国内科研及教学单位开展了许多国产纸袋的研发工作，从20世纪90年代末，为了降低纸袋成本，我国许多苹果产地的果农采用塑膜袋来代替纸袋，在保持果面光洁和防治病虫害方面效果良好，而且价格便宜。之后套塑膜袋开始大量推广普及。苹果全套袋技术的推广也开始于塑膜袋。2000年之后，果农充分利用了纸袋和膜袋优点，首次在红富士苹果上采用套塑膜袋和纸袋相结合的方式，生产无公害优质苹果（王少敏等，2001）此技术既利用了膜袋能使果面光洁，无裂果的优点，又发挥了纸袋的遮光褪绿，果实着色鲜艳等特点。崔萧（2000）研究发现，玫瑰红套塑膜袋后果实的单果重显著高于对照的其他单果，此外，研究还发现，新红星苹果在套塑膜袋后，袋内的昼夜温差变大，夜间的保水能力强，可以充分满足果实对水分的要求，促进果实生长；吸热强的黑纸袋，由于白天袋内高温持续的时间过长，超过了果实生长发育的最佳温度，不利于果实的生长（潘增光和辛培刚，1995）。李振刚（2000）研究称，套塑膜袋能增大富士苹果的果形指数，而套双层纸袋既不利于透气，而且成本过高。王少敏等（2002）研究发现，套双层纸袋后富士苹果的果实与套单层纸袋后的果实相比，单果重差异不显著，对果形影响也不显著。

阿克苏地处天山南部、塔里木盆地西北缘，深居欧亚大陆腹地，远离海洋，属典型的大陆型北温带干旱气候，光照充足，热量丰富，春季升温快，秋季温差大，加之近年来富士苹果花期时大风、沙尘等灾害性天气频发，如何在阿克苏的小气候条件下，克服富士苹果发展中存在的果形偏斜问题，促进其长足发展，对当地苹果产业的发展具有重要意义。为此，本研究在前人研究的基础上，对阿克苏富士苹果果形偏斜的主要原因展开一系列研究，进而制定有效的调控措施减少偏斜果，从而改善富士苹果的外观品质，为今后的科研、生产与市场的发展提供理论依据，使果农生产出优质苹果，进一步带动全区苹果产业的发展。

4.1 研究材料、关键技术和方法

4.1.1 试验概况

4.1.1.1 试验区地理位置

试验于 2012 年在新疆维吾尔自治区阿克苏地区红旗坡农场进行。阿克苏（维吾尔语 Aqsu，意为"白水"）地区位于新疆中部，地处天山山脉中段北麓、塔里木盆地北缘，西接中吉（吉尔吉斯斯坦）边境天山山地，南邻塔里木盆地。属阿克苏河的冲积平原带，地理坐标为北纬 39°30′～41°27′，东经 79°39′～82°01′。市内海拔 1114.9 m。阿克苏河主流从市区南部流过。

红旗坡农场始建于 1958 年，区域面积 2.07 万 hm^2，南临阿克苏市，西毗温宿县，北纬 41°17′，东经 80°18′，海拔为 1104 m。314 国道贯穿农场南北，省道 S2949 线横穿农场东西，农场主要经营农作物、林木种植与繁育等，现种植有红富士苹果、香梨、葡萄、核桃、红枣，各种水果每年总产量 20 余万 t。

4.1.1.2 试验区气候状况

试验区昼夜温差大，有效积温高，日照充足，属暖温带干旱气候区，降水稀少，蒸发量大，气候干燥。无霜期 205～219 d，年平均太阳总辐射量为 130～141 kcal/cm²，年日照 2855～2967 h，年均气温 9.9～11.50℃，平均降雨量 44.6～60.8 mm，年蒸发量 1980～2602 mm，年均风速 1.7～2.4 m/s。

4.1.1.3　试验区水资源及土壤理化性质

阿克苏地区水资源丰富，辖区内有冰川 1293 条，面积 4098 km²，储水量约 2154 亿 m³，有大小河流 16 条，地表水年径流量 129.4 亿 m³，地下水动储量 106.2 亿 m³，保证了林果业灌溉。红旗坡土壤理化性质见表 4-1。

表 4-1　红旗坡土壤理化性质
Table 4-1　Physicochemical properties of Hongqipo soil

深度/cm	有机质/（g/kg）	有效氮/（mg/kg）	速效磷/（mg/kg）	速效钾/（mg/kg）
0～30	8.88	40.25	33.69	110.49

4.1.1.4　试验材料

试验选择在红旗坡农场三分场进行。主要试验地于 2003 年建园，以长富 2 号富士苹果为主栽品种，并以嘎啦作为授粉品种。试验材料为 9 年生乔化栽培的富士苹果，主要树形为纺锤形，株行距为 4 m×5 m。树势较为均一，灌溉条件较好，管理水平较高。

4.1.2　研究方法

4.1.2.1　富士苹果果形发育动态研究

（1）富士苹果果实生长发育的动态观测

从 5 月 10 日开始，在试验区随机选取 200 个果挂上标签，每月测定一次纵径、横径、果实大果面高 H、大果面至果心距离 R、小果面高 h、小果面至果心的距离 r、单果重，计算果形指数、果形偏斜率。

（2）富士苹果不同生长方位与部位的果形调查

10 月 10～13 日在阿克苏红旗坡三分场选择 3 个果园，每个果园选择大小均一的 5 株树，调查树体东、南、西、北 4 个方位，以及树冠上部、内膛中部、内膛下部 3 个部位果实的纵径、横径、H、R、h、r、单果重，计算果形指数、果形偏斜率。

4.1.2.2　富士苹果果皮解剖结构的特征与差异

果实生长是果实细胞分裂、增大和同化产物积累转化的过程。本试验采取石蜡切片法制片后显微照相，对富士苹果端正果与偏斜果的果皮结构之间的差异进行比较。试验方法如下。

A. 采样与保存

采样：10月15日采用典型取样的方法，在试验区内取端正果（偏斜率＜7.5%）、畸形果（偏斜率＞45%）各1枚以冰壶带回试验室。

保存：将果实用自来水冲洗干净、擦干，将端正果各面切成0.5 cm×0.5 cm×0.5 cm的小块若干固定在FAA固定液中；肉眼观察畸形果的大果面与小果面，然后纵切。分别将大果面和小果面切成0.5 cm×0.5 cm×0.5 cm的小块若干，分别固定在FAA固定液中。放入4℃冰箱保存。

B. 石蜡切片的制作方法

试剂：FAA固定液乙醇溶液：甲醛：冰醋酸=18：1：1。

器材：DHP-500电热恒温培养箱；YD-2508轮转式切片机；BK5000生物显微镜；EOS50OD照相机。

切片方法如下。

修整。根据切片需要和材料特点用单面刀片从FAA固定液中取固定好的材料进行修整。

冲洗和脱水。用70%的乙醇冲洗材料大约10 min，之后将材料进行不同梯度的乙醇脱水。

浸蜡。脱水后的材料转入1/3二甲苯溶液2 h、1/2二甲苯溶液2 h、纯二甲苯Ⅰ1.5 h、纯二甲苯Ⅱ1.5 h，之后转入1/2二甲苯+1/2石蜡、纯石蜡Ⅰ各2 h，最后转入纯石蜡过夜。

包埋。将溶解的石蜡倒入准备好的纸盒中，在纸盒内底部约有1/3蜡凝固时，将材料依次按照要测定材料的部位摆在蜡液中，待上部蜡液开始凝固时，放入冷水中自然凝固。

修块。将包埋好的材料进行分割，然后对包被材料的蜡块进行修整，材料的边缘留2 nm左右的空白蜡，将修好的小蜡块在小木头上固定好。

切片、展片和粘片。将小木头固定在切片机上，慢慢调整好切片机与蜡块的距离，启动切片机切成连续的蜡带；选取合适的蜡带用蛋清和蒸馏水将其固定在载玻片上，于25℃恒温工作台上烘干。

脱蜡、染色、脱水和透明。将固定好材料的载玻片浸入染色缸内，按照步骤完成脱蜡阶段、染色（番红固绿染色）、脱水和透明。

封片。取出处理好的载玻片，轻轻的滴上中性树胶，缓慢盖上盖玻片并按顺序放于晾片板上，晾干以后即成为永久性的玻片。

观察和照相。进行显微照相，建立文件夹保存照片。

测微尺分别测量果皮各部分结构。

4.1.2.3 人工授粉与自然授粉对富士苹果果形的影响

试验方法：4 月 19 日选择大小一致的 100 个花序，去掉边花，只留中心的 3 朵花进行套袋，并挂牌标记。另外选择大小一致的 100 个花序，直接挂牌标记作为对照自然授粉。4 月 20 日（花后第 3 天）人工采集混合花粉（花粉来自青香蕉、嘎啦、黄元帅、红元帅），在 28℃ 左右烘干，碾碎待授。4 月 21 日清晨进行人工授粉。

结果调查：5 月 5 日分别调查自然授粉和人工授粉处理的花朵坐果率。成熟期时测定所有人工授粉处理和自然授粉标记中留存果实的纵径、横径、H、R、h、r、单果重，计算果形指数、果形偏斜率。

4.1.2.4 种子数与心室数对富士苹果果形的影响

采样方法：采用典型采果的方式，在果实成熟期时在试验区大量采果，测定纵径、横径、H、R、h、r，计算果形偏斜率。根据偏斜率从中随机选择端正果（偏斜率≤15%）30 个，畸形果（偏斜率＞35%）30 个，偏斜果（偏斜率为 15%～35%）50 个带回试验室进行解剖，计算每个果实的种子数和心室数及种子在心室中的分布情况。

4.1.2.5 柱头处理对比试验

试验设置 6 个处理，分别为：①保留 0 个柱头；②保留 1 个柱头；③保留 2 个柱头；④保留 3 个柱头；⑤保留 4 个柱头；⑥保留 5 个柱头。选择长势均一的 3 株树，在每株树中部位置选择大小一致的大蕾花序 60 个，每 10 个花序为 1 个处理，去掉边花只留中心 3 朵花，套袋后挂牌标记。次日清晨进行缺柱头试验，分别去掉 1 个、2 个、3 个、4 个、5 个柱头，之后用混合花粉进行人工授粉，再套袋。

结果调查：在授粉完成后的 10 d 进行花朵坐果率调查，每个处理将 3 株树的均值作为本处理的花朵数和坐果率。成熟期测定所有处理中留存果的纵径、横径、H、R、h、r，计算果形指数、果形偏斜率。

4.1.2.6 人工授粉对富士苹果果肉中内源激素含量的影响

（1）采样与保存

采样时间：选择在果实发育的 6 个关键时期进行，分别为花期结束后的 20 d（5 月 20 日～幼果前期）、花后 35 d（6 月 5 日～幼果后期）、花后 75 d（7 月 15 日～膨大前期）、花后 110 d（8 月 20 日～膨大后期）、花后 140 d（9 月 20 日～缓慢生长期）、花后 165 d（10 月 15 日成熟期）。

采样方法：在人工授粉与自然授粉的试验处理中随机采取各 5 个果，重复 3 次，用冰壶带回试验室。

保存方法：将苹果果实去皮，取不靠近果皮也不靠近种子的中间层果肉，每一个面都取到，将选取好的果肉切成 0.1cm 左右的薄皮的片 1 g，贴上标签，固定在甲醇：水：甲酸（体积比）=80：15：5 的固定液中，重复三次，保存在-20℃的冰箱里，待测。

（2）试验方法

采用高效液相色谱法测定果肉中 IAA、GA$_3$、玉米素（ZT）、ABA 含量。具体方法如下。

1）前处理方法

a. 提取。取保存于冰箱中的样品，研磨后转移到大试管中，放入 4℃冰箱浸提 16～18 h，再将残渣反复浸提 3 次，每次加 80%甲醇 30 mL 浸提 3～5 h，合并液样，低温离心 12 000 r/min 30min，取上清液。

b. 蒸发甲醇。氮气流蒸发甲醇相，收集水相。

c. 石油醚脱色。加入等体积的石油醚脱色，脱色至醚相为无色。

d. 萃取。用等体积的乙酸乙酯萃取 2 次，分为乙酸乙酯相（上层）和水相（下层），将乙酸乙酯相合并，于 40℃水溶条件下用氮气吹干，流动相定容至 1 mL，用于测定 GA$_3$、IAA、ABA。

e. ZT 萃取。将水相用氮气吹干，加入 1mL pH=7～8 的磷酸盐缓冲液溶解，再用饱和正丁醇（85%）萃取 2 次，取上层丁醇相，弃去水相，合并丁醇相，在 70℃水溶条件下用氮气吹干，流动相定容至 1 mL，用于测定 ZT。

f. 截流过滤。在进行 HPLC 分析前样品过 0.22 pm 的微孔滤膜，作为供试液。

2）色谱条件

a. 仪器。高效液相色谱仪为美国默赛飞公司 U3000，检测器为 VWD-3100，泵是 ISO-3100SD。

b. 试剂。激素标样：IAA（C$_{10}$H$_9$NO$_2$）日本进口，纯度＞98%，氯化物（cloride）＜0.01%；GA$_3$（C$_{19}$H$_{22}$O$_3$）美国 Sanland chemical 公司进口，纯度＞96%；ZT（C$_{10}$H$_{13}$N$_5$O）美国 Sanland chemical 公司进口，纯度＞99%；ABA（C$_{15}$H$_{20}$O$_4$）韩国 BIOSHARP 公司进口，纯度＞99%。

其他试剂：甲醇和乙酸为 Fisher 公司生产的色谱纯，其他所用试剂均购买于天津福晨化学试剂厂。

c. 色谱条件。色谱柱是 Phenomenex/LunaC18（5 μm，10 mm×4.6 mm），流动相为甲醇：1%乙酸=45：55（V/V）的混合液，流速为 1.0 mL/min，系统压力 17.24 Pa。进样量为 20 μL；检测波长为 254 nm。

d. 以标样出峰时间和峰高叠加定性，外标法峰面积定量。在相同色谱条件下，采用样品添加标样法回收法测定回收率，通过建立回归方程计算内源激素含量，每个样品重复三次出峰时间。各激素保留时间、回收率为：GA_3 保留时间 3.5 min，回收率 95%；IAA 保留时间 5.6 min，回收率 86.8%；ABA 保留时间 12.7 min，回收率 84.1%；ZT 保留时间 2.4 min，回收率 89.4%。

4.1.2.7　内源激素对富士苹果果形的影响

采样时间：在富士苹果幼果期就开始取样，具体为花期结束后的 20 d（5 月 20 日～幼果前期）、花后 35 d（6 月 5 日～幼果后期）、花后 75 d（7 月 15 日～膨大前期）、花后 110 d（8 月 20 日～膨大后期）、花后 140 d（9 月 20 日～缓慢生长期）、花后 165 d（10 月 15 日～成熟期）。

采样方法：采用典型样本取样的方法。采样时选择端正果（偏斜率＜7.5%）、畸形果（偏斜率＞45%）各 5 枚，重复 3 次，采用高效液相色谱法分别测定端正果、畸形果的种子和果实内源激素 IAA、GA_3、ZT、ABA 的含量。

测定方法：采用高效液相色谱法，具体方法同 4.1.2.6。

4.1.2.8　外源激素对富士苹果果形的影响

（1）试验方案

1）激素的生产商与纯度

生长素选择日本进口的 IAA，纯度＞98%，氯化物（cloride）＜0.01%；分裂素选择日本进口的 6-BA，纯度＞98%；赤霉素选择美国 Sanland chemical 公司进口的 GA_3，纯度＞96%。

2）配药方法

IAA：用称量瓶称取 0.5000 g 药粉，加 5 mL 蒸馏水，滴入 0.1 mol/L NaOH 反复摇晃，再滴入 NaOH，一直到药物全部溶解，然后用 1 L 容量瓶加水定容，盖塞后摇匀，即配成 500 ppm 的药剂。用同样的方法取 0.2500 g 药粉，配制 250 ppm 的药剂。

6-BA：用称量瓶称取 0.5000 g 药粉，加 5 mL 蒸馏水，滴入几滴无水乙醇，直至药物全部溶解，然后用 1 L 容量瓶加水定容，盖塞后摇匀。即配成 500 ppm 的药剂。用同样的方法取 0.3000 g 药粉，配制 300 ppm 的药剂。

GA_3：用称量瓶称取 0.1250 g 药粉，加入少量蒸馏水，并加入 5 mL 乙醇，待药液全部溶解后，加水定容到 1 L 容量瓶中，盖塞后摇匀，即配成 125 ppm 的药剂。用同样的方法取 0.2500 g 药粉，配制 250 ppm 的药剂。

混合激素：分别用称量瓶称取 0.1000 g 6-BA、0.3000 g GA_3、0.0200 g IAA，加入 5 mL 蒸馏水，然后分别加入乙醇、NaOH 等各自溶解后，转移到 1 L 容量瓶中定容。即配成：6-BA（100 ppm）+GA_3（300 ppm）+IAA（20 ppm）的药剂。

用同样的方法用称量瓶称取 0.2000 g 6-BA、0.3000 g GA$_3$、0.0800 g IAA，配制 6-BA（200 ppm）+GA$_3$（300 ppm）+IAA（80 ppm）的混合药剂。

　　3）试验设置

　　每个处理选择方位一致、高度一致、花量适中、长短一致的 3 个枝条进行挂牌标记，用手持喷雾器对整个花序充分喷药至滴液为止。成熟期测定纵径、横径、H、h、R、r，计算果形指数、果形偏斜率。

　　（2）外源激素对富士苹果果实品质的影响

　　采样：在果实成熟期，针对表 4-2 各处理采样。每个处理采样 5 个果，重复 3 次，冰壶带回试验室进行品质指标测定。

表 4-2　外源激素对果形影响的试验设计

Table 4-2　Exogenous hormone on experimental design of fruit shape

处理	浓度	喷药时间（月/日）
处理 1：IAA	500 ppm	4/19（花期第 3 天）
处理 2：IAA	第一次 500 ppm+第二次 250 ppm	第一次 4/19（花期第 3 天）第二次 5/19（幼果期）
处理 3：IAA	250 ppm	5/19（幼果期）
处理 4：6-BA	500 ppm	4/19（花期第 3 天）
处理 5：6-BA	第一次 500 ppm+第二次 300 ppm	第一次 4/19（花期第 3 天）第二次 5/19（幼果期）
处理 6：6-BA	300 ppm	5/19（幼果期）
处理 7：GA$_3$	125 ppm	4/19（花期第 3 天）
处理 8：GA$_3$	第一次 125 ppm+第二次 250 ppm	第一次 4/19（花期第 3 天）第二次 5/19（幼果期）
处理 9：GA$_3$	250 ppm	5/19（幼果期）
处理 10：混合	6-BA 100 ppm+GA$_3$ 300 ppm+IAA 20 ppm	第一次 4/19（花期第 3 天）
处理 11：混合	第一次 6-BA 100 ppm+GA$_3$ 300 ppm+IAA 20 ppm 第二次 6-BA 200 ppm+GA$_3$ 300 ppm+ IAA 80 ppm	第一次 4/19（花期第 3 天）第二次 5/19（幼果期）
处理 12：混合	BA 200 ppm+GA$_3$ 300 ppm+IAA 80 ppm	5/19（幼果期）
对照	清水	4/19；5/19

　　方法：果实品质的测定主要选择 5 个指标，分别是可溶性固形物、维生素 C、可溶性糖、可滴定酸和蛋白质。测定方法如下。

　　可溶性固形物：折射仪法。

　　维生素 C：GB/T 5009.86—2003。

　　可溶性糖测定：GB/T 5009.8—2008。

　　可滴定酸测定：SB/T 10203—1994。

　　蛋白质测定：GB/T 5009.5—2003。

　　（3）喷外源激素对富士苹果果实内源激素的影响

　　采样时间：本试验在处理 1、处理 4、处理 7、处理 10、对照的基础上进行。在富士苹果幼果期就开始取样，具体为花期结束后的 20 d（5 月 20 日～幼果前期）、花后 35 d（6 月 5 日～幼果后期）、花后 75 d（7 月 15 日～膨大前期）、花后 110 d（8 月 20 日～膨大后期）、花后 140 d（9 月 20 日～缓慢生长期）、花后 165 d（10 月 15 日～成熟期），每个处理 5 个果，重复 3 次，用冰壶带回试验室。

测定方法：采用高效液相色谱法测定 IAA、GA_3、ZT、ABA。测定方法同 4.1.4.1 和 4.1.4.2。

4.1.2.9　套袋、施肥和花序果量对富士苹果果形的影响

果树栽培主要包括果树育苗、果园建立、果园土肥水管理、果树整形修剪及果园的其他管理。果实管理主要是为提高果实品质而采取的技术措施。长期以来，不同的栽培措施对富士苹果发育的影响较大。本研究根据试验区农民的种植习惯选取花序留果数量、套袋方式、不同肥料三个因素，研究其对富士苹果果形的影响。

（1）试验材料

1）果袋的类型

套袋处理中的果袋均来自当地农民常用的类型，主要的区别为：①单黑袋，普通纸袋内黏附一层黑色的膜；②双层黑袋，单黑袋+黑色膜；③花袋，普通花纸袋（厚度小于普通纸袋，透气性较好）+黑色薄膜。

2）不同种类生物肥

生物肥 1：天物科技公司生物肥。有机质＞45%，（$N+P_2O_5+K_2O$）＞5%，执行标准 NY525—2011。

生物肥 2：惠森公司生物肥。有机质＞25%（以干基计），（$N+P_2O_5+K_2O$）＞8%，CFU＞200 亿/kg。

生物肥 3：天海腾惠公司生物肥。（$N+P_2O_5+K_2O$）＞6%；有机质＞30%，水分＜20%；pH 5.5～8.0。

生物肥 4：福州钧鼎公司生物肥处理。氨基酸＞8%，Cu+Zn+Fe+Mn+B＞2%。

生物肥 5：双龙腐植酸公司腐植酸。水溶性（干基计）≥95.0%；腐植酸（干基计）≥75.0%；钾含量（K_2O 干基计）≥12.0%；粒率（0.2～1 mm）≥95.0%。

（2）试验方法

A. 花序留果数量对富士苹果果形的影响

成熟期 10 月 10 日左右在试验区展开广泛调查，选取单果 110 个、双果 56 对、三果 31 组，测定纵径、横径、H、R、h、r，计算果形指数、果形偏斜率。

B. 不同套袋方式对富士苹果果形的影响

1）不同果袋对果形的影响

设置 3 个处理分别为：①花袋；②单黑袋；③双黑袋。选择树势一致、果量适中的 6 株树，2 株树为 1 个处理，每个处理套袋 60 个果，挂上标签。套袋时间为 6 月 9 日～9 月 25 日。成熟期测定纵径、横径、H、R、h、r，计算果形指数、

果形偏斜率。

2）不同套袋时间对果形的影响

试验设置 3 个处理分别为：①不套袋；②一次套袋（6 月 9 日～9 月 25 日）；③二次套袋（6 月 9 日～8 月 9 日第一次套袋，8 月 20 日～9 月 25 日第二次套袋）。选择树势一致的 6 株树，2 株树为 1 个处理，每个处理共套袋 60 个果，挂上标签。果袋采用当地农民普遍使用的花袋。成熟期测定纵径、横径、H、R、h、r，计算果形指数、偏斜率。

C. 不同施肥方式对果形的影响

试验依生物肥种类分别设计为生物肥 1（处理 1）、生物肥 2（处理 2）、生物肥 3（处理 3）、生物肥 4（处理 4）、生物肥 5（处理 5）、有机肥 6（处理 6）和常规肥（处理 7）。重复 3 次，每个小区为 5 棵果树，共计 21 个小区，105 棵果树，随机区组排列。具体田间布局见图 4-1。

隔离行	隔离行							隔离行
	1	2	3	4	5	6	7	
	2	4	5	6	7	1	3	
	4	3	1	2	6	7	5	
	隔离行							

图 4-1　不同施肥方式的田间布局示意图
Fig. 4-1　Field layout of different fertilization modes

每个处理的施肥量如下。

处理 1：天物科技公司生物肥 30 kg/株。

处理 2：惠森公司生物肥 30 kg/株。

处理 3：天海腾惠公司生物肥 8 kg/株。

处理 4：福州钧鼎公司生物肥 0.075 kg/株＋油渣 10 kg/株。

处理 5：双龙腐植酸公司腐植酸 1 kg 腐植酸/次（1 次）＋ 0.03 kg 黄腐植酸叶面肥/次（4 次）＋油渣 10 kg/株。

处理 6：油渣 10 kg/株。

处理 7（对照）：常规化肥：二胺 1.5 kg/株（2 次）＋尿素 0.3 kg/株＋氨基酸铵 2 kg/株（2 次）。

采收期每株树随机选果 10 个，每个处理 150 个果，测定纵径、横径、H、R、h、r，计算果形指数、果形偏斜率。同时测定果实品质，分别为可溶性固形物、维生素 C、可溶性糖、蛋白质。测定方法同 4.1.2.8。

4.1.2.10　富士苹果的偏斜等级划分

富士苹果的分级方法，采用张宗坤（1986）、孙建设等（1999）的分级方式。

$$果形偏斜指数 = \frac{2(HR-hr)}{(HR+hr)}$$

H 表示果实大果面高，R 表示大果面至果心距离，h 表示小果面高，r 表示小果面至果心的距离。

果形偏斜率 DD（%）=偏斜指数×100%

根据果形偏斜率将红富士苹果划分为 4 个等级，其中 DD≤15%为一级；15%<DD≤25%为二级；25%<DD≤35%为三级；DD>35%为四级。

4.1.2.11　测定项目与数据统计分析

果形指数=平均纵径/平均横径

花朵坐果率=调查的坐果数/调查的花朵数

使用 Microsoft Office Excel 2003、SPSS11.5、DPS6.5 软件对试验数据进行分析。

4.2　研究取得的重要进展

4.2.1　富士苹果果形发育动态与果皮解剖结构的研究

4.2.1.1　富士苹果果形发育动态研究

（1）富士苹果果实发育动态观测

阿克苏富士苹果 4 月初腋芽萌动，4 月 17 日进入初花期，4 月 20 日进入盛花期（持续 5 d），4 月 27 日谢花期，4 月 29 日花期结束，花期较短。由图 4-2 和图 4-3 得出，5 月初到 6 月下旬左右是生长的幼果期，5 月 10 日测得平均果形指数为 1.239，纵径略大于横径。6 月下旬开始到 9 月上旬果实快速生长，进入生长膨大期，果实横径生长始终大于纵径生长。9 月中旬之后果实进入缓慢生长期直至成熟。在整个生长季内，纵横径生长动态均表现出 S 型生长曲线。

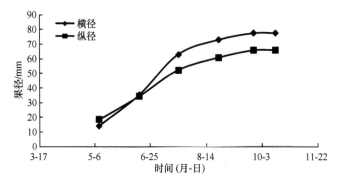

图 4-2　富士苹果果径发育动态

Fig. 4-2　The fruit diameter growth curve of Fuji apple

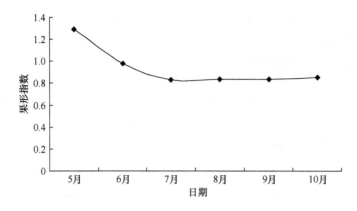

图 4-3　富士苹果果形指数动态曲线
Fig. 4-3　The fruit shape index dynamic of Fuji apple

（2）富士苹果果实偏斜率动态变化

从图 4-4 来看，整个生长周期中阿克苏富士苹果果实偏斜率没有明显的变化，只在膨大期的时候略有升高，在缓慢生长期偏斜率又略降低。在 5 月 10 日第一次测量时，挂牌标记的果实平均偏斜率为 22.4%，由此说明富士苹果果形偏斜是从其幼果期就已经开始了，在之后的生长过程中有一些矫正，但是不明显。

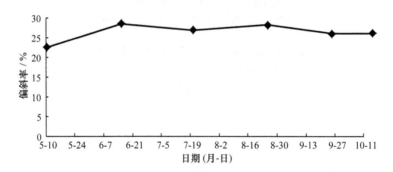

图 4-4　富士苹果偏斜率动态变化
Fig. 4-4　The unsymmetrical rate curve of Fuji apple

（3）富士苹果端正果与畸形果单果重动态变化

由图 4-5 可知，阿克苏富士苹果端正果和畸形果的单果重在整个生长季内动态变化趋势相同，在幼果期、膨大期、缓慢生长期内呈现慢-快-慢的增长趋势。但是，8 月中旬之后，端正果单果重略大于畸形果，采收期时端正果比畸形果平均单果重重约 15 g，大约占平均单果重的 7.5%。

（4）富士苹果不同着生方位与部位对果形的影响

表 4-3 可知，富士苹果树体不同着生方位果形指数和果形偏斜率有一定的差

异。着生在东、南、西、北 4 个方位的果实，果形指数间的差异不显著，而偏斜率东、北两个方位与西、南两个方位间差异达到极显著水平，究其原因可能是西、南方位光照条件好，试验地处于中纬度地区，西、南两个方位日照时间较东、北两个方位长。对着生在树体内膛中、内膛下、上端三个位置的果实进行比较，果形指数树体上端与中、下之间差异显著，而偏斜率之间没有显著性。其原因可能在于当地果农的种植习惯树顶端不套袋，加之树体顶端由于侧枝开张角度小果实多是侧生果，其果形指数较低。

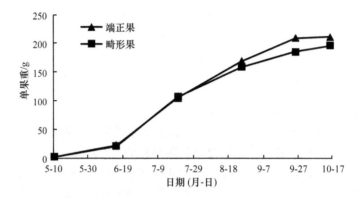

图 4-5　富士苹果单果重动态变化
Fig. 4-5　The fruit weight changes of Fuji apple

表 4-3　不同着生方位果形指数和偏斜率统计结果
Table 4-3　The statistical results of fruit shape index and the Unsymmetrical rate of different position

方位	果形指数			偏斜率/%		
东	0.861	ab	A	31.53	a	A
南	0.844	ab	A	29.89	b	B
西	0.845	ab	A	28.01	c	C
北	0.840	ab	A	32.11	a	A
上	0.805	b	A	27.10	cd	CD
中	0.841	ab	A	26.38	d	D
下	0.872	a	A	26.31	d	D

注：纵向小写字母表示差异达 5%显著性水平（$P<0.05$），大写字母表示差异达 1%显著性水平（$P<0.01$）

4.2.1.2　富士苹果果皮解剖结构的特征与差异

（1）富士苹果端正果与畸形果果实角质层结构

显微观察端正果（图 4-6）、畸形果大果面（图 4-7）、畸形果小果面（图 4-8）

果皮结构显示，端正果与畸形果大果面表皮蜡质均一，没有明显差异，角质层厚度分别为15.08 μm和14.33 μm，畸形果小果面表皮蜡质较厚，角质层厚度为15.58 μm。端正果与畸形果大果面的果皮角质层排列紧密，质地均一，与表皮细胞连接紧密，个别处有较浅的"V"形凹陷；畸形果小果面角质层质地不均一，"V"形凹陷较深。

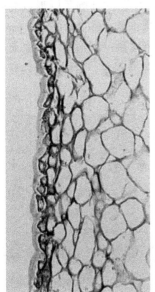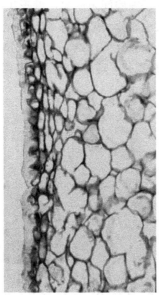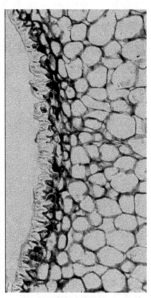

图 4-6　端正果　　　　　图 4-7　畸形果大果面　　　　图 4-8　畸形果小果面
Fig. 4-6　Symmetrical fruit　　Fig. 4-7　Normal surface　　　Fig. 4-8　Abnormal surface
　　　　　　　　　　　　　　　　　deformed fruit　　　　　　　　　　deformed fruit

（2）富士苹果端正果与畸形果果实表皮、亚表皮结构

苹果果实外皮可分为表皮和亚表皮。表皮多数只有一层厚壁细胞，其外表面被覆角质层及蜡质果粉，分布有气孔或皮孔。亚表皮由几层小厚壁细胞组成。端正果、畸形果的果实表皮均为单层细胞结构。从细胞形状来看，端正果（图 4-6）与畸形果大果面（图 4-7）表皮细胞均呈条状排列，形状椭圆形或不规则，大小均一，空隙处被角质层填满；畸形果小果面（图 4-8），表皮细胞呈条状排列，较疏松，形状三角或椭圆或不规则，大小不均一，与端正果相比偏小；从细胞大小来看（表 4-4），端正果表皮细胞为43.078 μm²，畸形果大果面细胞42.114 μm²，畸形果小果面细胞35.132 μm²，端正果表皮细胞的大小和畸形果大果面细胞之间差异不明显，而与畸形果小果面细胞相比差异明显。

对比亚表皮结构，端正果（图 4-6）与畸形果大果面（图 4-7）的细胞均排列紧密，愈接近果皮愈甚。端正果（表 4-4）亚表皮结构为 2 层，面积为65.423 μm²，畸形果大果面亚表皮结构为 2～3 层，面积为 62.172 μm²。畸形果小果面（图 4-8）

有 2～3 层亚表皮细胞，且比端正果明显小，排列非常紧密，面积为 50.324 μm²。

（3）富士苹果端正果与畸形果果肉细胞

比较端正果果肉细胞（图 4-9）、畸形果大果面果肉细胞（图 4-10）与畸形果小果面果肉细胞（图 4-11），从形状上来看，端正果与畸形果大果面的细胞绝大多数呈圆形、近圆形、椭圆形，细胞间隙明显；畸形果小果面的细胞呈圆形或椭圆形，细胞小而排列紧凑。从大小来看（表 4-4），端正果果肉细胞面积为 125.313 μm²，畸形果大果面果肉细胞面积为 125.260 μm²，之间差异不明显；畸形果小果面果肉细胞面积为 78.828 μm²，与端正果、畸形果大果面之间差异明显，面积几乎只有端正果果肉细胞的一半。

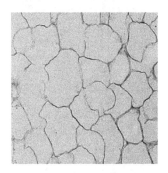  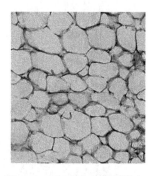

图 4-9　端正果果肉　　　图 4-10　畸形果大果面果肉　　图 4-11　畸形果小果面果肉
Fig. 4-9　Symmetrical fruit　Fig. 4-10　Normal surface fruit　Fig. 4-11　Abnormal surface
　　　　　　　　　　　　　tissue of deformed fruit　　fruit tissue of deformed fruit

表 4-4　端正果、畸形果果皮组织结构观察结果
Table 4-4　Observation of normal fruit、deformed fruit tissue structure

分类	角质层厚度/μm	外皮			果肉细胞大小/μm²
		表皮细胞大小/μm²	亚表皮细胞大小/μm²	亚表皮细胞层数	
端正果	15.08	43.078	65.423	2	125.313
畸形果大果面	14.33	42.114	62.172	2～3	125.260
畸形果小果面	15.58	35.132	50.324	2～3	78.828

4.2.2　授粉受精对富士苹果果形的影响

4.2.2.1　人工授粉和自然授粉对富士苹果果形的影响

两种不同授粉方式对富士苹果果形的影响如表 4-5 所示。试验区在 4 月 18～25 日（花期）出现高温沙尘天气，最高温度达到 28℃，因此严重影响了富士苹果的坐果情况。本试验中人工授粉和自然授粉对富士苹果果形的影响效果明显，其

中人工授粉的坐果率比自然授粉提高了 255.8%，对果形指数、偏斜率进行多重比较，存在差异显著（$P<0.05$）。人工授粉可明显降低果形偏斜率，人工授粉之后偏斜率比自然授粉降低了 35.98%。

表 4-5 不同授粉方式对富士苹果果形的影响
Table 4-5 Effect of different pollination methods on the fruit shape of Fuji apple

指标	自然授粉	人工授粉	增幅
坐果率/%	17.83b	63.44a	+255.8%
果形指数	0.844b	0.899a	+6.52%
偏斜率/%	31.27a	20.02b	−35.98%

注：横向小写字母表示差异达 5%显著性水平（$P<0.05$）

4.2.2.2 种子发育对阿克苏富士苹果果形的影响

通过对端正果、畸形果、偏斜果的调查结果表明（表 4-6），种子发育状况对果形有一定的影响。种子数大于 7 个的端正果占 80%，种子数等于或者小于 4 个的畸形果为 93.3%。偏斜果中种子数大多集中在 5～7 个，比例占到了 42%左右。由此证明，种子数的多少和果形之间有正相关关系。因此，说明了种子发育状况的良莠对富士苹果发育有直接关系，如果发育过程中大量种子发育不好，则产生大量的畸形果。

表 4-6 种子发育状况对富士苹果果形的影响
Table 4-6 Effect of seed development on the fruit shape of Fuji apple

分类	供测果数	种子数及百分数							
		>7	%	5～7	%	2～4	%	<2	%
端正果	30	24	80	6	20	0	0	0	0
偏斜果	50	7	14	21	42	20	40	2	4
畸形果	30	0	0	2	6.67	16	53.3	12	40

4.2.2.3 种子数和心室数与富士苹果果形的关系

对端正果、偏斜果、畸形果的种子数量和心室数统计结果如表 4-7 所示。可以看出端正果、偏斜果、畸形果的种子数和心室数均有明显的差异。在统计的端正果中，平均种子数为 7.83 粒，种子数量最多 10 粒，最少为 6 粒，而且种子均匀分布在 5 个心室内；畸形果的统计结果中种子数为平均 3.5 粒，种子数量最多的为 6 粒，最少的为 1 粒，并且有 2 个或者多个心室内种子没有发育。偏斜果平均种子数统计结果为 5.78 粒，最多种子数为 9 粒，最少为 2 粒，并且至少有 1 个心室中种子发育不完全。

表 4-7　种子数和心室数对果形的影响

Table 4-7　Effect of seed number and locule number on the fruit shape of Fuji apple

分类	偏斜率/%	平均种子数	平均心室数
端正果	12.29	7.83	4.5
偏斜果	28.76	5.78	3.86
畸形果	45.74	3.5	2.33

分别对种子数和心室数与果形之间的关系进行相关分析得出，种子数与果形偏斜率之间存在负相关关系，$r = 0.701\ 83$；心室数与果形偏斜率之间也存在负相关关系，$r = 0.749\ 52$。由此可知，种子数及心室数与果形偏斜之间存在直接的相关关系。种子数越多，心室数越多，果形偏斜率越低，果实越端正。

4.2.2.4　柱头数目对比试验对富士苹果果形的影响

（1）不同柱头数目缺失处理对富士苹果坐果率的影响

不同柱头试验对富士苹果坐果率的影响如表 4-8 所示，0 个柱头的坐果率为 0，留 1 个、2 个、3 个、4 个、5 个柱头的处理，坐果率分别为 53.33%、51.73%、62.96%、66.67%、61.54%。从以上数据可以得出，0 个柱头富士苹果的授粉受精作用受到阻碍，导致其无法正常坐果。但是，只要保留 1 个以上的柱头时，坐果率均值为59.27%。由此可知，坐果率的高低与柱头数目的多少不存在相关关系。只要授粉条件适宜，能够保证充分授粉，即使 1 个柱头也能够使苹果正常坐果。

表 4-8　不同数量缺柱头处理对坐果的影响

Table 4-8　Effect of different number of stigmas on the fruit shape of Fuji apple

处理	平均花朵数	平均坐果数	坐果率/%
0 柱头	30	0	0
1 柱头	30	16	53.33b
2 柱头	29	15	51.73b
3 柱头	27	17	62.96a
4 柱头	30	20	66.67a
5 柱头	26	16	61.54a

注：纵向小写字母表示差异达 5% 显著性水平（$P < 0.05$）

（2）不同柱头进行授粉后富士苹果果实种子发育的影响

从表 4-9 可以看出，不同柱头试验的果实内种子发育情况。留 1 个、2 个、3个、4 个、5 个柱头，果实平均种子数分别为 5.09、5.91、7.12、6.97、7.97。当柱头数大于等于 3 个时，平均心室数接近 5 个，偏斜率较低，平均种子数接近 7~8

个；柱头数小于 3 个时，平均心室数 4 个，偏斜指数略高。从所有柱头试验的调查果的整体情况看，90%以上的调查果的偏斜率<25%，畸形果较少。因此，不同数量的柱头经过授粉后对种子发育状况没有明显差异。

表 4-9　不同数量柱头处理对果实种子发育的影响

Table 4-9　Effect of different number of stigmas on the Seed development

处理	供试果数量	平均种子	平均心室数	偏斜率/%
0 柱头	—	—	—	—
1 柱头	10	5.09	3.09	25.45a
2 柱头	10	5.91	4.01	23.34a
3 柱头	10	7.12	4.70	20.07b
4 柱头	10	6.97	4.53	20.11b
5 柱头	10	7.97	4.82	19.88b

注：纵向小写字母表示差异达 5%显著性水平（$P<0.05$）

4.2.2.5　人工授粉对富士苹果果实内源激素含量的影响

人工授粉后果肉内 IAA 的变化如图 4-12。人工授粉的果实在授粉后 35 d 和 140 d IAA 出现两次峰值，达到 199.11 ng/g FW 和 100.07 ng/g FW。自然授粉后果肉内 IAA 含量与人工授粉相比，变化趋势相同，同样出现两个峰，但含量明显低于人工授粉，两次峰值分别为 186.09 ng/g FW、92.88 ng/g FW。从果实发育的不同阶段来看，幼果期时人工授粉后的果实 IAA 明显高于自然授粉，随着果实发育过程的推进，这种差距逐渐缩小，在进入缓慢生长期以后，两者在含量上基本没有差异。由此可知，人工授粉对促进果实内 IAA 含量的提高主要存在于幼果期，而幼果期时生长素 IAA 对果实迅速伸长和膨大具有重要作用。

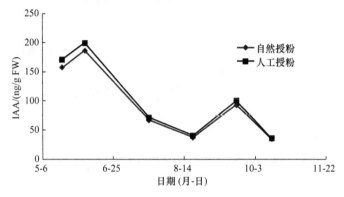

图 4-12　人工授粉对果肉内 IAA 含量的影响

Fig. 4-12　Effect of artificial pollination on IAA

　　赤霉素最突出的作用是提高植物体内生长素的含量，从而调节细胞的伸长，对细胞的分裂也有促进作用。人工授粉对果肉内 GA_3 变化的影响如图 4-13。人工授粉后 GA_3 含量明显高于自然授粉，在幼果期和成熟前期有两个明显的峰值，其含量分别比自然授粉高 71.73% 和 21.22%。尤其是在幼果期人工授粉 GA_3 含量明显高于自然授粉。说明人工授粉对果实内 GA_3 含量在幼果期有显著的促进作用，果形指数的升高和偏斜率的降低等表型性状的变化，与 GA_3、IAA 等水平提高有直接的关系。

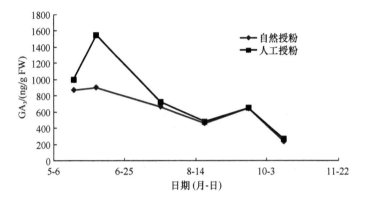

图 4-13　人工授粉对果肉内 GA_3 含量的影响
Fig. 4-13　Effect of artificial pollination on GA_3

　　人工授粉对果肉内 ZT 变化的影响如图 4-14。整个发育期内，幼果期时人工授粉的果肉内 ZT 含量明显高于自然授粉，这种高 ZT 含量水平一直保持到果实进入缓慢生长期。与 GA_3、IAA 相似，在花后 35 d 和 140 d 有两次高峰，峰值分别比自然授粉高 7.33% 和 32.12%。人工授粉幼果中 ZT 含量较高，对幼果早期的细胞分裂生长有利。细胞分裂素的主要生理作用是引起细胞分裂，从而增大果实体积。因此人工授粉后果形偏斜有所改善，与 ZT 含量的升高相关。

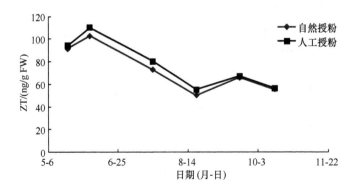

图 4-14　人工授粉对果肉内 ZT 含量的影响
Fig. 4-14　Effect of artificial pollination on ZT

人工授粉后果肉内 ABA 的变化如图 4-15。在果实发育的前期，人工授粉和自然授粉 ABA 含量保持在一个较低水平，之后略有升高，在缓慢生长期 ABA 含量有所降低，在花后 120 d 左右到成熟期，人工授粉果肉内的 ABA 含量增加速度高于自然授粉，直至成熟。脱落酸的主要生理作用与 IAA、GA 和 CTK 相反，它对细胞的分裂与伸长起抑制作用。本试验中 ABA 含量的变化趋势是幼果期水平较低，在幼果期之后略有升高，在缓慢生长期 ABA 含量有所降低，ABA 变化与受精幼果迅速生长时 ABA 促进同化物在库器官卸出有关（Schussler et al.，1984）。

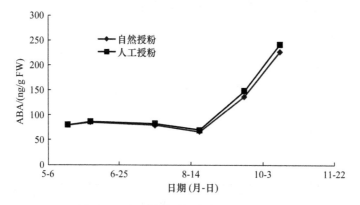

图 4-15 人工授粉对果肉内 ABA 的影响
Fig. 4-15 Effect of artificial pollination on ABA

4.2.3 内源激素对富士苹果果形的影响

4.2.3.1 富士苹果端正果与畸形果生长发育期 IAA 含量动态变化

（1）富士苹果端正果与畸形果生长发育期种子内 IAA 含量动态变化

端正果、畸形果种子内 IAA 含量变化情况如图 4-16 所示。从变化趋势来看，端正果、畸形果种子内的 IAA 含量在幼果期明显高于成熟期。第一个高峰值出现在花后 75 d，此时是果实迅速分裂期，第二个高峰在 9 月中下旬的花后 140 d，值小于第一个高峰值，这表明种子内 IAA 的变化与果实成熟过程相关。从含量来看，端正果在幼果期（花后 35 d）、膨大期（花后 75 d）种子内的 IAA 含量分别比畸形果高 31.37%和 30.76%，差异极显著（$P<0.01$）；在膨大后期（花后 110 d）直至果实成熟，端正果 IAA 含量下降幅度较大，与畸形果间没有差异性。

（2）富士苹果端正果与畸形果生长发育期果肉内 IAA 含量动态变化

如图 4-17 所示，端正果、畸形果果实内 IAA 变化趋势一致，呈倒"W"形。果肉内 IAA 含量在花后 35 d 之内的细胞分裂期维持较高水平，在 6 月初达到第一个高峰，随后开始下降。第二个高峰出现在 9 月下旬，由此可推断 IAA 的变化与果实成熟过程相关。从果肉中 IAA 含量看出，在整个发育过程中，畸形果 IAA 含量一直低于端正果。花后 20 d 时端正果内 IAA 含量比畸形果高 43.22%，差异达到极显著水平（$P<0.01$）；在峰值时（花后 35 d），端正果内 IAA 含量比畸形果高 21.92%，差异极显著（$P<0.01$）；在膨大后期（花后 110 d），端正果与畸形果 IAA 含量基本一致，没有差异；在缓慢生长期（花后 140 d），端正果 IAA 含量出现第二个峰值，含量高于畸形果 35.5%，差异极显著（$P<0.01$）；采收期时，IAA 含量再次降低，端正果内与畸形果之间没有显著差异。

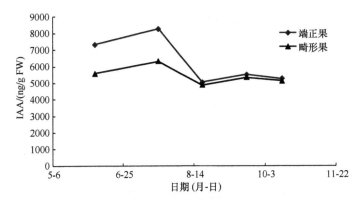

图 4-16　种子内 IAA 含量变化
Fig. 4-16　Changes of IAA content in seeds

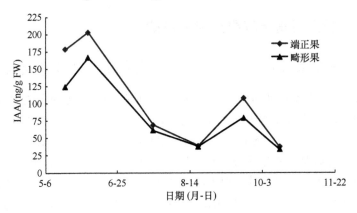

图 4-17　果肉内 IAA 含量变化
Fig. 4-17　Changes of IAA content in pulp

　　种子是幼果中激素的重要合成器官，种子内源激素含量的高低决定了果实发育的好坏。果实发育过程中种子与果肉间的相互协调是重要的。IAA 在苹果果实的发育过程的生理作用主要表现在雌蕊受精后，胚珠发育成为种子的过程中，发育着的种子合成了大量生长素，促进子房发育成果实。本试验中畸形果内 IAA 含量在幼果期显著低于端正果，由此可知畸形果在细胞迅速生长的幼果期因为促进生长类激素含量不足，影响了其细胞的伸长和膨大，进而导致了畸形的形成。

4.2.3.2 富士苹果端正果与畸形果生长发育期 GA$_3$ 含量动态变化

（1）富士苹果端正果与畸形果种子内 GA$_3$ 含量动态变化

从图 4-18 可以看出，端正果、畸形果种子内 GA$_3$ 含量的变化趋势呈现单峰曲线，都是在发育的幼果期和膨大前期较高，而后逐步下降直至果实成熟，变化较平缓。从含量来看，畸形果种子内 GA$_3$ 含量在整个发育过程中一直低于端正果。在幼果期（花后 35 d）、膨大前期（花后 75 d）、膨大后期（花后 110 d）、端正果种子内 GA$_3$ 含量分别比畸形果高 23.32%、33.60%、19.88%，差异达极显著水平（$P<0.01$），在缓慢生长期到成熟期时，由于端正果种子内 GA$_3$ 含量下降幅度大于畸形果，差异不显著。

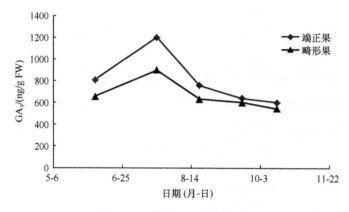

图 4-18 种子内 GA$_3$ 含量变化

Fig. 4-18 Changes of GA$_3$ content in seeds

（2）富士苹果端正果与畸形果果肉内 GA$_3$ 含量变化

由图 4-19 可见，端正果、畸形果果肉中 GA$_3$ 含量变化和 IAA 相似，主要表现在果实发育的幼果期，GA$_3$ 含量大于其他时期。在花后 35 d 左右出现第一个高峰，而后逐渐下降，在成熟前的缓慢生长期出现第二次高峰。在整个发育过程中，畸形果内 GA$_3$ 含量在幼果期时明显低于端正果，在 8 月中下旬也就是膨大后期到缓慢生长期之后，畸形果与端正果果肉中 GA$_3$ 的差异逐渐消失。

赤霉素最显著的生理作用不仅在于促进细胞伸长生长，而且其也促进细胞分裂，并且能诱导内源激素 IAA 水平的增高，进而促进整体植株的生长。本试验中端正果种子和果肉中幼果期时 GA$_3$ 含量极显著高于畸形果，GA$_3$ 在调控果实生长中一个很重要的特点是对生长的促进作用不存在超最适浓度的抑制作用，因此浓度水平高，对细胞分裂和伸长的作用显著。由此推测畸形果发育不全与 GA_3 含量低相关。

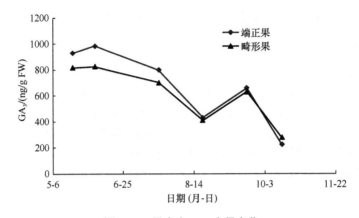

图 4-19　果肉内 GA_3 含量变化
Fig. 4-19　Changes of GA_3 content in pulp

4.2.3.3　富士苹果端正果与畸形果生长发育期 ZT 含量动态变化

（1）富士苹果端正果与畸形果生长发育期种子内 ZT 含量变化

种子内 ZT 含量的变化趋势如图 4-20 所示，端正果、畸形果种子内 ZT 含量变化趋势大体一致，都呈现快速升高后逐步降低的单峰曲线。从含量来看，在果实发育的整个时期，端正果种子内 ZT 含量均高于畸形果。幼果期时端正果内 ZT 含量比畸形果高 15.11%，差异达到显著水平（$P<0.05$）；在峰值时端正果种子内 ZT 含量比畸形果高 9.4%，差异不显著；在膨大后期（花后 110 d），端正果与畸形果 ZT 含量基本相同，没有差异；在缓慢生长期（花后 140 d），端正果 ZT 含量再次高于畸形果 18.41%，差异显著（$P<0.05$）；采收期时，端正果内 ZT 含量与畸形果之间显著差异（$P<0.05$）。

（2）富士苹果端正果与畸形果生长发育期果肉内 ZT 含量变化

果肉内 ZT 含量变化趋势如图 4-21，幼果期是细胞迅速分裂的关键时期，在花后 35 d 左右 ZT 含量出现第一个高峰，之后 ZT 含量缓慢下降至峰谷，在花后 140 d 左右达到第二个高峰。从含量来看，在整个果实发育期 ZT 含量呈逐渐下降趋势。花后 20 d，端正果比畸形果果肉 ZT 含量高 13.21%，差异显著（$P<0.05$）；花后 35 d 端正果比畸形果果肉内 ZT 含量高 4.95%，但是没有显著性差异。在果实发育的缓慢生长期直至成熟，端正果比畸形果果肉内 ZT 含量略高。

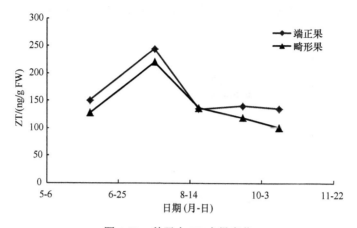

图 4-20　种子内 ZT 含量变化
Fig. 4-20　Changes of ZT content in seeds

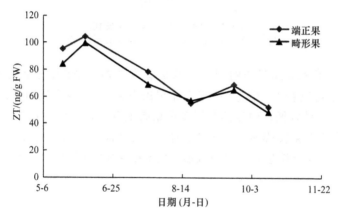

图 4-21　果肉内 ZT 含量变化
Fig. 4-21　Changes of ZT content in pulp

　　细胞分裂素的活性和浓度与果实的发育过程有密切关系。细胞分裂素增大果实体积是通过促进果肉细胞分裂实现的。本试验中幼果期端正果种子和果肉内 ZT 含量均高于畸形果，说明端正果发育完全的基础是有较高浓度的 ZT 等分裂素，促进了细胞的分裂，增加了细胞的数量，进而对果实的表型产生了影响。

4.2.3.4　富士苹果端正果与畸形果生长发育期 ABA 含量动态变化

（1）富士苹果端正果与畸形果生长发育期种子内 ABA 含量变化

　　富士苹果端正果、畸形果种子内 ABA 含量变化趋势如图 4-22 所示。在整个发育期间 ABA 变化比较平稳，一直处于上升趋势，在 8 月 20 日左右出现一次峰值，在采收期达到最大值。从含量来看，在发育的幼果期端正果中 ABA 含量高于畸形果，到缓慢生长期直至成熟的过程中，畸形果种子内 ABA 含量增长快于端正果。

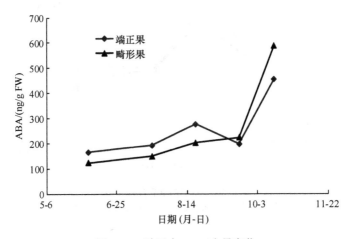

图 4-22　种子内 ABA 含量变化
Fig. 4-22　Changes of ABA content in seeds

（2）富士苹果端正果与畸形果生长发育期果肉内 ABA 含量变化

从图 4-23 可以看出，端正果、畸形果果肉内 ABA 含量变化趋势较相似，在果实发育的前期含量较低，中期的时候含量略有上升。在缓慢生长期略有下降，之后便迅速升高直至果实成熟。从含量来看，在发育前期内端正果与畸形果 ABA 含量差异不明显，在缓慢生长期直至成熟，畸形果 ABA 含量略高于端正果，但是均未达到显著差异水平。

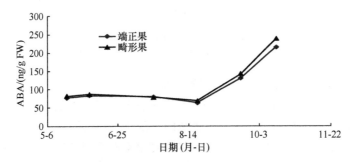

图 4-23　果肉内 ABA 含量变化
Fig. 4-23　Changes of ABA content in pulp

根据 ABA 在植物体内的分布特点，在正常生长的组织中含量很低，在成熟和衰老组织或休眠组织中含量升高。本试验中 ABA 在幼果期含量水平较低，进入缓慢生长期后逐渐升高直至成熟，符合这一规律。在整个生长季内，幼果期时端正果种子、果肉内 ABA 含量略高于畸形果，推测 ABA 在苹果发育的初期也参与了生长调控，ABA 的含量高低对果实发育也有影响。在发育的缓慢生长期直至果实成熟，畸形果中 ABA 含量的增速快于端正果，说明畸形果的成熟速度快于端正果。

4.2.3.5　富士苹果端正果与畸形果生长发育期促进类激素与 ABA 的平衡

在植物生长发育的过程中，任何活动都不是受单一激素的控制，而是各种激素相互作用的结果，也就是说，植物的生长发育过程，是受多种激素的相互作用所控制的，因此研究激素之间的相互关系意义重大。

（1）富士苹果端正果与畸形果生长发育种子内内源激素比值变化

从表 4-10 可以得出，IAA/ABA 在整个生长季内端正果＞畸形果，并且均存在显著差异（$P<0.05$），从采样的 5 个时间点来看，端正果 IAA/ABA 的值分别是畸

表 4-10　富士苹果种子内 IAA、GA_3、ZT 与 ABA 比值变化比较
Table 4-10　Ratio changes of IAA，GA_3，ZT and ABA in seeds of Fuji apple

激素	日期	端正果	畸形果
IAA/ABA	6 月 5 日	17.07a	8.13b
	7 月 15 日	55.73a	32.87b
	8 月 20 日	24.90a	17.64b
	9 月 20 日	27.84a	23.84b
	10 月 15 日	11.55a	8.68b
GA_3/ABA	6 月 5 日	6.57a	3.96b
	7 月 15 日	8.09a	4.69b
	8 月 20 日	3.74a	2.29b
	9 月 20 日	3.24a	2.69b
	10 月 15 日	1.33a	0.93a
ZT/ABA	6 月 5 日	1.22a	0.77a
	7 月 15 日	1.64a	1.14a
	8 月 20 日	0.67a	0.49a
	9 月 20 日	0.71a	0.53a
	10 月 15 日	0.29a	0.17a
IAA+GA_3+ZT/ABA	6 月 5 日	24.85a	12.86b
	7 月 15 日	65.47a	38.68b
	8 月 20 日	29.31a	20.42b
	9 月 20 日	31.80a	27.06b
	10 月 15 日	13.17a	9.78b

注：横向小写字母表示差异达 5%显著性水平（$P<0.05$）

形果的 2.12 倍、1.75 倍、1.41 倍、1.17 倍、1.3 倍，从发育时间来看 IAA/ABA 在膨大期＞缓慢期＞幼果期＞成熟期；GA_3/ABA 在幼果期时，端正果与畸形果差异显著（$P<0.05$），分别是 1.66 和 1.73 倍，在发育后期，端正果与畸形果之间差异逐渐减小，没有显著性；ZT/ABA 在整个发育过程中端正、畸形果之间均没有显著差异，从发育过程来看，5 个采样时间点内 ZT/ABA 遵循 S 型变化曲线；IAA+GA_3+ZT/ABA 在生长季内，端正果始终大于畸形果，并达到显著差异（$P<0.05$），呈现出幼果期急剧上升，而后又缓慢下降的趋势。从整体来看，在整个生长季内种子内 IAA/ABA 较高，其次是 GA_3/ABA 与 ZT/ABA；在幼果期、膨大期、成熟期，IAA/ABA、GA_3/ABA、ZT/ABA 变化呈现"低-高-低-高-低"的双峰趋势。

（2）富士苹果端正果与畸形果生长发育果肉内内源激素比值变化

苹果果肉内 IAA、GA_3、ZT 与 ABA 比值变化情况如表 4-11，总体看果肉中

表 4-11　富士苹果果肉内 IAA、GA_3、ZT 与 ABA 比值变化比较

Table 4-11　Ratio changes of IAA，GA_3，ZT and ABA in pulp of Fuji apple

激素	日期	端正果	畸形果
IAA/ABA	5 月 20 日	2.30a	1.51b
	6 月 5 日	2.44a	1.90b
	7 月 15 日	0.86a	0.78a
	8 月 20 日	0.61a	0.54a
	9 月 20 日	0.82a	0.55a
	10 月 15 日	0.17a	0.14a
GA_3/ABA	5 月 20 日	11.97a	9.90b
	6 月 5 日	11.82a	9.44b
	7 月 15 日	7.07a	6.96a
	8 月 20 日	6.80a	6.10a
	9 月 20 日	5.02a	4.39a
	10 月 15 日	1.15a	1.03a
ZT/ABA	5 月 20 日	1.23a	1.03a
	6 月 5 日	1.26a	1.14a
	7 月 15 日	0.98a	0.88a
	8 月 20 日	0.72a	0.70a
	9 月 20 日	0.83a	0.45a
	10 月 15 日	0.25a	0.24a
IAA+GA_3+ZT/ABA	5 月 20 日	15.51a	12.44b
	6 月 5 日	15.51a	12.48b
	7 月 15 日	8.90a	8.62a
	8 月 20 日	8.24a	8.04a
	9 月 20 日	6.36a	5.40a
	10 月 15 日	1.55a	1.53a

注：横向小写字母表示差异达 5%显著性水平（$P<0.05$）

GA₃/ABA 的值最高，其次为 IAA/ABA 和 ZT/ABA。IAA、ZT 与 ABA 的比值均呈现幼果期较大，而后下降，在缓慢生长期出现第二个峰值，成熟期时再次下降的双峰曲线，GA₃/ABA 表现出幼果期较高，而后持续减低的单峰曲线。从采样的 6 个时间点来看，端正果 IAA/ABA 的值分别是畸形果的 1.52 倍、1.28 倍、1.1 倍、1.13 倍、1.49 倍、1.21 倍，在幼果前期、成熟前期有显著性差异（$P<0.05$），在幼果后期、膨大期、成熟期差异不显著。端正果 GA₃/ABA 的值分别是畸形果的 1.21 倍、1.25 倍、1.02 倍、1.11 倍、1.14 倍、1.12 倍，在整个发育的前期差异显著（$P<0.05$），在膨大后期、成熟期差异不显著。ZT/ABA 在整个发育过程中端正果与畸形果在幼果前期和膨大前期有显著差异（$P<0.05$），6 个采样时间点内 ZT/ABA 端正果分别是畸形果的 1.19 倍、1.11 倍、1.14 倍、1.03 倍、1.84 倍、1.04 倍。IAA+GA₃+ZT/ABA 在生长季内，端正果始终大于畸形果，并达到显著差异（$P<0.05$），呈现出幼果期急剧上升，而后又缓慢下降的趋势。

在植物生长、发育的各个过程中，任何一种生理效应都不是单一激素的作用，而是各种激素相互作用的结果。它们之间相克相成，相互制约而又相互促进。各种激素相互作用的结果，就会产生一种平衡状态。IAA+GA₃+ZT/ABA 在生长季内，端正果种子与果肉中比值始终大于畸形果。促进生长类激素与抑制生长类激素的比值高，说明促进类激素占主导地位，说明其促进细胞的生长和分裂能力强。因此，富士苹果偏斜甚至畸形的形成主要原因是促进生长类激素与抑制生长类激素的平衡关系问题。

4.2.4　外源激素对富士苹果果形的影响

4.2.4.1　盛花期喷外源激素对富士苹果坐果率的影响

从图 4-24 可以得出，在盛花期喷处理 1（IAA）、处理 4（6-BA）、处理 7（GA₃）、处理 10（混合激素）、清水对富士苹果的坐果率均有影响。其中处理 7（GA₃）效

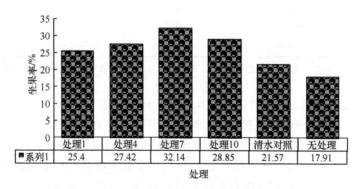

	处理1	处理4	处理7	处理10	清水对照	无处理
系列1	25.4	27.42	32.14	28.85	21.57	17.91

图 4-24　盛花期喷外源激素对富士苹果坐果率的影响

Fig. 4-24　Flowering sprayed exogenous hormone on fruit rate of Fuji apple

果最好，坐果率比清水对照提高 49%，比无处理提高 79.45%。处理 10（混合激素）次之，坐果率比清水对照提高了 33.75%，比无处理提高了 61.08%。处理 1（IAA）、处理 4（6-BA）、清水对照与无处理相比，均能不同程度提高坐果率。

4.2.4.2 不同外源激素对富士苹果果形的影响

外源激素对富士苹果果形的影响如表 4-12 所示。从果形指数看，处理 4、处理 7、处理 10 效果最好，与其他处理相比差异极显著（$P<0.01$）；处理 1、处理 5、处理 6、处理 8、处理 9、处理 11、处理 12 与对照相比差异极显著（$P<0.01$）；处理 2 与对照相比没有差异性，处理 3 的果形指数低于对照，与对照相比差异显著（$P<0.05$），但是没有达到极显著水平。不同外源激素对果形指数的效果依次为：处理 10＞处理 7＞处理 4＞处理 8＞处理 6＞处理 9＞处理 11＞处理 1＞处理 12＞处理 5＞处理 2＞对照＞处理 3。

表 4-12　外源激素对富士苹果果形的影响
Table 4-12　Effects of exogenous hormone on the fruit shape of Fuji apple

处理	果形指数		偏斜率/%	
处理 1	0.863±0.011	bB	28.05±0.96	bB
处理 2	0.833±0.024	cC	28.25±0.48	bB
处理 3	0.788±0.011	dC	32.96±0.49	aA
处理 4	0.874±0.021	aA	27.01±0.15	bB
处理 5	0.841±0.013	cB	27.51±1.02	bB
处理 6	0.867±0.030	bB	28.03±0.89	bB
处理 7	0.876±0.001	aA	22.05±0.09	cC
处理 8	0.869±0.040	bB	23.85±0.25	cC
处理 9	0.866±0.003	bB	26.81±0.05	bB
处理 10	0.879±0.002	aA	20.04±0.20	cC
处理 11	0.864±0.018	bB	22.75±1.38	cC
处理 12	0.857±0.001	bB	27.88±1.52	bB
对照	0.831±0.010	cC	28.38±1.54	bB

注：纵向小写字母表示差异达 5%显著性水平（$P<0.05$），大写字母表示差异达 1%显著性水平（$P<0.01$）

从果形偏斜率看，处理 7、处理 8、处理 10、处理 11 与其他处理相比差异极显著（$P<0.01$）；处理 1、处理 2、处理 4、处理 5、处理 6、处理 9、处理 12 与对照相比没有显著差异；处理 3 与对照相比偏斜率高，且差异极显著（$P<0.01$）。

不同的外源激素对富士苹果果形的影响综合果形指数与果形偏斜率比较，从外源激素种类来看处理 10（混合激素）效果最好，其次为处理 7（GA_3），再次是处理 4（6-BA）。喷药的时间来看，花期效果最好，其次为花期+幼果期，最后是幼果期。

4.2.4.3　不同外源激素对富士苹果内在品质的影响

外源激素对富士苹果品质的影响如表 4-13。果实中可溶性固形物含量处理 4、处理 5、处理 6、处理 7 与对照相比差异极显著（$P<0.01$），说明在花期、花期+幼果期、幼果期喷 6-BA 和在花期喷 GA_3 可以提高果实中可溶性固形物的含量，处理 8、处理 9 值极显著低于对照，说明幼果期喷 GA_3 对可溶性固形物有降低作用。从维生素 C 含量来看，各处理间差异不显著，说明不同的激素对果实中维生素 C 含量没有影响。从可溶性糖含量的变化来看，各处理与对照相比差异不显著。不同激素对可滴定酸含量的影响，处理 10、处理 11、处理 12 与对照相比差异极显著（$P<0.01$），说明混合激素对果实中可滴定酸含量有降低作用。

表 4-13　外源激素对富士苹果果实品质的影响

Table 4-13　Effect of exogenous hormone on fruit quality of Fuji apple

处理	可溶性固形物/%	VC/(mg/100g)	可溶性糖/%	可滴定酸/ (g/kg)
处理 1	12.2±0.19bB	6.84±0.06aA	10.18±0.04aA	0.382±0.003aA
处理 2	11.9±0.25bB	6.44±0.09aA	10.61±0.06aA	0.359±0.006aA
处理 3	12.2±0.30bB	6.66±0.07aA	10.29±0.05aA	0.362±0.004aA
处理 4	13.2±0.15aA	6.55±0.04aA	10.91±0.22aA	0.342±0.005aA
处理 5	13.0±0.14aA	6.98±0.11aA	10.81±0.01aA	0.361±0.006aA
处理 6	13.5±0.31aA	6.54±0.01aA	10.42±0.13aA	0.341±0.012aA
处理 7	13.8±0.08aA	6.13±0.03aA	10.61±0.03aA	0.391±0.002aA
处理 8	11.4±0.07cC	5.98±0.06aA	9.90±0.02aA	0.362±0.003aA
处理 9	11.3±0.09cC	5.92±0.06aA	9.82±0.03aA	0.386±0.003aA
处理 10	12.3±0.05bB	6.48±0.03aA	10.52±0.07aA	0.317±0.003bB
处理 11	11.9±0.02bB	6.84±0.06aA	9.96±0.06aA	0.322±0.001bB
处理 12	12.3±0.03bB	6.40±0.08aA	10.54±0.05aA	0.321±0.003bB
对照	12.0±0.15bB	6.56±0.03aA	10.05±0.11aA	0.365±0.004aA

注：纵向小写字母表示差异达 5%显著性水平（$P<0.05$），大写字母表示差异达 1%显著性水平（$P<0.01$）

4.2.4.4　不同外源激素对富士苹果果肉中内源激素含量的影响

（1）不同外源激素处理对富士苹果果肉内 IAA 含量的影响

不同外源激素对果肉内 IAA 含量的影响如图 4-25 所示。果实发育早期，果肉中各处理下生长素含量维持较高水平。不同处理对果肉内 IAA 均有促进作用，其中处理 1 效果最好，在花后 20 d 和 35 d 含量分别为 203.51 ng/g FW 和 284.72 ng/g FW，高于其他处理。之后含量开始下降，在花后 110 d 之后，与其他处理之间的差异减小。由此说明，盛花期喷 IAA、6-BA、GA₃、混合激素对 IAA 含量均有促进作用。其中处理 1（IAA）效果最好，依次是处理 10（混合激素）、处理 7（GA₃）、处理 4（6-BA）。

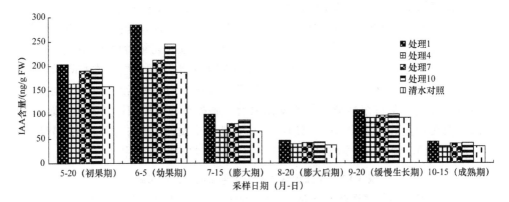

图 4-25　不同处理对 IAA 含量的影响
Fig. 4-25　Effects on content IAA of different treatments

（2）不同外源激素处理对富士苹果果肉内 GA₃ 含量的影响

不同外源激素对果肉中 GA₃ 的影响（图 4-26）与 IAA 相似。在整个生长季内，喷处理 1（IAA）、处理 4（6-BA）、处理 7（GA₃）、处理 10（混合激素）对 GA₃ 含量均有显著的影响，在整个生长季内，各处理 GA₃ 含量一直高于对照。其中，处理 7 效果最好，在花后 35 d 含量涨幅明显高于其他处理，与对照相比高了77.45%，其次是处理 10（混合激素）、处理 1（IAA）、处理 4（4-BA）。

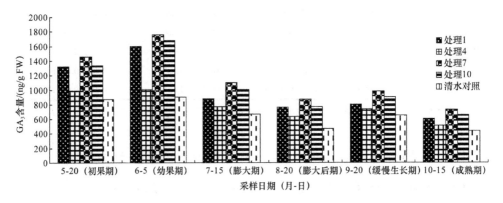

图 4-26　不同处理对 GA₃ 含量的影响
Fig. 4-26　Effects on content GA₃ of different treatments

（3）不同外源激素处理对富士苹果果肉内 ZT 含量的影响

图 4-27 所示不同处理对果肉内 ZT 含量的变化差异较大。其中处理 4（6-BA）、处理 7（GA₃）、处理 10（混合激素）对 ZT 含量有促进作用，处理 10 最好，其次是处理 4，这两个处理的果肉内 ZT 含量在幼果期显著高于对照，并且在整个生长季内，这种高 ZT 含量一直保持到果实成熟。处理 7 对 ZT 含量的促进作用在果实幼果期和膨大期较对照高，在果实发育的缓慢生长期与对照相比差异不显著。喷处理 1（IAA）在幼果期 ZT 含量低于对照，在缓慢生长期与对照之间没有显著差异，这说明高浓度 IAA 在果实发育的前期对果肉内 ZT 有抑制。

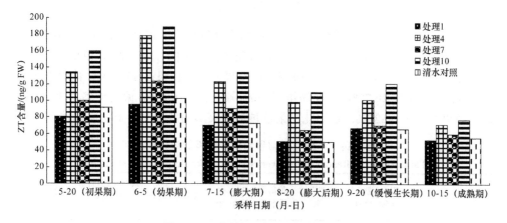

图 4-27　不同处理对 ZT 含量的影响
Fig. 4-27　Effects on content ZT of different treatments

（4）不同外源激素处理对富士苹果果肉内 ABA 含量的影响

不同外源激素对果肉内 ABA 含量的影响如图 4-28 所示，喷处理 7（GA₃）、处理 10（混合激素）在幼果期与对照相比 ABA 含量明显降低，在花后 110 d 左右，

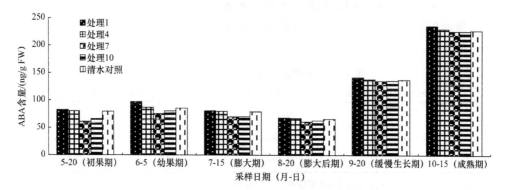

图 4-28　不同处理对 ABA 含量的影响
Fig. 4-28　Effects on content ABA of different treatments

果实发育进入缓慢生长期时，处理 7、处理 10 与对照相比差异不显著，这说明喷外源 GA_3 和混合激素对果肉内 ABA 的合成有一定的抑制作用。喷处理 1（IAA）在幼果期 ABA 的含量高于对照，在花后 75 d 左右的膨大期之后，与对照相比 ABA 含量没有明显变化。喷处理 4（6-BA）对 ABA 的影响在整个生长季内略高于对照，但没有显著差异。

4.2.5 　套袋、施肥和花序果量对富士苹果果形的影响

4.2.5.1 　花序果量对富士苹果果形的影响

红富士苹果树体留果量过多，对果实的个体发育影响很大，造成单果重降低，畸形果增多。调查结果看出（表 4-14），每花序留单果的，端正果占 49.09%，偏斜果占 41.82%，畸形果占 9.09%；每花序留双果的，端正果占 13.51%，偏斜果率为 65.76%，畸形果率 20.72%；每花序留三果的，端正果率 6.45%，偏斜果率为 33.33%，而畸形果率高达 60.22%。说明花序果量越多，果形偏斜甚至畸形的概率越大。

表 4-14 　不同花序留果量的果形指数统计结果

Table 4-14 　Different inflorescence fruit of the shape index statistics

留果量	总数/个	端正果(偏斜率 ≤15%)数/个	端正果率 /%	偏斜果(15%<偏斜率≤35%)数/个	偏斜果率/%	畸形果(偏斜率 >35%) 数/个	畸形果率 /%
单果	110	54	49.09	46	41.82	10	9.09
双果	111	15	13.51	73	65.76	23	20.72
三果	93	6	6.45	31	33.33	56	60.22

由表 4-15 可知，留果量的多少对富士苹果果形指数和果形偏斜率影响显著。对不同留果量下，果形指数和偏斜率进行多重比较结果表明，留单果、双果、三果其果形指数和偏斜率间差异极显著（$P<0.01$）。尤其是留三果，偏斜率为 38.75%，属于畸形果。

表 4-15 　不同的花序留果量对果形的影响

Table 4-15 　Effects of different number on the fruit shape of Fuji apple

指标	留单果	留双果	留三果
果形指数	0.874aA	0.836bB	0.815cC
偏斜率/%	15.39cC	21.00bB	38.75aA

注：横向小写字母表示差异达 5% 显著性水平（$P<0.05$），大写字母表示差异达 1% 显著性水平（$P<0.01$）

4.2.5.2　不同套袋方式对富士苹果果形的影响

（1）不同套袋时间对富士苹果果形的影响

由表 4-16 可知，不同的套袋方式对富士苹果的果形发育影响套袋比不套袋效果好，果形指数差异不显著，但偏斜率差异极显著（P＜0.01）。一次套袋与二次套袋相比，果形指数、偏斜率差异均不显著。由此可推断，套袋对富士苹果发育中果形指数没有影响，但能有效降低果形偏斜率。

表 4-16　不同套袋时间对果形的影响

Table 4-16　Effect of different bagging methods on the fruit shape of Fuji apple

处理	果形指数			偏斜率/%		
不套袋	0.867	a	A	31.50	a	A
一次套袋	0.869	a	A	28.17	b	B
二次套袋	0.868	a	A	28.26	b	B

注：纵向小写字母表示差异达 5%显著性水平（P＜0.05），大写字母表示差异达 1%显著性水平（P＜0.01）

（2）不同果袋对果形的影响

不同果袋对果形的影响表 4-17 所示，从果形指数看，花袋果形指数最高，其次是单黑袋和双黑袋，且之间有极显著差异（P＜0.01）；单黑袋和双黑袋偏斜率大于花袋，差异显著（P＜0.05）。综合来看，花袋效果最好。

表 4-17　不同果袋对果形的影响

Table 4-17　Effect of different bag on the fruit shape of Fuji apple

处理	果形指数			偏斜率/%		
花袋	0.869	a	A	28.17	b	A
单黑袋	0.858	b	B	33.06	a	A
双黑袋	0.854	b	B	34.82	a	A

注：纵向小写字母表示差异达 5%显著性水平（P＜0.05），大写字母表示差异达 1%显著性水平（P＜0.01）

4.2.5.3　不同肥料对果形的影响

（1）不同生物有机肥料对果形的影响

由表 4-18 可知，不同施肥方式对富士苹果果形指数没有影响，各处理间差异不显著。对偏斜率的影响处理 5、处理 6 与其他处理间差异极显著，处理 1 偏斜率最小，效果最好，与对照相比偏斜指数降低了 6.23 个百分点。施入不同的生物有机肥，其中处理 2、处理 5、处理 6 偏斜率高于处理 7（对照）。

表 4-18　不同施肥方式对果形的影响

Table 4-18　Effects of different fertilization on the fruit shape of Fuji apple

处理	果形指数			偏斜率/%		
处理 1	0.877	a	A	21.84	e	E
处理 2	0.871	a	A	29.72	b	B
处理 3	0.850	a	A	24.83	d	D
处理 4	0.879	a	A	24.44	d	D
处理 5	0.873	a	A	31.76	a	A
处理 6	0.841	a	A	31.76	a	A
处理 7	0.844	a	A	28.07	c	C

注：纵向小写字母表示差异达 5%显著性水平（$P<0.05$），大写字母表示差异达 1%显著性水平（$P<0.01$）

（2）不同生物有机肥料对富士苹果品质的影响

不同肥料对富士苹果的影响如表 4-19 中所示。各处理对可溶性糖含量没有显著性差异；对于可滴定酸来讲，处理 4 与处理 5 之间有显著性差异（$P<0.05$），其他各处理之间无显著性差异；对于 VC 含量的影响，处理 1、处理 3、处理 4 与处理 7 之间有显著性差异（$P<0.05$），其他处理之间差异不显著；对于蛋白质含量的影响，处理 3、处理 5 与处理 7 之间存在显著性差异（$P<0.05$），其他处理之间无显著性差异。

表 4-19　不同生物肥对品质的影响

Table 4-19　Effect on the quality of different fertilizer

处理	可溶性糖/%	可滴定酸/(g/kg)	维生素 C/(mg/100g)	蛋白质/(mg/g)
处理 1	11.32a	0.338ab	5.18b	0.23ab
处理 2	11.13a	0.325ab	7.54ab	0.23ab
处理 3	11.02a	0.293ab	4.97b	0.21b
处理 4	11.28a	0.262b	4.89b	0.23ab
处理 5	11.21a	0.311a	6.57ab	0.21b
处理 6	11.10a	0.353ab	6.20ab	0.25ab
处理 7	12.80a	0.378a	8.99a	0.29a

注：纵向小写字母表示差异达 5%显著性水平（$P<0.05$）

4.3　研究结论与讨论

（1）关于富士苹果的果实发育问题

若要正确反映出果实的生长发育动态变化，以及每个发育时期的单果重、纵横径、果形指数等，必须要有合理的生长动态曲线，一般认为苹果是单 S 型的生长曲线。徐践和程玉琴（2008）研究称苹果的发育呈单 S 型的生长曲线，在发育过程中果实的纵横径增长是呈慢-快-慢的趋势。有研究称秋富 1 号富士苹果果实的纵横径生长呈 S 型生长曲线（于亚琴和王登坤，1995）。马兴祥（1995）报道，苹果果实的发育包括 4 个阶段，主要为分裂旺盛期、迅速膨大期、缓慢膨大期和成熟期，果实纵横径动态变化符合 S 型生长曲线。本试验研究认为，阿克苏富士苹果生长发育的过程中，果实纵径和横径的增加趋势比较一致，是 S 型生长曲线。而关秀杰（2000）则称，龙冠苹果的果实纵径与横径在整个生长季内初期就进入快速生长期，这种快速生长季在 3 周左右，之后细胞分裂速度变慢，进入缓慢生长期直至果实成熟。

（2）富士苹果不同着生方位和部位对果形的影响问题

果树器官的分化、建造、产量形成与品质优劣都是以光合速率和净光合积累值为基础的，果树的生长发育几乎每个方面都受到光的影响。尤其苹果是阳性植物，对光的需求较高。Inone 等（1989）报道，长光周期能明显促进大樱桃中 GA_3 的合成，抑制 ABA 的增加。在 Empire 苹果生长初期进行遮阳处理，果实生长速率下降，表明果实生长初期光照强度弱时，果实的生长存在同化产物之间的竞争（Bepete and Lakso，1998）。本试验认为，试验区位于北纬 41°17′，东经 80°18′，中纬度地区西、南方位比东、北方位日照时间长，光量充足，对 GA_3 等细胞生长类激素有一定的促进，进而降低了果形偏斜率，庞中存（1998）研究报道，光照条件好，形成畸形果的比例较低，与本研究结果一致。

（3）富士苹果不同着生方位和部位对果实解剖结构的影响

本研究中着生部位不同的果实，从果形偏斜情况来看，树体顶端偏斜指数率高于树体内膛中部和内膛下部，由于当地农民的种植习惯是树顶端果不套袋，另外树顶侧生枝开张角度小、果实多侧生，可能是造成顶端果实偏斜率大于树体中下部位的主要原因。

果实的物理特性和贮运性与苹果果实的组织结构相关。如果果实的角质层比较厚并且质地较均匀，果皮与果肉的细胞层数较多，而且细胞排列长而紧密，一般果实耐挤压机械性能好，贮藏时间长且可以长途运输；相反，则结构不理想。目前很多果树研究者对苹果果实的结构进行了研究，其中包括对苹果的果实组织结构差异（邓继光，1995）、苹果果皮结构和耐贮性的关系（宫美英，1988）、金冠苹果果皮结构和致锈关系（张敏，1987）、不同生态区富士苹果果皮组织结构的特征与差异（魏钦平等，2001）等的研究。但是，富士苹果畸形果与端正果果皮结构的研究尚缺乏详尽的资料。果皮是抵御外界胁迫的主要防线，果表面光洁度的高低和果实贮藏性能的好坏直接关系到果皮的抵抗能力（魏树伟等，2010），当微生物对果实进行侵袭时，果皮一般具有很高的抵抗力（李慧峰等，2006）。本研究对端正果、畸形果大果面、畸形果小果面的解剖结构显示，端正果与畸形果大果面在结构上没有明显区别。畸形果小果面与端正果相比角质层质地不均一，有较深的 V 形凹陷，表皮细胞呈条状排列，较疏松，形状三角或椭圆或不规则，大小不均一，与端正果相比偏小。畸形果小果面果肉细胞 78.828 μm^2，与端正果、畸形果大果面之间差异明显，面积几乎只有端正果果肉细胞的一半。说明畸形果小果面的果肉细胞伸长和膨大不足。

（4）授粉受精与富士苹果果形之间的关系

授粉受精对果实形状的发育具有重要影响。果实的形状、果个的大小、适宜的采收期、内含物、单果重与父本花粉有直接的关系。目前，在对香梨（周其石，1988）、黄花梨（吴少华，1986）、苹果（夏征农，1999）等的花粉直感研究中，授粉之后可以显著增加单果重。苹果的果形是受多种遗传基因控制的数量性状（Brown，1960）。石海强等（2006）对红富士果实报告称，不同组合的授粉品种对种子数、果形、果面光洁度等没有显著影响，但能提高单果重。本试验研究证明，人工授粉能显著提高富士苹果的坐果率，与自然授粉相比，人工授粉后果形偏斜率显著降低。

（5）种子发育与富士苹果果形之间的关系

果实中种子的发育状况与富士苹果的果形密切相关。刘志等（2003）认为其对富士苹果果实综合品质的影响不显著；果实的外观品质只和种子在各心室中的分布状态有关，若种子在心室中分布均匀，果形指数高。本试验结果表明，端正果、偏斜果、畸形果的种子数量及心室中种子的分布情况均存在明显的差异，端正果内的种子数量多，而且种子普遍在每个心室内均匀分布，偏斜果内种子数少于端正果，且在每个心室中分布不均，畸形果果实内有 2 个或者以上的心室发育不全，平均种子数仅为 3.5 个。与孙建设等（1999）研究结论有差异，他们认为种子数和种子是否均匀分布在每个心室，其与果实的果形之间并没有规律性。

（6）柱头试验与富士苹果果形之间的关系

受精和种子形成的基础是授粉，而最终影响果实发育状况的主要因素是种子。本试验结果表明，一个心室中受精状况与其柱头是否完好没有直接关系，在缺失 1～5 个柱头的处理中坐果率的平均值为 59.25%，当柱头数大于等于 3 个时，各处理间平均种子数并没有显著差异，各处理的果形偏斜率也没有显著差异，由此可以推测，每个心室与每个柱头之间没有完全相对应的关系，如果可以保证授粉时花粉质量、温湿度等条件适宜，使果实充分授粉，即使柱头不全也可以保证完全受精，从而发育成端正果实。因此，果实能否正常发育与种子的多少之间密切相关，但是柱头数目的多少与种子的发育相关性不强。马含芬在苹果梨上做缺柱头试验，也证明柱头的缺失并没有影响种子的发育（李含芬等，2009），不过也有研究表明，如果柱头数多，会提高坐果率、种子数及单果重（叶春海和吕庆芳，1997）。

（7）人工授粉对富士苹果内源激素含量的影响

内源激素与果树的授粉受精和果实的生长发育关系密切，生长促进物激素和生长抑制物激素之间的平衡关系决定了子房的发育。研究表明，细胞分裂活动在果实发育的前期表现非常活跃，高含量的生长促进类激素 IAA、GA$_3$、ZT 对果实生长发育有利，尤其是在果实发育的初期，其中 IAA 和 ZT 分别促进细胞核与细胞质的分裂，GA$_3$ 调控细胞膨大（曾骧，1992）。Denny（1992）研究发现直感效应是因为生长素、细胞分裂素、GA$_3$ 浓度的不同而造成。Cowan 等（1997）认为细胞分裂受到限制，从而造成油梨果实体积偏小，而且果实中 ABA 含量上升和细胞数量的减少呈密切相关的关系；后来进一步证实油梨果实大小与其内部 ABA 含量呈负相关关系（Moore-Gordon et al.，1998）。吴少华（1986）研究表明，不同品种的授粉果实激素的差异是由不同的种子质量所造成。对于自然授粉的果实，种子数量多少影响了果实的大小，他认为种子内部的某些物质对果实的发育至关重要，外源激素必须与种子结合起来才能共同促进果实膨大。本试验结果表明，人工授粉之后，苹果果形的偏斜率明显降低，果形指数显著升高，呈现出明显的花粉直感现象。与这一现象有直接关系的是苹果果肉中有关内源激素的含量高低，人工授粉之后，内源激素含量产生了明显差异。在果实细胞分裂旺盛时期（幼果期），人工授粉的苹果果肉内 IAA、ZR、GA$_3$ 的含量高于自然授粉的苹果，这为果实细胞的迅速长大、加速分裂、基数增大等打下了良好基础。进一步分析研究结果，发现花后 35 d 左右人工授粉的果实果肉 GA$_3$ 含量显著高于自然授粉，使得果实细胞呈加速膨大。由此可知，人工授粉影响了果实形状和果肉内源激素的水平，并且能对不同时期果实内的激素含量产生影响，最终使果实形状产生差异。

在促进细胞分裂过程中，IAA、GA 和 CTK 所起的作用不同。生长素促进细胞分裂主要是促进细胞核的分裂，而细胞分裂素则是促进细胞质的分裂，赤霉素由于缩短了细胞分裂周期中的 G$_1$ 期和 S 期的时间，因此而加快了细胞的分裂速度。有研究结果表明，在果实发育的幼果阶段，其自身 IAA 水平高，主要来源部位包括花粉和子房本身；而在后期的果实发育阶段，完成受精之后的胚珠提供了生长所需要的大量 IAA（汪俏梅和郭得平，2002）。本研究中富士苹果端正果和畸形果在幼果期果肉内 IAA 含量均出现最高峰，与此结果一致。而畸形果在含量上低于端正果，推测是因为授粉受精不良，导致 IAA 含量不足，从而引起果实畸形。对香梨（阮晓和王强，2000）、台湾青枣（罗华建等，2002）的研究表明，在果实发育的前期，IAA 含量保持在较高水平，说明在幼果期，高浓度 IAA 对促成坐果和调节果实细胞分裂起到了积极作用。本试验中，端正果、畸形果果肉和种子中 IAA 含量在发育的幼果期均保持在较高水平，且果肉内的峰值出现时间早于种子内，说明在富士苹果果实发育前期花粉与子房本身提供了大量的 IAA，在之后的发育过程中，果肉组织的生长依靠发育完全种子提供内源激素。这与前人的研究结果保持了一致性（Schussler et al.，1984）。

赤霉素的主要生理作用是促进细胞的分裂和伸长，在果实幼果期时 GA$_3$ 含量高，说明在细胞分裂和细胞膨大的过程中与 GA$_3$ 有密切的联系。本试验中整个生长发育期端正果、畸形果果肉中 GA$_3$ 含量在花后 35 d 均出现高峰，说明 GA$_3$ 在幼果发育中起着重要的促进作用，与在刺梨（樊卫国等，2004）上的研究相似。畸形果中 GA$_3$ 含量低于端正果，推测畸形果形成的原因与 GA$_3$ 含量有关。

细胞能否分裂成功，与果实内 ZT 及 IAA 的水平有密切的关系，养分通过 IAA 和 GA$_3$ 的调运进入果实中，进而促进细胞分裂，增大果实体积。本研究中 ZT 含量的变化趋势与 GA$_3$、IAA 相似，说明其在果实发育过程中所起的作用与 IAA、GA$_3$ 相似。幼果前期，萌发的种子、生长着的果实等可进行细胞分裂的部位存在大量的细胞分裂素。Salopek 等（2002）的研究证明，从受精到幼果发育至直径约 3 cm 的这一阶段，细胞分裂素增加了 36 倍。而 Dragovoz 等（2002）研究认为紫花苜蓿花芽发育和果实形成的过程中主要取决于细胞分裂素的含量增加或活性增强。本试验表明，端正果与畸形果中 ZT 含量在发育的前期保持较高水平，说明 ZT 在幼果前期起主要作用。

李秀菊等（2000）研究表明在幼果期时 ABA 含量变化不明显，但它对果实细胞分裂和膨大仍具刺激作用。在果实发育后期，ABA 逐渐升高说明其对果实的成熟和脱落有调控作用。本试验中端正果、畸形果种子和果肉内 ABA 含量均在幼果期较低，在果实成熟期迅速升高，这说明 ABA 是促进富士苹果成熟与脱落的主要原因，与李秀菊研究一致。

任何一种植物的生长发育过程不只是一种激素在起作用，植物激素之间的交互作用和平衡关系控制着整个发育过程。本试验中，富士苹果果肉和种子内 GA$_3$/ABA、IAA/ABA、ZT/ABA 值在果实发育幼果期和膨大期均较高，这表明植物内源激素调控着果实细胞的分裂与膨大，端正果各激素比值均比畸形果高，由此推断植物体内生长分裂类激素含量的变化，是造成富士苹果偏斜的重要原因。本研究结果表明，端正果、畸形果幼果期含量变化规律相似。并且苹果果实中种子内的内源激素水平出现峰值高于果肉中的内源激素含量，与许多果树的表现一致。一般情况下内源激素含量高，说明其协调养分的能力也很强。种子是产生激素的源，而果实是一个营养库（束怀瑞，1999）。由此可见，植物果实的生长发育是在 IAA、GA$_3$、ZT、ABA 的共同作用下完成的，尽管内源激素不是果实生长的营养物质，但只有在其共同作用下刺激，果实才分裂和膨大，开始正常的生长发育（Bepete and Lakso，1998）。

（8）不同种类外源激素对果形的影响

前人研究表明果形虽受遗传控制，但用外源激素处理果实，也可改进形状。丁长奎和章恢志（1988）用 6-BA+GA$_3$+IAA 混合在枇杷花后喷施，能明显增加其果形指数；Letham（1968）用 400 ppm 玉米素处理 Cox'orange Pippin 苹果却抑制了果实的伸长，他认为苹果成熟时的形状可能与幼果中赤霉素和细胞激动素之间的平衡有关，另外苹果品种不同，对化合物的反应也不同。本研究中，4 种不同的外源激素对富士苹果坐果率、果形指数、偏斜率都有影响。其中，GA_3 能显著提高坐果率，其次为混合激素。对改善果形指数和偏斜率，混合激素效果最好。总体而言，混合激素对改善富士苹果果形的偏斜情况，提高果实坐果率能起到显著作用。张宗坤（1986）研究报告称，GA_3 对提高果形端正度有积极的作用。盛花后两周喷施 GA_3 50 ppm 或 25 ppm 效果最好。杨刚在玫瑰红、新红星、富士苹果上喷施赤霉素与激动素配成的果形剂，试验表明花期喷能显著提高苹果的果形指数，落花期效果最好，盛花期次之，幼果期最差，但差异不显著。本试验中，IAA、6-BA、GA_3、混合激素对富士苹果的影响效果最好的都是在盛花期喷施，这与杨刚的研究结果一致。

（9）不同激素处理对果实品质的影响

有研究结果表明，外源激素对果实品质没有显著影响（刘涛等，2010）。徐六一等研究称在果期喷稀土等植物生长调节剂对苹果的果形指数、着色指数、可溶性固形物等品质和产量方面都有促进作用。本试验中，各处理与喷清水的对照相比，在花期、花期+幼果期、幼果期喷 6-BA 和在花期喷 GA_3 可以提高果实中可溶性固形物的含量，对维生素 C、糖类、可滴定酸的影响不明显，混合激素可降低果实中可滴定酸含量。

（10）外源激素对果肉内源激素含量的影响

A. 外源激素处理对果肉内 IAA 含量的影响

本试验结果表明，各处理后果肉内 IAA 含量在果实发育前期出现高峰，说明高含量的 IAA 有利于坐果和促进果实细胞分裂，这与在香梨（阮晓和王强，2000）、台湾青枣（赵建锋等，2007）、葡萄（戴正，2002）、早蜜梨（陈善波等，2007）上的研究相似。各处理中 IAA 含量普遍高于对照，说明 IAA、GA_3、6-BA、混合激素这 4 种外源激素均对内源激素有一定的促进作用。综上所述说明，生长素在果实生长膨大过程中起了一定调控作用，IAA 可促进果肉细胞的膨大，使细胞的体积增大，推测 IAA 可能在果实第一个快速生长期中起了重要的作用。生长素在果实中从种子由里向外扩散，植物器官吸收外源激素后，组织会通过某些方式将过量的激素进行运输和代谢，而使组织细胞内游离激素保持在一个稳定的水平（闫国华等，2000）。

B. 外源激素处理对果肉内 GA_3 含量的影响

在果实发育的过程中，外源激素的使用，对果实内 GA_3 的活性有明显的诱导作用，这可能与外源 GA_3 的使用提高果实内 GA_3 含量有关（吴俊等，2001）。经外源激素处理后，各处理果实内 GA_3 含量呈规律性的变化趋势，均表现出两次明显峰值，这与戴正认为膨大剂对果实内赤霉素含量无太大影响的结果不一致。马海燕（2007）认为 GA 对果实生长的作用是通过促进 IAA 合成、与 IAA 共同促进维管发育和调运养分、促进果肉细胞膨大有关。胡仕碧和赵强（1997）认为外源 GA 处理可显著提高 C_{14} 光合产物向果穗的调配。本研究中喷施外源激素 GA_3 后，果肉内 GA_3 含量显著增加，果形的偏斜率下降，说明赤霉素对改善果形有重要作用。

C. 外源激素处理对果肉内 ZT 含量的影响

外源植物生长调节剂处理后，对于果实内源激素 ZT 有增进效应，特别是在果实发育早期，6-BA、GA_3、混合激素这三种处理后，果肉中 ZT 含量高于对照，尤其在幼果期差异明显，此时高含量的 ZT 能够促进果肉细胞迅速分裂；这与刘丙花等（2008）在甜樱桃上的研究结果一致。束怀瑞（1993）认为果实分生组织属于先端分生组织，在最初分裂时表现为果实的纵轴伸长速度快，表现出果实的纵径大于横径，这与本试验研究结果一致。前人研究结果表明，细胞分裂素主要产生于幼果中，这可能与 IAA、GA 协同作用有关。细胞分裂素可以在 IAA 存在的条件下协调果实"库"调运养分，同时还与 GA 协调调运同化物质至果实的作用有关（方金豹等，2000）。细胞分裂素的活性和浓度与果实的发育过程有着密切的联系。但是喷 IAA 处理后，果肉中 ZT 含量在幼果期低于对照，说明高浓度的 IAA 对 ZT 有抑制作用。

D. 外源激素处理对果肉内 ABA 含量的影响

外源植物生长调节剂处理后，喷 GA_3、混合激素在幼果期与对照相比 ABA 含量明显降低，这说明喷外源 GA_3 对果肉内 ABA 的合成有一定的抑制作用。喷 IAA 在幼果期 ABA 的含量高于对照。Beeruter（1983）对苹果果实的研究表明，在果实生长快的幼果中，ABA 含量较高，而在生长较慢的果实中，ABA 含量较低。可见，前期 ABA 含量的增加有利于促进代谢库细胞对同化物的吸收。脱落酸与植物的停止生长和休眠、脱落密切相关，但是脱落酸不是总作为生长抑制物质，它可以活化"库"活力，对物质的转运和促进光合产物向"库"中积累起重要的作用（Kojima et al., 1993）。

（11）花序果量对富士苹果果形的影响

结果量偏多的树，果形指数下降，果实变扁，偏斜果率也高。山东省百万亩幼树优质丰产开发研究课题组在潍坊调查，在花序留果量不同时，其果形指数也会出现明显差异。本研究中花序单果、双果、三果果形偏斜率之间差异显著，果量多，偏斜率大。

（12）套袋对富士苹果果形的影响

崔萧（2000）研究发现，套塑膜袋的玫瑰红果实单果重比对照高。李振刚（2000）试验表明，套塑膜袋可显著增大富士苹果果个，而套双层纸袋的果实略小于无袋果。王少敏等（2001）试验表明，套双层纸袋的富士苹果果实与套单层纸袋的果实单果重差异不显著，套袋对富士苹果果实的果形指数无显著影响。本试验通过套袋与不套袋的对比结果表明套袋对富士苹果发育中果形指数没有影响，但是能降低果形偏斜率。另外，由于阿克苏红旗坡富士苹果存在不套袋果实着色较深，一次套袋后着色又过淡的问题，本试验设置了一次套袋与二次套袋试验，结果表明一次套袋与二次套袋虽然对果形发育没有影响，但是二次套袋后果实着色情况较一次套袋效果好。

（13）不同肥料对富士苹果果形的影响

张宗坤（1986）研究发现，贮藏营养水平对第二年果实发育的影响，主要表现在果形指数及种子成熟度上。营养条件好，果形指数大，果实中种子数量也多，可以降低果形偏斜率。庞中存（1998）研究发现，苹果梨树势强旺，易形成徒长枝，由徒长枝形成的芽发育不良，不能形成正常果实，在树体营养正常的情况下，通过合理修剪，使树势中庸，枝条受光良好，合理留果，果个大，品质也好，形成的果实形状好。果实细胞分裂主要是原生质增长过程，此时需要有氮、磷和碳水化合物的供应。本试验结果表明，不同肥料对果形指数没有影响，但生物有机肥能降低偏斜率。本试验只是一年的调查情况，今后的研究中应进行多年连续试验，观察不同肥料对果形发育的影响。

4.4　小结与展望

4.4.1　小结

阿克苏红富士苹果因其果肉细腻、果核透明、果香浓郁、甘甜味厚、汁多无渣等特点，加之独特的"冰糖心"特点，已作为阿克苏享誉疆内外的名优果品，并获得国家地理标志保护产品称号。目前苹果已成为该地区农村经济中发展最快、效益最好的产业之一。但是近年来，当地生产中富士苹果偏斜度非常大、"卖相"差成了其产业发展中的瓶颈。针对这一突出问题本研究基于大田试验及室内试验，综合运用植物学、植物生理学、果树栽培学及统计学等多学科的相关理论和方法，研究阿克苏富士苹果果形偏斜的机制与调控措施，获得如下结论。

a. 在发育动态上，阿克苏富士苹果5月初到6月中旬左右是生长的幼果期，其纵径略大于横径，6月下旬开始到9月上旬果实快速生长，进入生长膨大期，果实横径生长大于纵径生长。9月中旬之后果实进入缓慢生长期直至成熟。在整个生长季内，纵横径生长动态均表现出S型生长曲线。

b. 在着生方位和部位上，着生在树体西、南两个方向的果实果形偏斜率略低于东、北方向，着生在树体主干顶端的果实果形偏斜率比树体内膛中、内膛下高。

c. 富士苹果偏斜现象自幼果初期就已经发生，偏斜果已大量存在。花后10 d

左右测量果形偏斜率为 22.4%，在之后的发育中偏斜率略有降低，但整体变化起伏不明显。

d. 在果皮结构特征上，端正果与畸形果大果面在果皮解剖结构上没有明显差异。畸形果小果面与端正果相比角质层厚，并且有较深的 V 形凹陷，表皮细胞、亚表皮细胞较疏松，细胞面积小。畸形果果肉细胞大小为 78.828 μm²，大约只有端正果果肉细胞面积的一半，由此说明畸形果小果面发育不良是因为细胞伸长不够，导致细胞面积小。

e. 人工授粉与自然授粉相比对果形的发育有一定的影响，坐果率、果形指数分别提高了 255.8%、6.52%，而偏斜率降低了 35.98%。人工授粉后幼果果肉内 IAA、GA₃、ZT 均比自然授粉高，而这种作用在幼果期表现明显，幼果期是果肉细胞伸长和分裂的关键时期，这说明授粉受精不良是果实发生偏斜的根本原因。

f. 种子发育状况与富士苹果果形密切相关。种子数、种子在心室中的分布与偏斜率之间存在显著的负相关关系。即果实中种子数越多，分布的心室数越多，果实偏斜率越低。畸形果种子大多发育不良，表现为两个以上心室内种子败育。坐果率与柱头数目的多少没有相关关系。当柱头数目大于 3 个时，授粉后的心室内种子发育状况没有明显差异。

g. 内源激素水平是果形偏斜的内在原因。端正果、畸形果的种子和果肉内 IAA、ZT、GA₃ 动态变化趋势相似，主要的变化趋势是幼果期时含量迅猛增加并出现峰值，在缓慢生长期含量降低，种子内 IAA、ZT、GA₃ 出现峰值较果肉内晚，但是含量远高于果肉内。畸形果在发育的整个过程中种子内与果肉中 IAA、ZT、GA₃、IAA+GA₃+ZT/ABA 含量均低于端正果，尤其在幼果期表现明显。在幼果期时 IAA、GA₃、ZT 含量高有助于果肉发育，因此畸形果形成的重要原因是发育的初期激素含量不足。

h. 植物外源激素对富士苹果果形有一定的影响。在盛花期喷 GA₃ 对富士苹果的坐果率影响效果最好。喷外源激素能降低富士苹果偏斜率，混合激素效果最好。激素喷药的效果盛花期＞盛花期+幼果期＞幼果期。花期、花期+幼果期、幼果期喷 6-BA 和在花期喷 GA₃ 可以提高果实中可溶性固形物的含量，混合激素能降低果实中可滴定酸含量。

i. 喷施外源激素后会对内源激素含量产生一定的影响。盛花期喷 IAA、6-BA、GA₃、混合激素对内源激素 IAA 和 GA₃ 均有促进作用，在整个生长季内各处理 IAA、GA₃ 含量均高于对照，差异明显。喷 6-BA、GA₃、混合激素对内源激素 ZT 含量有促进作用，尤其在果实幼果期和膨大期与对照相比效果明显，但是喷 IAA 在幼果期内源激素 ZT 含量低于对照；喷 GA₃、混合激素在幼果期与对照相比内源激素 ABA 含量明显降低，喷 IAA 在幼果期 ABA 的含量高于对照，膨大期之后这种差异消失。

j. 留果量越多偏斜率越高；套袋对富士苹果发育中果形指数没有影响，但是能降低果形偏斜率；施不同的肥料对果形发育有一定的影响，天物公司生产的生物肥效果最好，其次是天海腾惠公司生物肥和福州钧鼎公司生物肥。

4.4.2　建议

针对阿克苏富士苹果果形偏斜率高，外观质量差日益突出的问题，通过本研究得出，授粉受精、种子发育、内源激素含量对富士苹果果形的影响表现尤为突出。立足于果形偏斜问题，对目前的生产栽培提出如下建议。

a. 合理配置授粉树，创造充分授粉受精的条件。保证苹果果实幼果期端正是防控果实后期发育中出现偏斜生长的基础。因此，生产栽培中应合理地选择与配置授粉树，授粉树占果园总株数的 20%左右，是优质高产苹果基本的条件。在已建成的果园中，如果无授粉树或授粉树不足，应采用花期放蜂或者人工辅助授粉。人工辅助授粉所用的花粉采集自授粉树上大蕾期的花朵，留花药，在 25～30℃的条件下大约 8 h，碾碎，在天气晴朗的清晨授粉。授粉应在花朵开放后 2～3 d 内完成为宜。

b. 合理喷施外源激素。目前，外源激素在生产实践中得到了广泛的推广和应用。结合前人在苹果上的研究成果及本试验的研究结果，将 6-BA、GA_3、IAA 按照 BA 100 ppm+GA_3 300 ppm+IAA 20 ppm 浓度比例配成混合药液，在花期或者在幼果期喷施能有效降低果形偏斜率。

c. 果实套袋是目前生产无公害果品的有效方法之一。套袋可极大提高果实的着色度，使果面光洁、外观品质得到改善，商品率明显提高，并能降低农药的残留量。针对目前阿克苏富士苹果套袋中存在的不套袋着色过重，一次套袋着色过淡的问题，建议在栽培中应用两次套袋。时间大致为 6 月 9 日～8 月 9 日第一次套袋，8 月 20 日～9 月 25 日第二次套袋。

d. 确定合理的负载量。富士苹果留果标准为叶果比（50～60）∶1 或枝果比（5～6）∶1 为宜。强树、强枝上的果少疏；弱树、弱枝上的花果应适当多疏，按每隔 20～25 cm 留一个果的留果方法进行。

4.4.3　展望

本研究从富士苹果果形形成的机制方面，从授粉受精、内源激素、种子发育状况等方面进行了研究，得出了导致阿克苏富士苹果果形偏斜的原因，并采用外源激素、人工授粉等方式对偏斜问题进行调控取得了良好的效果。但是，由于试验期较短，学识、科研条件及其地域性的限制，已完成的试验与观测尚存在一些不足需要改进，主要有以下两个方面。

　　a. 内源激素对果形的影响机制需进一步深入探讨。本研究对端正果、畸形果种子、果肉内动态变化进行了研究。但是，植物体内生理效应都不是单一激素的作用，而是各种激素相互作用的结果。希望以后的研究中对内源激素之间的交互效应进行细致研究，以进一步明确内源激素对果形形成的内在机制。

　　b. 果实的发育是植物的遗传信息在内外条件影响下有序表达的复杂过程。影响其发育的树体营养状况等对果实发育的影响需要进一步细致的研究。

参 考 文 献

柴梦颖, 李秀根, 张少陵. 2005. 梨授粉受精影响因素研究进展. 中国果树, (3): 51-52.

陈昆松, 张上隆. 1997. 脱落酸、吲哚乙酸和乙烯在猕猴桃果实后熟软化进程中的变化. 中国农业科学, (2). 56-61.

陈善波, 廖明安, 邓国涛, 等. 2007. 早蜜梨果实生长发育期间内源激素含量变化的研究. 北方园艺, (11): 1-3.

陈尚武, 张大鹏. 1998. 金冠苹果果实发育后期内源脱落酸的来源与代谢. 园艺学报, (4): 55-57.

程铭, 王显国, 张永亮, 等. 2010. 外源激素对野牛草营养生长与有性生殖性状的影响. 内蒙古民族大学学报(自然科学版), 25(2): 171-175.

崔萧. 2000. 塑膜袋苹果套袋试验. 中国南方果树, 3(29): 41-42.

戴正. 2002. 葡萄的化学调控. 哈尔滨: 东北农业大学硕士学位论文.

邓继光. 1995. 苹果品种组织结构研究. 果树科学, 12(2): 71-74.

丁长奎, 章恢志. 1988. 植物激素对枇杷果实生长发育的影响. 园艺学报, 15(3): 147-150.

樊卫国, 华明, 国琴, 等. 2004. 刺梨果实与种子内源激素含量变化及其与果实发育的关系. 中国农业科学, 37(5): 728-733.

范伟国, 孔凡来, 贾霞. 2009. 新川中岛桃花期及花果质量的赤霉素调控. 山西果树, (3): 32-33.

方金豹, 陈锦永, 张威远, 等. 2000. 授粉和CPPU对猕猴桃内源激素水平及果实发育的影响. 果树科学, 17 (3): 192-196.

方金豹, 田莉莉, 陈锦永, 等. 2002. 猕猴桃源库关系的变化对果实特性的影响. 园艺学报, 29(2): 113-118.

宫美英. 1988. 苹果果皮构造与耐贮性关系研究. 山西果树, (2): 4-5.

关军锋, 马智宏, 李敏霞, 等. 2000. 亚精胺对苹果花粉萌发与花粉管伸长的抑制效应及其与 Ca^{2+} 的关系. 植物生理学通讯, 36(2): 107-109.

关秀杰. 2000. 龙冠苹果新梢生长与果实发育规律的研究. 牡丹江师范学院学报(自然科学版), (4): 1-3.

贺学礼. 2004. 植物学. 北京: 高等教育出版社: 11.

胡仕碧, 赵强. 1997. 巨峰葡萄开花前至落果期14C-光合产物的运转分配及与落花落果的关系. 河北农业大学学报, (1): 36-38.

黄春辉, 柴明良, 潘芝梅. 2007. 套袋对翠冠梨果皮特征及品质的影响. 果树学报, 24(6): 747-751.

黄卫东, 原永兵, 彭宜本. 1994. 温带果树结实生理. 北京: 北京农业大学出版社: 125-129.

李保国, 顾玉红, 郭素平, 等. 2004. 苹果果实若干性状的花粉直感规律研究. 河北农业大学学报, 27(6): 34-37.

李凤玉, 梁海曼. 1999. 乙烯在植物形态发育中的作用. 亚热带植物通讯, (1): 45-47.

李光晨, 范双喜. 2001. 园艺植物栽培学. 北京: 中国农业大学出版社.

李含芬, 马春晖, 尹晓宁. 2009. 苹果梨柱头数目对种子和果实发育的影响. 北方园艺, (5): 71-73.

李慧峰, 吕德国, 刘国成, 等. 2006. 套袋对苹果果皮特征的影响. 果树学报, 23(3): 326-329.

李建国, 黄辉白, 刘向东. 2003. 荔枝果皮发育细胞学研究. 园艺学报, 30(1): 23-28.

李疆, 高疆生. 2003. 干旱区果树栽培技术. 乌鲁木齐: 新疆科技卫生出版社: 169-184.

李楠. 1997. 苹果梨果形偏斜原因及改进措施. 西北园艺: 果树, (1): 12-14.

李平, 吴伟新, 郑润泉, 等. 2002. 台湾青枣结果习性观察. 中国南方果树, 6: 61.

李天忠, 浅田武典, 韩振海, 等. 2004. 苹果部分品种的授粉结实性研究. 园艺学报, 31(6): 794-795.

李秀菊, 刘用生, 束怀瑞. 2000. 不同成熟型苹果果实生长发育过程中几种内源植物激素含量变化的比较. 植物生理学通讯, 36(2): 7-10.

李学强, 李秀珍. 2009. 种子数与南果梨果实品质的关系研究. 种子, 28(1): 67-71.

李振刚. 2000. 不同袋种对红富士苹果的套袋效果试验. 山西果树, 1: 15.

刘丙花, 姜远茂, 彭福田, 等. 2008. 甜樱桃红灯果实发育过程中果肉及种子内源激素含量变化动态. 果树学报, 25(4): 593-596.

刘利德, 姚敦义. 2002. 植物激素的概念及其新成员. 生物学通报, 37(8): 18-20.

刘涛, 曾明, 吴宗萍. 2010. 植物激素与水果生长发育的相关性研究进展. 运城学院学报, 28(2): 51-54.

刘志, 伊凯, 杨巍, 等. 2003. 影响富士苹果果实质量的相关研究. 北方果树, (2): 5-6.

刘志坚. 2001. 苹果套袋状况考察专论. 中国果菜, (2): 46-47.

陆秋农, 周润生, 张艳芬, 等. 1983. 苹果果实发育研究初报. 中国果树, (2): 7-8.

陆欣媛, 王连敏, 王立志. 2010. 寒地水稻施用植物生调节剂效果的研究. 黑龙江农业科学, (10): 60-62.

吕英民, 张大鹏, 严海燕. 1999. 糖在苹果果实中卸载机制的研究. 园艺学报, 26(3): 141-146.

吕忠恕. 1982. 果树生理. 上海: 上海科学技术出版社: 326-340.

罗华建, 罗诗, 赖永超, 等. 2002. 台湾青枣果实生长发育初探. 果树学报, 19(6): 436-438.

马宝焜, 陈四维, 李振中. 1984. 长富-2苹果生物学特性观察. 河北农业大学学报, 7(1): 48-50.

马海燕. 2007. 葡萄生长过程中内源激素含量变化的研究. 咸阳: 西北农林科技大学硕士学位论文.

马希满. 1989. 苹果栽培技术问答. 石家庄: 河北科学技术出版社: 1-18.

马兴祥. 1995. 金冠苹果果实生长动态数学模式应用与水热条件分析. 中国农业气象, 16(4): 11-18.

孟金陵, 刘定富, 蔡得田. 1997. 植物生殖遗传学. 北京: 科学出版社: 300-305.

潘瑞炽. 2001. 植物生理学. 4版. 北京: 高等教育出版社: 169-197.

潘增光, 辛培刚. 1995. 不同套袋处理对苹果果实品质形成的影响及微域生境分析. 北方园艺, (2): 21-22.

庞中存. 1998. 苹果梨果形问题探讨. 甘肃农业科技, (11): 5-7.

朴一龙, 薛桂新, 金英善, 等. 1997. 苹果梨授粉柱头数对坐果率和果实性状的影响. 延边大学农学报, 19(3): 172-173.

阮晓, 王强. 2000. 香梨果实成熟衰老过程中4种内源激素的变化. 植物生理学报, (5): 32-35.

石海强, 黄保中, 秦立者, 等. 2006. 授粉品种对红富士苹果坐果率及果实品质的影响. 河北农业科学, 10(3): 33-35.

束怀瑞. 1993. 果树栽培生理学. 北京: 农业出版社: 171-188.

束怀瑞. 1999. 苹果学. 北京: 中国农业出版社: 407-408.

孙建设, 马宝焜, 章文才. 1999. 红富士苹果果形偏斜的机理研究. 河北农业大学学报, 22(4): 38-41.

陶汉之, 高丽萍, 陈佩璁, 等. 1994. 猕猴桃果实发育中内源激素水平的变化研究. 园艺学报, 21(1): 35-40.

汪俏梅, 郭得平. 2002. 植物激素与蔬菜的生长发育. 北京: 中国农业出版社.

王邦锡, 黄久常, 王辉, 等. 1994. 苹果梨果形畸变原因的探讨. 甘肃科学学报, 1(1): 1-5.

王春飞, 郁松林, 肖年湘, 等. 2007. 果树果实生长发育细胞学研究进展. 园艺园林学, 23(7): 386-390.

王斐, 凌益章. 1997. 果形剂影响富士苹果果实形状试验初报. 新疆农垦科技, (4): 9-10.

王建勋, 高疆生, 庞新安, 等. 2006. 阿拉尔垦区红富士苹果栽培气候生态条件的分析. 干旱地区农业研究, 24(4): 134-137.

王俊香, 冶晓瑞. 2008. 如何科学合理使用植物生长调节剂. 中国农药, (5): 48-50.

王奎先, 周启河, 初庆刚. 2000. 矮樱桃果实发育的解剖学研究. 西北植物学报, 20(3): 480-483.

王宁, 曹后男, 宗成文, 等. 2010. 寒富苹果优良授粉品种的选择. 延边大学农学学报, 32(3): 191-195.

王荣敏. 2005. 梨果实内种子的数量对果实大小及含糖量的影响. 果农之友, (3): 10.

王少敏, 白佃林, 高华君. 2001. 套袋苹果果皮色素含量对苹果色泽的影响. 中国果树, (3): 20-22.

王少敏, 高华君, 张骁兵. 2002. 套袋对红富士苹果色素及糖、酸含量的影响. 园艺学报, 29(3): 11-13.

王唯薇, 赵德刚. 2010. 刺梨花粉管萌发的荧光显微观察. 基因组学与应用生物学, 29(2): 322-326.

王中英. 1994. 果树栽培学概论(北方本). 北京: 农业出版社: 84-91.

王忠. 2000. 植物生理学. 北京: 中国农业出版社: 264-294.

魏钦平, 叶宝兴, 张继祥, 等. 2001. 不同生态区富士苹果果皮解剖结构的特征与差异. 果树学报, 18(4): 243-245.

魏树伟, 王宏伟, 王金政, 等. 2010. 套袋对红将军苹果果皮结构的影响. 山东农业科学, 10: 58-61.

吴俊, 钟家煌, 徐凯, 等. 2001. 外源 GA_3 对藤稔葡萄果实生长发育及内源激素水平的影响. 果树学报, 18(4): 209-212.

吴少华. 1986. 梨果实发育和直感同内源激素的关系. 浙江农业大学学报, (1): 58-61.

郗荣庭. 1995. 果树栽培学总论. 3 版. 北京: 中国农业出版社.

夏征农. 1999. 辞海. 上海: 上海辞书出版社.

向旭, 张展薇, 邱燕平, 等. 1994. 糯米糍荔枝坐果与内源激素的关系. 园艺学报, 21(1): 1-6.

徐践, 程玉琴. 2008. 园艺植物生物学. 北京: 化学工业出版社: 123-132.

徐宁生, 杨建国, 张尧忠. 2000. 利用雌性单株建立蓖麻雌性系的三种方法比较. 西南农业学报, 13(3): 67-72.

徐义流, 张绍铃. 2003. 花粉-雌蕊相互作用的分子基础. 西北植物学报, 23(10): 1800-1809.

薛志霞. 2011. "富士"苹果果实偏斜影响因素的研究. 咸阳: 西北农林科技大学硕士学位论文.

闫国华, 甘立军, 孙瑞红, 等. 2000. 赤霉素和细胞分裂素调控苹果果实早期生长发育机理的研究. 园艺学报, 27(1): 11-16.

闫树堂, 徐继忠. 2005. 不同矮化中间砧对红富士苹果果实内源激素、多胺与细胞分裂的影响. 园艺学报, 32(1): 81-83.

杨尚武. 2004. 红富士苹果生产中存在的问题与解决途径. 甘肃农业, (2): 38-39.

姚丰平, 林莉, 吴家森, 等. 2002. 猕猴桃畸形果产生原因及对策. 浙江林业科技, 22(2): 36-43.

叶春海, 吕庆芳. 1997. 柑橘果实性状与种子数的相关分析. 中国南方果树, 26(3): 6-8.

于亚琴, 王登坤. 1995. 秋富 1 苹果幼树新梢、果实生长动态研究. 北方园艺, (2): 23-24.

余叔文, 汤章城. 1998. 植物生理与分子生物学. 2 版. 北京: 科学出版社: 421-422, 426-608.

曾骧. 1992. 果树生理学. 北京: 北京农业大学出版社: 134-177, 225-227.

张大鹏, 邓文生. 1997. 葡萄果实生长与水势及其分量和细胞壁展延性之间的关系. 中国农业大学学报, 2(5): 100-108.

张力栓. 2002. 鸭梨初结果树果实畸形成因及对策. 山西果树, (4): 48-49.

张敏. 1987. 果皮结构与致锈关系研究初报. 山西果树, (4): 4-6.

张雪梅, 李保国, 赵志磊, 等. 2009. 苹果白花授粉花粉管生长和花柱保护酶活性与内源激素含量的关系. 林业科学, 45(11): 20-25.

张宗坤. 1986. 改善长富 2 果形偏斜的研究. 果树科学, 4: 30-32.

赵建锋, 秦进华, 孙玉东. 2007. 番茄畸形果研究进展. 安徽农业科学, 35(31): 9880-9881.

郑国华, 杉浦明. 1991. 柿果实发育过程中内源 GA₃ 活性和 ABA 含量的变化. 北京农业大学学报, (1): 44-45.

周会玲, 李嘉瑞. 2006. 葡萄果实组织与耐贮性的关系. 园艺学报, 33(1): 28-32.

周蕾, 魏琦超, 高峰. 2006. 细胞分裂素在果实及种子发育中的作用. 植物生理学通讯, (3): 27-29.

周其石. 1988. 花粉直感作用对香梨果实主要性状的影响. 果树科学, (4): 176-180.

祝服奎, 李先军, 祝自丽, 等. 2006. 红将军苹果授粉品种对比试验. 西北园艺, (2): 49.

邹养军, 王永熙. 2002. 内源激素对苹果果实生长发育的调控作用研究进展. 陕西农业科学, (10). 13-15.

Alexander L, Grlerson D. 2002. Ethylene biosyntheses and antion in tomato: a nodel for dimacteric fruit riping. J Enp Botany, (377): 111-132.

Barritt B H. 2003. The apple world 2003-present situation and developments for produces and consumers. Compact Fruit Tree, 36(1): 15-18.

Beeruter J. 1983. Effect of abscisic acid on sorbitol uptake in growing apple fruits. Expert Bot, 143: 737-743.

Bepete M, Lakso A N. 1998. Differential effects of shade on early-season fruit and shoot growth rates in 'empire' apple. Hortscience, 33(5): 823-825.

Beruter J. 1983. Effect of abscisic acid on sorbitol uptake in growing apple fruits. J Exp Bot, 34(143): 737-743.

Bewley C R. 1999. Developmental and germinative events can occur concurrently in precociously germinating Chinese cabbage(*Brassica rapa* ssp. *Pekinensis*)seeds. Journal of Experimental Botany, (50): 29-31.

Brown A G. 1960. The inheritance of shape, size and season of ripening in progenies of the cultivated apple. Euphytica, 9: 327-337.

Christodoulon A, et al. 1966. Prebloom of thinning of Thompson needless grapes is feasible when followed by bloom spraying with gibberellin. Calif Agri, 20: 8-10.

Costa G, Bagni N. 1983. Effect of polyamines on fruit set of apple. Hortscience, 18(1): 59-61.

Cowan A K, Moore-Gordon C S, Bertling I, et al. 1997. Metabolic control of avocado fruit growth: Isoprenoid growth regulators and the reaction catalyzed by 3-hydroxy-3-methylglutaryl coenzyme A reductase. Plant Physiol, 114: 511-518.

de Graaf B H J, Derksen J W M, Mariani C. 2001. Pollen and pistil in the progamic phase. Sex Plant Reprod, 14: 41-45.

Denny J O. 1992. Xenia includes metaxenia. Hort Science, 27(7): 722-728.

Dragovoz I V, Kots S Y, Chekhun T I, et al. 2002. Complex growth regulator increases alfalfa seed production. Russ J Plant Physiol, 49(6): 823-827.

Gao X Q, Zhu D Z, Zhang X S. 2010. Stigma factors regulating self-compatible pollination. Front Biol, 5(2): 156-163.

Gaspar T, Kevers C, Penel C, et al. 1996. Plant horm-ones and plant growth regulators in plant tissue culture. In Vitro Cellular & Developmental Biology-plant , 32: 272-289.

Goffinet M C, Robinson T L, Lakso A N. 1995. A comparison of 'Empire' apple fruit size and anatomy in unthinned and hand thinned trees. J Hort Sci, 70(3): 375-378.

Gupton C L. 1997. Evidence of xenia in blueberry. Acta Hort, 446: 119-123.

Harada T, Kurahashi W, Yanai M, et al. 2005. Involvement of cell proliferation and cell enlargement in increasing the fruit size of Malus species. Scientia Horticulturae, (105): 447-456.

Herrero M. 1992. From pollination to fertilization in fruit trees. Plant Growth Regulation, 11: 27-32.

Inone K, Fujii Y, Yokoyama E, et al. 1989. The photoinhibition site of photosystem I in isolated chloroplasts under extremely reducing conditions. Plant Cell Physiol, 30: 65-71.

Kojima K, Kuraishi S, Sakurai N, et al. 1993. Distribution of ABA indifferent parts of the reproductive organs of tomato Sciart. Plant Cell Physiol, 66: 23-30.

Kumark, Das B. 1996. Studies on xeniain alrnond. Journal of Horticulrural Science, 71(4): 545-549.

Letham D S. 1968. A new cytokinin bioassay and naturally occurring cytokinin complex //Wightman F, Setterfield G. Ottawa: Runge Press: 19-31.

Locoya S H. 1994. Growth inhibitor for pot chysanthemarns(*Dendranthema grandiflora* Fzvelev) paclobutrarol. Serie horticulture, 1(1): 11-14.

Luckwill L C. 1957. Studies of fruit development in relation to plant hormones IV. Acidic auxins and growth inhibitors in leaves and fruit of the apple. The Journal of Horticultural Science, (32): 18-33.

Luckwill L C. 1973. Hormoner and productivity of fruit tree scientific Matsubara S. Overcoming self-incompatibility by cytokinin treatmention Lilium longiflorum. Bot Mag, 86: 43-46.

Mayer E, Gottsberger G. 2000. Pollen viability in the Genus *Silene*(Caryophyllaceae)and its evaluation by means of different test procedures. Flora, 195: 349-353.

Miller A N, Walsh C S, Cohen J D. 1987. Measurement of indole-3-acetic acid in Peach fruits(*Prunus persica* L. Batsch CV Red haven)during development. Plant Physiol, 84: 491-494.

Moore-Gordon C S, Cowan A K, Bertling I, et al. 1998. Symplastic solute transport and avocado fruit development: A decline in cytokinin/ABA ratio is related to appearance of the Hass small fruit variety. Plant Cell Physiol, 39(10): 1027-1038.

Nakagawa S, Nanjo Y. 1995. A morphological study of delaware grape berring. J Japan Soc Hort Sci, (64): 85-95.

Nyeki J. 1972. Metaxenia studies of pear varieties. Acta Agron Acad Sci Hungaricae, 21: 75-80.

Ojeda H, Deloire A, Carbonneau A, et al. 1999. Berry development of grapevines: relations between the growth of berries and their DNA content indicate cell multiplication and enlargement. Vitis, 8(4): 145-150.

Paroussi G, Voyiatzis D G, Paroussis E, et al. 2002. Growth, flowering and yield responses to GA₃ of strawberry grown under different environmental conditions. Scientia Horticulturae, 96: 103-113.

Salopek S B, Kovac M, Prebeg T, et al. 2002. Developing fruit direct post-floral morphogenesis in Helleborus niger L. J Exp Bot, 53(376): 1949-1957.

Schneider I, Proctor J T A, Elfving D C. 1993. Characterization of seasonal fruit growth of 'Idared' apple. Sci Hort, 54(3): 203-210.

Schussler J R, Brenner M L, Brun W A. 1984. Abscisic and its relationship to seed filling in soybeans. Plant Physiol, 76: 301-306.

Smulders M J M, Janssen G F E, Croes A F, et al. 1988. Auxin regulation of flower bud formation in tobacco exp lants. J ExpBot, 39: 451-459.

Stancevic A S. 1971. Metaxenia in the sweet cherry: the effect of pollen of the parental variety on the time of ripening of some varieties of sweet cherry(in Croatian: English abstract). Jugoslovensko Vocarstvo, 15: 11-17.

Ulger S, Sonmez S, Kargacier M, et al. 2004. Determination of endogenous hormones sugar and mineral nutrition levels during the induction initiation and differentiation stage and their effects on flower formation in olive. Plant Growth Regul, 42: 89-95.

Williams, M W, Stahly E A, et al. 1969. Effect of cytokinins and gibberellins on shape of Delicious apple fruit. Jour. Amer Soc Hort Sci, 94: 17-19.

Zeffari G R, Pcres L E P, Kerbauy G B. 1998. Endogenous levels of cytokinins, indoleacetic acid, ab sci sic acid, and Pigments in variegated somaclones of micropropagated banana leaves. Plant Growth Regul, 17(2): 59-61.

第五章　新疆红富士苹果内在品质调控

1. 苹果套袋研究现状

（1）我国苹果套袋概况

20世纪90年代以来，套袋技术在我国苹果主产区得到了应用和大力推广，并产生了巨大的经济效益、社会效益和生态效益（刘志坚，2002）。果袋类型、套袋和除袋时期与具体时段及套袋后管理等一系列与套袋相关的技术也日益成熟。实施全套袋栽培，已被公认为果品套袋技术的重大改革，成为生产高、中档绿色果品，满足国内外市场需要的途径（文颖强和马锋旺，2006）。目前我国已成为世界上苹果套袋面积最大的国家（魏建梅等，2006），其中山东、河北、陕西、辽宁等地已大量使用苹果套袋栽培技术（黄春辉等，2007）。

（2）套袋对苹果果实内在品质的研究进展

生产上应用在苹果上的果袋主要有双层纸袋、双层塑料袋、单层纸袋、单层塑料袋等，其中套双层纸袋可有效改善苹果果实外观品质，应用也最为广泛。套袋为果实营造了遮光、高温、保湿的微域环境，直接影响果实内容物的合成、积累、转运，从而影响果实的内在品质。

A. 套袋对苹果果实中糖、酸含量的影响

套袋给果实提供的遮光、高温环境，使果实呼吸强度大，对碳水化合物的消耗增加，并且基本不具备光合能力，因此不利于糖、酸等物质的积累（Arakawa et al.，1994）。王少敏等（2002）研究发现，套袋果可溶性糖、可滴定酸具有与对照果基本相同的消长规律，但含量始终低于对照，它主要降低了果实中山梨醇和蔗糖的含量，果糖和葡萄糖降低幅度相对较小。抗坏血酸和芳香物质的含量也有下降（Barden and Bramlage；卜万锁等，1998；范崇辉等，2004）。套袋降低了果实发育早期的淀粉积累速率，缩短了积累持续时间；果实发育早期，套袋果实中蔗糖、葡萄糖、果糖含量的变化趋势与对照基本一致；果实发育后期，套袋果实中蔗糖和葡萄糖的含量明显降低（臧国忠等，2009）。

不同袋种对苹果果实中的糖酸含量有一定影响。研究表明，套双层纸袋后果实总糖含量显著降低，可滴定酸的含量下降较多，糖酸比值略有升高（Flefeher，1929）。高文胜等（2009）研究结果表明，对照果实中葡萄糖含量最高，套袋处理为"小林牌"袋＞"前卫牌"袋＞"彤乐牌"袋；而蔗糖含量为"小林牌"袋＞"彤乐牌"袋＞"前卫牌"袋，对照最低；套袋处理与对照果实酸性转化酶活性变化趋势基本一致。

不同时期套袋、摘袋对果实糖类物质含量也有影响。陈敬宜等（2000）研究发现，套袋过早不利于糖类物质的积累，含糖量随摘袋时间的推迟而逐渐降低，因此在苹果生产过程中，要提高苹果的含糖量，就要缩短套袋的时间（马艳芝和刘玉祥，2009）。臧国忠等（2009）认为过早摘袋不利于蔗糖和果糖的积累，合适的摘袋时间有利于提高果实中蔗糖和果糖的含量。有关不同时期套袋、摘袋对果实糖、酸含量影响国内已做了一些研究，但尚没有关于新疆富士苹果套袋的研究，有待进一步深入研究。

B. 套袋对苹果果实硬度的影响

有关套袋对果实硬度的影响，前人做了一些研究，但是结论不一致。王少敏等（2000）研究发现，单、双层纸袋处理的富士苹果果实硬度差异不显著，与不套袋果的硬度差异也不显著。周淑霞等（2001）试验发现，不同袋种处理的富士苹果，以不套袋果实的硬度最低，套塑膜袋的次之，套双层纸袋的果实硬度最大。随摘袋时间的推迟，阳面和阴面果实硬度逐渐变小，说明摘袋越晚，果实硬度越小，耐贮运性越差（薛晓敏等，2010）。目前，有关不同时期套袋和摘袋对富士果实硬度影响的研究报道较少。

C. 套袋对苹果果实芳香物质含量的影响

苹果果实芳香物质虽然含量较低，但对果实的风味影响很大。卜万锁等（1998）研究表明，富士果实中的乙醛、醇类物质及丙酮相对稳定，可能是果实风味相对稳定的基础，而酯类物质的变化则导致了果实风味品质的细微差别。套袋红富士果实中的芳香成分中酯类、醛类和醇类化合物的相对含量均较未套袋果低，套袋后酯类和醇类物质均有不同程度的降低，醛类为未套袋果的 1.77 倍，使红富士苹果的特有风味有所改变（赵峰等，2006）。李慧峰等（2011）研究表明套袋降低了寒富苹果果实中芳香物质的含量，双层纸袋最低，反光膜袋次之，塑膜袋略低于对照；套袋提高了果实中酯类物质的总含量，降低了醇类、醛类物质的总含量。可见，套袋可以降低富士果实中芳香物质，但不同时期套袋、摘袋对红富士苹果果实中芳香物质含量是否有影响尚没有报道。

D. 套果袋对苹果果实矿质元素含量的影响

矿质元素对果实肉质和风味、耐贮性、贮藏病害具有重要作用。研究表明：钙、钾含量高的果实细胞间隙率低，果肉致密，耐贮藏；锰、铜含量高，则果实硬度强，含量低，果实脆度高（东忠方等，2007）。套袋对果实中矿质营养元素的吸收与运转有影响（顿宝庆等，2002；李宝江等，1995），可显著抑制苹果果实对钙的吸收，以对照果实的钙吸收能力最高，套塑膜袋的果实次之，套纸袋果实的钙吸收速率最低（文颖强和马锋旺，2006）。蔡明等（2009）研究表明，套袋提高了两个嫁接组合苹果果实的水溶性钙含量，使果实的果胶钙、草酸钙和总钙含量降低。钙素主要靠水分蒸腾作用在木质部运输（White and Broadley，2003）。套袋果的蒸腾效率降低，一部分钙素可能从果实中转运到树体的其他部位，使套袋果实钙素的相对含量进一步降低，从而导致套袋苹果果实苦痘病、痘斑病的发生率高于自然生长发育的果实（东忠方等，2007）。前人有关套袋的研究多为对果实中糖酸和外观品质的影响，而有关不同套袋、摘袋时期对富士果实矿质元素影响的较少。

（3）套袋对苹果果实外观品质的研究进展

套袋有效地改善了果实着色，使红色品种果皮鲜亮，果面光洁（王少敏等，2001），降低农药残留（常有宏等，2006）。果实的外观品质得到改善，商品价值也有大幅度提高。但是，目前生产上突出的问题也很多。例如，套袋后加重了果实的失水皱皮，诱发或加重一些潜在病虫害的发生（赵同生等，2007；郝宝锋等，2007）。

A. 套袋对苹果果皮结构及果面光洁度的影响

套袋后，袋内光照、温度、湿度和透气性与不套袋时有很大差别（张建光等，2005）。卜庆卫等（2009）研究发现，富士苹果套袋后果皮角质层变薄，表皮细胞变大，厚度变薄，角质层光滑均匀度好，而不套袋果角质层厚，表皮细胞小，有多层，角质层较光滑均匀，且套袋果表皮细胞层数减少约为1层。

套袋能明显提高富士苹果果实的光洁度，果点不明显（高文胜等，2007；李慧峰等，2006）。不同时间套袋、摘袋对果面光洁度有一定影响，高文胜（2005）研究表明，随套袋时期的推迟，果点变大，果面光洁度逐步降低。随着摘袋时间的推迟，光洁度指数逐渐升高，说明摘袋越晚，果面越光洁（薛晓敏等，2010）。

B. 套袋对苹果果实色泽的影响

苹果的果皮色素主要由花青素、类胡萝卜素、叶绿素等组成，但花青素是决定果实色泽的主要色素。一般果实套袋后，果皮中叶绿素、酚类物质、类黄酮、花青素的合成作用受到抑制，摘袋后这些物质又迅速合成、积累。张建光等（2008）研究表明，套袋通过改变袋内光照和温度条件，影响花青素等果皮着色物质的合成和转化，进而改善果实着色。摘袋后显著降低了富士苹果果皮叶绿素的含量并提高了果实花青素的含量（夏静等，2010）。高华君等（2006）研究表明，套袋后果皮花青素合成酶类的基因表达受抑制，因此抑制了花青素合成；摘袋后果皮花青素迅速合成，同时叶绿素含量大大降低，从而使果实着色鲜艳，但花青素总量较未套袋果低。套袋可以改变果实着色，但是也与纸袋种类、套袋与摘袋时间等密切相关（厉恩茂等，2008；李先明等，2008），然而尚没有关于不同套袋、摘袋时间对富士着色物质影响的研究。

C. 套袋对单果重的影响

目前有关套袋对苹果单果重影响的报道不一致，有人认为不同袋种对单果重有影响，有人则持相反意见，还有人认为套袋时间长短对单果重有影响。李振刚等（2000）研究表明，套塑膜袋可显著增大富士苹果果个，而套双层纸袋的果实略小于无袋果。王少敏等（1998）研究表明，套双层纸袋与套单层纸袋的果实单果重差异不显著。王敬兵等（2010）研究表明，套袋对增加苹果单果重有显著促进作用，但套袋时间太长对果实增重不利。

2. 叶面肥研究现状

（1）叶面肥概况

叶面肥是用果树所需营养元素与一定量的表面活性剂或雾化剂配制，施用于果树叶片表面，通过叶片的吸收而发挥其功能的一种新型液体肥料，是农业生产上作为强化作物营养、防治某些缺素症及调控生长发育的一种施肥措施（缪桂红等，2010）。传统的施肥方法是把肥料施于土壤中，然后由植物的根从土壤中吸收肥料的营养成分。在根际施肥不能满足作物优质高产需求的前提下，通过叶面喷施来补充作物养分、调控作物生长、影响作物养分吸收利用效率，从而达到改善作物品质、增加作物产量的目的（李燕婷等，2009）。

A. 叶面肥的应用现状

叶面施肥作为快速、高效补充作物养分的一种方式已得到普及，尤其在瓜果、蔬菜类作物上应用广泛。各国研究者相继从单一大量元素、元素匹配、施用量、施用浓度、施肥时期及施肥效果等几方面对叶面肥进行了大量研究。早期的叶面肥料品种单一，多以大量元素为主，增产效果不是很明显；后来随着多元叶面肥的研究应用及一些助剂和生物活性物质的应用，叶面肥料施用效果才取得了显著提高（徐国华等，1997）。

B. 叶面肥的应用特点

叶面施肥与根部土壤施肥相比，具有一些特殊的优点，主要表现在以下几方面。

a. 使用方法简单，经济效益高。叶面施肥不受植株高度、密度的影响，养分利用率高、用肥量少，还可与植物生长调节剂、农药混合使用，既提高养分吸收效果，又防治了病虫害，从而减少农业生产投资。

b. 养分利用率高，吸收运转快，能及时满足植物需要。叶面施肥后，各种养分能够很快地被作物叶片吸收，直接从叶片进入植物体，参与作物的新陈代谢（施菊琴，2009）。

c. 通过叶面施肥，能够有力地促进作物体内各种生理过程的进行，显著提高光合作用强度和酶的活性，促进有机物的合成、转化和运输，有利于干物质的积累，可提高产量，改善品质。

d. 在表土干旱、水分缺乏、养分有效性低的情况下，叶面施肥可以提高有效性。研究表明，在盐碱、干旱等环境下，根部养分吸收受到抑制，叶面喷施效果良好（Alkier et al.，1972）。

e. 减少大量土壤施肥对土壤和地下水的污染。一般土壤施肥当季氮利用率只有25%～35%，而叶面施肥在24 h 内即可吸收70%以上（Vasilas et al.，1980），使用得当可减少1/4 左右的土壤施肥，从而降低了由于大量施肥后导致的土壤和水源污染。

（2）叶面肥对苹果产量和品质的研究进展

叶面肥能有效平衡果树营养，提高肥料利用率及果实品质、产量，减少生理病害，降低生产成本，提高经济效益（王斌和马朝阳，2009）。套袋红富士苹果叶面喷施有机肥可使果面光洁鲜艳，果点小，无锈斑，糖酸含量增加，风味变浓（周长梅等，2008）。孟凡丽等（2009）研究表明对果实硬度、可溶性固形物含量、可溶性糖含量和花青素含量影响最佳的氨基酸浓度是1200 倍，对果形指数和维生素C 含量影响最佳氨基酸浓度是1000 倍。林云第等（2001）喷施微肥试验结果表明，套袋前富士苹果喷施活性钙或氯化钙，生长期及采前喷施多种微肥，可提高果实的着色指数、提高可溶性固形物含量、增加果肉硬度。耿增超等（2004）研究结果表明喷施钙肥能有效提高红富士苹果的产量和品质。李志强等（2012）研究表明，喷施叶面肥可提高富士果实的果形指数，以尿素处理对果实果形指数提高最大。探索前人有关叶面肥对苹果品质影响，一般都是在苹果生长期喷施叶面肥，采收期测定品质，缺乏喷施叶面肥对不同时期品质影响的理论数据。

此外，通过测定苹果树叶片的各种光合作用参数，研究苹果的光合特性对科学施肥管理、提高品质和产量具有重要意义（李志强等，2012）。果实生长发育与树体光合作用密切相关，光合产物的有效积累、分配和转化直接影响果实品质，从某种意义上而言，高光合速率是提升果实品质及增加产量的重要因素（Sawan et al.，2001）。目前，国际上对果树光合作用的研究有了较大的进展，研究的内容也不断扩大和深入，光合生理特性和性状与产量、品质之间的关系引起了许多学者的兴趣。

喷施叶面肥可以改变果树的光合特性，且果实品质也有所提高。郑秋玲等（2009）研究结果表明，光合特性的改善明显提高果实的含糖量，增加枝条中C、N 贮藏营养及枝条含水量。车玉红（2005）研究表明无论何时喷钙，均能提高光合作用，且果实的外观品质和内在品质都较对照有明显的提高，单果重增加，果实硬度变大，可溶性固形物、花青苷含量、VC 含量、蛋白质含量均有所增大，可滴定酸和叶绿素含量都与对照相较有所下降。求盈盈等（2009）研究结果表明喷施叶面营养对杨梅叶绿素质量分数影响较小，但叶面营养提高了PSⅡ反应中心内部的光能转换效率，果实单果重增加，VC、糖和果实硬度有所提高。王晨冰等（2011）研究结果表明，喷施沼液对艳光油桃叶片营养及果实品质都有促进作用。

试验所用富士苹果（*Malus pumila* Mill.）由新疆阿克苏红旗坡农场于 1986 年引进自日本果树试验场盛冈支场，是从国光×元帅杂交后代中培育出的新品种。当地具有得天独厚的光热资源，使得苹果果实个大、含糖量高、香气浓郁、酥脆多汁，尤其是形成了独具特色的"冰糖心"苹果而享誉中外。近年来，对阿克苏富士苹果进行了大量研究调查，主要集中在果实外观品质如果形、着色及肥效、产量等问题上，激素对阿克苏富士苹果糖分含量等内在品质的研究相对较少。有研究表明，成熟果实中积累了大量的糖（Brenner，1989），而生长素、外源赤霉素、脱落酸及细胞分裂素等激素类物质能够在一定程度上促进肉质果实内部糖分的积累（努尔妮萨·托合体如则等，2013），对植物种子萌发（李俊南等，2013）、植株营养生长及开花结实（陈梅，2012）都有一定的促进作用。这些糖是果实品质成分和风味物质（如色素、维生素和芳香物质等）合成的基础原料，成为影响果实品质的重要因子（李保国，2004）。然而甜味常被作为判定苹果内在品质的重要指标之一，其甜度值的大小又取决于果实内糖的种类和含量的多少，糖的种类和含量是果实品质形成的关键因素，也是决定果实商品性优劣的重要指标（梁俊等，2011）。因此，研究果实内各糖组分的含量及比例显得尤为重要。本文针对该问题展开研究，旨在阐明不同激素对阿克苏富士苹果糖分积累量与品质间的关系，为今后进一步研究阿克苏"冰糖心"苹果及优化果实品质提供基础。

3. 库源调节与品质的关系

果实在成熟过程中，作为一个强大的代谢库，不断从叶源组织获得大量的光合产物积累。疏果、摘叶、遮光、环剥等是库源关系改变的常用手段，可对果实糖积累进行调控。在源强度一定的情况下，库器官数量对糖积累有重要的影响，因此生产上常通过疏果来减轻果实之间对光合产物的竞争，如在番木瓜中，疏果促进幼果果型增大、降低呼吸速率、增加酸性蔗糖分解酶（Ivr）活力，影响果实糖代谢，增加了成熟果实的含糖量（Zhou et al.，2000）。郭亚峰（2009）研究显示红富士摘叶转果、摘叶、转果均可明显提高果实着色果率及着色指数、果实可溶性固形物含量。

5.1　研究材料、关键技术和方法

5.1.1　研究区概况

新疆阿克苏地区，地理坐标为东经 79°39′～82°01′，北纬 39°30′～41°27′，属典型的干旱沙漠性气候，多年平均降雨量 71.3 mm，多年平均气温 10.3℃左右，昼夜温差大，平均湿度为 57.1%，光能资源丰富，≥10℃的有效积温为 3902.9℃左右，多年平均年日照时数 2848.1 h，全年无霜期长达 205～219 d。得天独厚的气候条件使得红富士苹果在此广泛种植。

试验区位于阿克苏地区红旗坡农场十分场，地理坐标为北纬 41°17′，东经 80°18′，海拔在 1104 m。试验区年平均气温 7.9～11.2℃，年有效积温为 3950℃，生长季（4～10 月）平均气温 16.7～19.8℃，≥5℃ 日数年平均 210 d 以上，0～80 cm 土层为砂土，平均土壤容重为 1.5 g/cm²，平均土壤田间持水量为 20%（V/V），0～20 cm 土壤养分状况为：碱解氮 11.48 mg/kg，速效磷 9.8 mg/kg，盐分含量 1.45%，pH 8.18；80～140 cm 土层为黏土，140 cm 以下为砂土。

试验材料以红富士苹果为主，授粉品种为嘎啦，以纺锤形树形为主，株行距为 4 m×5 m，整体树势中庸，树形结构合理，具有良好的灌溉条件和栽培管理水平。

5.1.2 材料与处理

试验于 2010 年 5 月～2011 年 11 月在新疆阿克苏红旗坡十分场苹果园进行，供试品种为 11 年生红富士苹果，嫁接繁殖，砧木为新疆野苹果，株行距为 4 m×5 m，树势中庸，生长较好，树体差异性小，果园管理水平良好。

5.1.2.1 不同套袋、摘袋时期处理

（1）不同套袋时期处理

套袋时期分为 4 个处理，分别为 5 月 20 日、5 月 30 日、6 月 9 日、6 月 19 日。每次套袋均在 10:00～12:00 进行。每个处理在园内选出树势一致、生长良好、结果量基本一致的 3 株树作为试验用树。每棵树选择东南西北 4 个方位各选取 15 个果为试验用果，每套完一株树用标签卡标明套袋日期。摘袋时期为 10 月 1 日，采收日期为 10 月 17 日。

（2）不同摘袋时期处理

摘袋时期分为 8 个处理，分别为月 9 月 11 日、9 月 16 日、9 月 21 日、9 月 26 日、10 月 1 日、10 月 6 日、10 月 11 日、10 月 16 日，每次摘袋时间为 10:00～11:00。每个处理在园内选出树相一致、生长良好、结果量基本一致的 3 株树作为试验用树。每棵树东南西北 4 个方位各选取 15 个果为试验用果，每次处理在 3 棵树的 4 个方向上共取 15 个套袋和 15 个未套袋果用于品质测定。套袋时期为 6 月 2 日，摘袋后 15 d 采果测定。

5.1.2.2 喷施叶面肥处理

本研究设 5 个处理，分别为：喷施清水（对照）、复合叶面肥、钙肥、有机肥、钾肥，每个处理 3 个重复。

选择生长发育良好，树势均一，花期一致的 30 株（10 株为一个小区，3 个重复）为试验树，2011 年 5 月 8 日开始喷施，每隔 15 d 喷 1 次，共喷施 10 次，以喷清水为对照，采果时从每个小区的不同方向选择大小一致的 10～15 个果，取至果实采收期。果样采下后立即放进低温盒中，及时带回实验室进行指标测定。

钙肥为颗粒状(采用北京爱沃农业科技有限公司生产的印度钙 WOKOCa2000，成分为异构体泛酸钙盐 99.9%，500 g/袋)，按厂家推荐的 1：1000 的质量比配比后喷施；钾肥为液体型（采用陕西巨川富万钾有限公司生产的富万钾有机钾肥，成分为 $K_2O \geqslant 220$ g/L，有机质 $\geqslant 380$ g/L）按厂家推荐的 1：600 的配比配制后喷施；复合叶面肥为液体型（采用杨凌光泰实业有限公司生产的光泰牌果树复合叶面肥，成分 $N-P_2O_5-K_2O50-2-20$ g/L，$Fe-Zn-Mn-Cu$ 等 45-30-3-2 g/L），按厂家推荐的 1：800 的体积比配比后喷施；有机肥为液体型（采用桂林灵川县华益化工厂生产的茂龙生态液肥，成分为腐植酸 80 g/L，氨基酸 90 g/L，有机质 200 g/L），按厂家推荐的 1：500 的配比配制后喷施。喷施时间均为 8:00～10:00。品质测定分为 4 个时期：幼果期、膨大期、着色期、成熟期。

5.1.2.3　疏果处理

选择试材生长势良好、树势生长基本一致的红富士 3 株，每株选取同一方向的一主枝为单位，单枝环剥，3 次重复，设对照 1 株。疏果时间在果实生理落果期结束，分为 3 个疏果水平：①正常疏果（轻疏），按生产中一般疏果水平进行，即每 20 cm 左右留 1 果，每株约留 230 果；②重疏，每株约留 110 果；③不疏果。每个水平处理重复 3 次。疏果后分别在幼果期、膨大期、着色期、完熟期进行采样，每时期取 10～15 个果。用冰盒带回实验室，测定果实鲜重后贮存于–20℃冰箱中备用。

5.1.2.4　摘叶处理

选择试材生长势良好、树势生长基本一致的红富士 3 株，每株选取同一方向的一主枝为单位，干枝环剥，即 3 次重复，设对照 1 株。摘叶时间在幼果期摘除 50%叶片。分别在摘叶时、果实膨大期、着色期、完熟期进行采样。每时期取 10～15 个果。用冰盒带回实验室，测定果实鲜重后贮存于–20℃冰箱中备用。

5.1.2.5　不同外源激素处理

在苹果盛花期的 4 月 15 日前后，分别喷施激素 IAA、GA_3 和 6-BA，每种激素设 3 个浓度梯度，每个处理选取长势一致、花量适中、无病害的 5 株树，每株选择高度、朝向一致的枝条 3 个，挂牌标记为处理 1，IAA 25 mg/L；处理 2，IAA 250 mg/L；处理 3，IAA 500 mg/L；处理 4，GA_3 25 mg/L；处理 5，GA_3 250 mg/L；处理 6，

GA$_3$ 500 mg/L；处理 7，6-BA 25 mg/L；处理 8，6-BA 250 mg/L；处理 9，6-BA 500 mg/L；对照（CK），不喷施任何激素。对上述各处理进行相同的栽培管理。在采收期对经各处理的每株树的每枝随机选果 10 个，每个处理共 150 个果，分别进行可溶性总糖、还原糖、蔗糖、果糖、葡萄糖、甜度值、可滴定酸及甜酸比等指标的测定。

5.1.3　试验方法

5.1.3.1　果实纵横径、单果重、可溶性固形物、硬度的测定

选择花期一致的红富士苹果果实挂好标牌，采果时从树体的东、西、南、北、内膛进行随机取果，每次选 10～15 个大小相近的富士果实（随着富士果实的生长发育，对采果数量进行适当的调整）。用游标卡尺测定每个果实的纵径和横径，用电子天平称量每个果实的质量，均取平均值，用手持折光仪测定果实中的可溶性固形物，使用 GY-B 型果实硬度计测定苹果样品的阳面和背面的硬度，取平均值。

5.1.3.2　着色面积、褪绿面积、光洁度、鲜艳度、果点大小

由 3 人组成评价小组，试验前做一些练习。开始评价前，给每位评价人员讲解评价内容、评价标准和评价方法，然后将已编好号的待评价样品用相同的盛器送交评价员评价，最后填写好评分表并签名。收集各评价员的评价结果，进行分析。

5.1.3.3　含水率的测定

果实中的含水率测定采用 GB/T 5009.3—2010 中的减压干燥法测定。

5.1.3.4　还原糖、总糖、蔗糖的测定

还原糖的测定采用 GB/T 5009.7—2008 中的直接滴定法测定。
总糖的测定：采用 GB/T 5009.8—2008 中的酸水解法。
蔗糖计算公式：
蔗糖含量（以葡萄糖计）＝（总糖含量–还原糖含量）×0.95

5.1.3.5　总酸的测定

总酸的测定采用 GB/T 12456—2008 中的酸碱滴定法测定。

5.1.3.6　VC 的测定

VC 的测定采用 GB/T 6195—1986 中的 2,6-二氯靛酚滴定法测定。

5.1.3.7　膳食纤维的测定

膳食纤维的测定采用 GB/T 5009.88—2008 中不溶性膳食纤维的测定。

5.1.3.8　蛋白质的测定

蛋白质的测定采用 GB/T 5009.5—2010 中的凯氏定氮法测定。

5.1.3.9　甜度值的测定

甜度值＝（葡萄糖×0.7）＋（果糖×1.75）＋蔗糖×1（魏建梅等，2005）

5.1.3.10　果糖的测定

果糖测定方法：间苯二酚比色法（官智等，1998）。

5.1.3.11　葡萄糖的测定

葡萄糖测定方法：邻甲苯二酚比色法（官智等，1998）。

5.1.3.12　光合指标的测定

对喷施叶面肥和对照果树的叶片运用 Li-6400 光合仪分别于 2011 年 8 月 20 日和 21 日测定苹果叶片的净光合速率（Pn）、蒸腾速率（Tr）、气孔导度（Gs），叶片瞬时水分利用效率（WUE）根据 Pn 和 Tr 的比值得出。每小区每处理选一株树，每株树测三片叶子，同一叶片记录三组数据。由于两次测定结果的变化趋势基本一致，因此本研究采用 2011 年 8 月 21 日测定的结果进行数据分析。采用 Excel2003 对数据进行处理并制图表，用 DPS 进行单因素方差分析。

光合–光强响应特性的测定。于晴天测定，设定光合测定系统叶室工作参数：CO_2 浓度为 400 μmol/mol，温度为 30℃。在光照强度梯度 2000、1800、1500、1200、1000、800、600、400、200、150、100、60、20 μmol/(m^2·s)条件下测定 Pn。根据光合小助手求出各品种的光补偿点（LCP）、光饱和点（LSP），用直线回归法求得 Pn-PAR 响应曲线的初始斜率为光合作用的表观量子产额（AQY），截距为光下暗呼吸速率 Rd。

5.1.4　数据处理

试验数据采用 Excel、DPS7.05、SPSS17.0 软件统计分析。通过 Excel 对各处理的物质含量做折线图、柱形图；通过 DPS7.05 对各处理物质含量之间的差异性进行处理，得出图表，进行分析。

5.2　研究取得的重要进展

5.2.1　套袋对红富士苹果品质的影响

5.2.1.1　不同套袋时期的比较

（1）不同套袋时期对红富士苹果内在品质的影响

由表 5-1 可知，红富士苹果套袋时间越早，果实硬度越小，且套袋果的果实硬度均显著低于未套袋果。5 月 20 号、30 号套袋处理的果实硬度差异不显著，但均显著低于 6 月的两次套袋处理。随着套袋时间的推迟，富士果实中的总糖、还原糖、蔗糖、总酸含量呈增加趋势，且均显著低于对照。不同套袋时期对总糖和蔗糖的影响相似，5 月 20 号、30 号套袋处理果中的总糖、蔗糖含量差异不显著，但均显著低于 6 月的两次套袋处理，且 6 月的两次套袋处理果实中的总糖、蔗糖含量之间差异显著，不同套袋时期对果实中总酸的影响不显著。由此说明套袋不利于富士果实中糖类和酸的合成，降低果实硬度，从而使果实不宜长时间贮藏。

表 5-1　不同套袋时期与未套袋果红富士苹果的内在品质
Table 5-1　Fruit bagging at different stages and no bagged on Red Fuji apple's internal quality

时间	硬度/（kg/cm²）	总糖/%	还原糖/%	蔗糖/%	总酸/%
5/20	8.15c	10.08d	7.32d	2.62d	0.325b
5/30	8.29c	10.17d	7.50c	2.54d	0.329b
6/9	8.45b	10.95c	7.65b	3.14c	0.334b
6/19	8.57b	11.34b	7.69b	3.48b	0.341b
未套袋果	8.72a	11.74a	7.87a	3.69a	0.354a

注：经邓肯氏新复极差法显著性测定，小写字母为差异达 0.05 显著性水平

（2）不同套袋时期对红富士苹果外观品质的影响

由表 5-2 可知，随着套袋时间的推迟，光洁度由好到差，鲜艳度由鲜艳到一般，果点由小而稀变为大而密，着色度和褪绿度也呈下降趋势，6 月 9 日之前套袋果的着色度、褪绿度均显著优于未套袋果。套袋时间越早，果面光洁度、着色度、鲜艳度及果面褪绿度等外观品质越好。

表 5-2　不同套袋时期、未套袋果红富士苹果的外观品质

Table 5-2　Fruit bagging at different stages and no bagged on Red Fuji apple's appearance quality

时间	光洁度	着色度/%	鲜艳度	果点	褪绿度/%
5/20	好	92.54a	鲜艳	小、稀	97.69a
5/30	好	88.38a	鲜艳	中、稀	97.31b
6/9	一般	88.27a	鲜艳	中、稀	95.37b
6/19	差	83.15b	一般	大、密	90.23c
未套袋果	差	81.62b	差	大、密	87.92c

5.2.1.2　不同摘袋时期的比较

（1）不同摘袋时期对红富士苹果内在品质的影响

A. 硬度

由图 5-1 可知，不同摘袋时期的果实硬度始终低于同期未套袋果。随着苹果摘袋时间的推迟，苹果硬度逐渐下降，10 月 6 日以后摘袋的果实硬度基本一致。

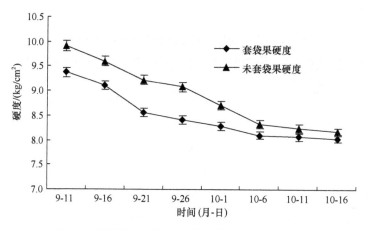

图 5-1　不同摘袋时期与未套袋苹果果实硬度比较

Fig. 5-1　Comparison of fruit firmness of bag removing at different stages and no bagged ones

B. 总糖、还原糖、蔗糖

由图 5-2 可知，套袋果总糖、还原糖、蔗糖具有同未套袋果基本相同的消长规律，但含量均始终低于未套袋果。随摘袋时间的推迟，套袋果与未套袋果果实中总糖、还原糖的变化呈双峰，9 月 21 日出现第一次峰值，随后有所下降，10 月 6 日出现第二次峰值，且为最大值，之后微弱下降或基本保持不变。果实中蔗糖含量的变化较小，套袋果在 10 月 6 日时的总糖、还原糖、蔗糖含量最高。

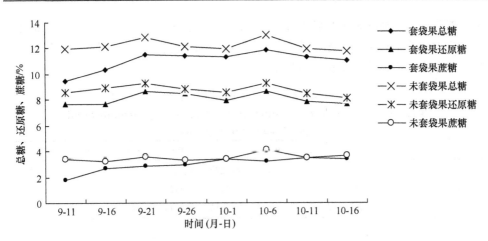

图 5-2　不同摘袋时期与未套袋苹果的总糖、还原糖、蔗糖比较

Fig. 5-2　Comparison of fruit total sugar、reducing sugar and sucrose of bag removing at different stages and no bagged ones

C. 总酸

由图 5-3 可知，不同摘袋时期对红富士苹果的总酸含量有一定影响，套袋果的总酸含量要低于未套袋果。总酸含量在 9 月 16 日附近出现最大值，10 月 6 日附近出现最小值。

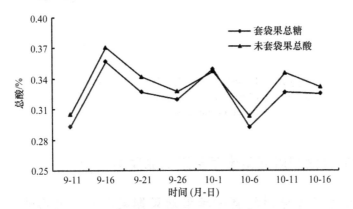

图 5-3　不同摘袋时期与不套袋苹果总酸比较

Fig. 5-3　Comparison of fruit total acid of bag removing at different stages and no bagged ones

（2）不同摘袋时期对红富士苹果外观品质的影响

由表 5-3 可知，随着摘袋时间的推迟，富士苹果的光洁度呈下降趋势，较早摘袋，富士苹果的光洁度好，摘袋过晚，光洁度一般。就鲜艳度而言，摘袋过早或是过晚的果实鲜艳度都不好，过早果实鲜艳度差，过晚鲜艳度一般。果点大小则是随着摘袋时间的推迟变得小而稀。由图 5-4 可知，随着摘袋时间的延迟，套袋苹

果的着色度、褪绿度先上升后下降，在 10 月 6 日之前好于不套袋的苹果，10 月 6 日之后着色度、褪绿度开始下降，并低于不套袋的苹果。说明摘袋时间过早或过晚，都会降低苹果着色及褪绿的品质。

表 5-3　不同摘袋时期、未套袋红富士苹果的外观品质

Table 5-3　Bag removing at different stages and no bagged on Red Fuji apple's appearance quality

指标	9/11	9/16	9/21	9/26	10/1	10/6	10/11	10/16	未套袋果
光洁度	光洁	光洁	光洁	光洁	较光洁	较光洁	一般	一般	一般
鲜艳度	差	一般	一般	好	很好	很好	好	一般	一般
果点	大而密	大而密	大而稀	小而密	小而稀	小而稀	小而稀	小而稀	大而密

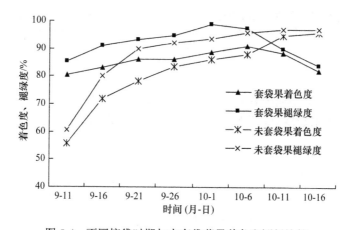

图 5-4　不同摘袋时期与未套袋苹果着色和褪绿比较

Fig. 5-4　Comparison of fruit stained area and chlorosis area of bag removing at different stages and no bagged ones

5.2.2　喷施叶面肥对红富士苹果果实品质的影响

5.2.2.1　喷施叶面肥对红富士苹果幼果期果实品质的影响

（1）喷施叶面肥对红富士苹果幼果期单果重及纵横径的影响

图 5-5 表明，叶面肥作用下，红富士苹果幼果期的单果重均高于对照，单果重由高到低的顺序为：有机肥＞钾肥＞钙肥＞复合肥＞对照，以有机肥处理的单果重最大，比对照提高 12.77%，而钙肥、钾肥、复合肥单果重分别比对照提高 4.57%、6.28%、0.14%。

将富士果实的单果重经单因素方差分析得（表 5-4）：在与对照的比较中，有

机肥处理与对照的单果重呈极显著差异，钾肥处理与对照的单果重呈显著性差异；在各叶面肥的比较中，有机肥处理与钾肥、钙肥、复合肥处理的单果重呈显著性差异；钾肥处理与复合肥处理的果单果重呈显著性差异。

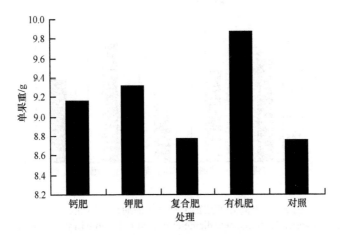

图 5-5　不同处理红富士苹果幼果期单果重

Fig. 5-5　The fruit weight of Red Fuji apple in young period in different period treatment

表 5-4　不同处理间幼果期单果重差异性比较

Table 5-4　The different comparison of fruit weight in young period in different treatment

名称	单果重/g	5%	1%
钙肥	9.16	bc	B
钾肥	9.31	b	AB
复合肥	8.77	c	B
有机肥	9.88	a	A
对照	8.76	c	B

注：单因素方差分析采用 LSD 法，小写字母代表 5%显著性水平，大写字母代表 1%显著性水平

图 5-6 表明，钙肥、钾肥、有机肥处理可促进红富士苹果幼果期果实纵径的生长，果实纵径较对照分别提高 2.49%、0.78%、3.15%，复合肥较对照的果实纵径降低 2.07%，经单因素方差分析得（表 5-5）：在与对照的比较中，钙肥、钾肥、复合肥、有机肥处理与对照的果实纵径有差异，但差异不显著；在各叶面肥的比较中，有机肥处理与复合肥处理的果实纵径呈显著性差异。

图 5-6 表明，钾肥、有机肥处理可以促进果实横径的生长，较对照分别提高 0.08%、0.71%，而钙肥、复合肥抑制果实横径的生长，较对照分别降低 1.36%、2.13%。将果实横径经单因素方差分析得（表 5-5）：在与对照的比较中，复合肥处理与对照的果实横径呈显著性差异；在各叶面肥的比较中，有机肥处理与复合肥

处理的果实横径呈极显著差异，且与钙肥处理的果实横径呈显著性差异，钾肥处理与复合肥处理的果实横径呈显著性差异。

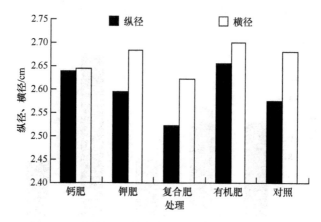

图 5-6　不同处理红富士苹果幼果期果实纵径、横径

Fig. 5-6　The fruit vertical, transverse diameter of Red Fuji apple in young in different treatment

由图 5-6 可看出，钙肥处理果实的纵横径差异最小，其他处理都差异稍大，根据果实纵横径计算出果形指数，由高到低的顺序为：钙肥＞有机肥＞钾肥＞复合肥＞对照，由此可知，在红富士苹果的幼果期喷施叶面肥可改善果实果形指数，尤以钙肥处理的果形指数最高，为 0.998。

表 5-5　不同处理间幼果期果实纵横径差异性比较

Table 5-5　The different comparison of fruit vertical, transverse diameter in young period in different treatment

名称	纵径/cm	5%	1%	横径/cm	5%	1%
钙肥	2.64	ab	A	2.64	bc	AB
钾肥	2.59	ab	A	2.68	ab	AB
复合肥	2.52	b	A	2.62	c	B
有机肥	2.66	a	A	2.70	a	A
对照	2.57	ab	A	2.68	ab	AB

注：单因素方差分析采用 LSD 法，小写字母代表 5%显著性水平，大写字母代表 1%显著性水平

（2）喷施叶面肥对红富士苹果幼果期可溶性固形物的影响

图 5-7 表明，喷施叶面肥可提高幼果期果实中可溶性固形物含量，以有机肥的最高，较对照提高16.67%,其次依次为钾肥、复合肥、钙肥，比对照分别提高11.90%、9.52%、7.14%。

经单因素方差分析得（表 5-6）：在与对照的比较中，有机肥处理与对照果实中的可溶性固形物呈极显著差异，钾肥、复合肥处理与对照果实中的可溶性固形

物呈显著性差异；在各叶面肥的比较中，有机肥处理与钙肥处理果实中的可溶性固形物呈显著性差异。

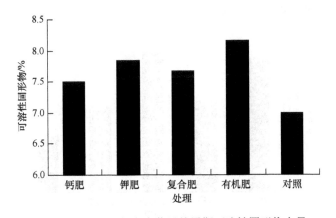

图 5-7　不同处理红富士苹果幼果期可溶性固形物含量
Fig. 5-7　The soluble solids content of Red Fuji apple in young period fruit in different treatment

表 5-6　不同处理间幼果期可溶性固形物含量差异性比较
Table 5-6　The different comparison of soluble solids content in young period in different treatment

名称	可溶性固形物/%	5%	1%
钙肥	7.50	bc	AB
钾肥	7.83	ab	AB
复合肥	7.67	ab	AB
有机肥	8.17	a	A
对照	7.00	c	B

注：单因素方差分析采用 LSD 法，小写字母代表 5%显著性水平，大写字母代表 1%显著性水平

（3）喷施叶面肥对红富士苹果幼果期含水率的影响

图 5-8 表明，喷施叶面肥对幼果期果实含水率有影响，果实含水率为 85.6%～86.45%，以复合肥的最高，钙肥次之，之后依次为钾肥、有机肥、对照，经单因素方差分析得（表 5-7）：在与对照的比较中，钙肥、复合肥处理与对照的果实含水率呈显著性差异；在各叶面肥的比较中，4 种叶面肥处理的果实含水率之间差异不显著。

（4）喷施叶面肥对红富士苹果幼果期总糖、还原糖、蔗糖的影响

图 5-9 表明，喷施叶面肥可提高红富士苹果幼果期果实中总糖含量，其中复合肥、有机肥处理的总糖含量较高，均比对照提高 10%，钙肥、钾肥处理次之，均

较对照提高 6.67%。经单因素方差分析得（表 5-8）：在与对照的比较中，有机肥、复合肥处理与对照果实中的总糖含量呈显著性差异；在各叶面肥的比较中，4 种叶面肥处理果实中的总糖含量之间差异不显著。

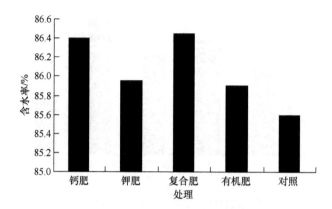

图 5-8　不同处理红富士苹果幼果期含水率
Fig. 5-8　The water content of Red Fuji apple in young period in different treatment

表 5-7　不同处理间幼果期含水率差异性比较
Table 5-7　The different comparison of water content in young period in different treatment

名称	含水率/%	5%	1%
钙肥	86.40	a	A
钾肥	85.95	ab	A
复合肥	86.45	a	A
有机肥	85.90	ab	A
对照	85.60	b	A

注：单因素方差分析采用 LSD 法，小写字母代表 5%显著性水平，大写字母代表 1%显著性水平

由图可知，喷施叶面肥可以促进红富士苹果幼果期果实中还原糖的积累，以有机肥处理的最高，较对照提高 45%，其次依次为钙肥、复合肥、钾肥，还原糖分别比对照增加了 17.4%、15.2%、13%。经单因素方差分析得（表 5-8）：在与对照的比较中，钙肥、钾肥、复合肥、有机肥处理与对照果实中还原糖含量均呈极显著差异；在各叶面肥的比较中，有机肥处理与钾肥、复合肥处理果实中还原糖的含量呈极显著差异，钙肥处理与钾肥处理果实中还原糖含量呈极显著差异。由分析可知，此时叶面肥对果实中还原糖的合成起到较大的促进作用，因此提高了果实中的总糖含量。

在幼果期，蔗糖开始积累，喷施叶面肥对于此时蔗糖的合成没有促进作用，除钙肥与对照的含量一样外，其余的均比对照低。经单因素方差分析得（表 5-8）：

在与对照的比较中，钾肥、有机肥处理与对照果实中的蔗糖含量呈极显著差异；在各叶面肥的比较中，钙肥处理与钾肥、有机肥处理果实中的蔗糖含量呈极显著差异，复合肥处理与有机肥处理果实中的蔗糖含量呈极显著差异。蔗糖含量较对照低，从而证实了幼果期喷施叶面肥主要促进果实中还原糖的积累。

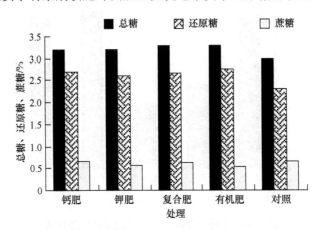

图 5-9　不同处理红富士苹果幼果期总糖、还原糖、蔗糖含量

Fig. 5-9　The total sugar，reducing sugar，sucrose content of Red Fuji apple in young period in different treatment

表 5-8　不同处理间幼果期果实总糖、还原糖、蔗糖含量差异性比较

Table 5-8　The different comparison of total sugar，reducing sugar，sucrose content in young period in different treatment

名称	总糖/%	5%	1%	还原糖/%	5%	1%	蔗糖/%	5%	1%
钙肥	3.2	ab	A	2.70	ab	AB	0.67	a	A
钾肥	3.2	ab	A	2.60	c	C	0.58	bc	BC
复合肥	3.3	a	A	2.65	bc	BC	0.62	ab	AB
有机肥	3.3	a	A	2.75	a	A	0.53	c	C
对照	3.0	b	A	2.30	d	D	0.67	a	A

注：单因素方差分析采用 LSD 法，小写字母代表 5%显著性水平，大写字母代表 1%显著性水平

（5）喷施叶面肥对红富士苹果幼果期总酸的影响

图 5-10 表明，喷施有机肥可促进富士苹果幼果期果实中总酸的积累，总酸含量最高，其次依次是对照、钙肥、钾肥、复合肥。由此可知，钙肥、钾肥、复合肥处理均抑制幼果期富士果实中总酸的合成，且钾肥的总酸含量最低，较对照降低 33%。

经单因素方差分析得（表 5-9）：在与对照的比较中，钾肥、复合肥处理与对照果实中的总酸含量呈极显著差异；在各叶面肥的比较中，钾肥、复合肥处理与钙肥、有机肥处理果实中的总酸含量呈极显著差异，钾肥处理与复合肥处理果实中的总酸含量呈极显著差异。

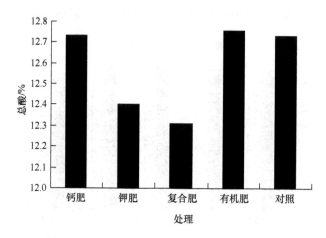

图 5-10　不同处理红富士苹果幼果期总酸含量

Fig. 5-10　The total acid content of Red Fuji apple in young period in different treatment

表 5-9　不同处理间幼果期总酸含量差异性比较

Table 5-9　The different comparison of total acid content in young period in different treatment

名称	总酸/%	5%	1%
钙肥	12.74	a	A
钾肥	12.41	b	B
复合肥	12.31	c	C
有机肥	12.76	a	A
对照	12.73	a	A

注：单因素方差分析采用 LSD 法，小写字母代表 5%显著性水平，大写字母代表 1%显著性水平

（6）喷施叶面肥对红富士苹果幼果期 VC 的影响

图 5-11 表明，喷施钾肥、复合肥提高了红富士苹果幼果期果实中的 VC 含量，分别较对照提高 7.97%、26.6%，由此看出复合肥对此时果实中 VC 的积累有极大的促进作用。而有机肥、钙肥处理均降低了果实中 VC 含量，分别较对照降低 1.46%、19.9%。

经单因素方差分析得（表 5-10）：在与对照的比较中，钙肥、钾肥、复合肥处理与对照果实中 VC 含量呈极显著差异；在各叶面肥的比较中，复合肥处理与钙肥、钾肥、有机肥处理果实中的 VC 含量呈极显著差异，钾肥处理与钙肥、有机肥处理果实中 VC 含量呈极显著差异，有机肥处理与钙肥处理果实中 VC 含量呈极显著差异。可见，喷施叶面肥对红富士苹果幼果期果实中 VC 的影响较大，复合肥促进果实中 VC 的大量合成，而钙肥则对其合成产生很大的抑制作用。

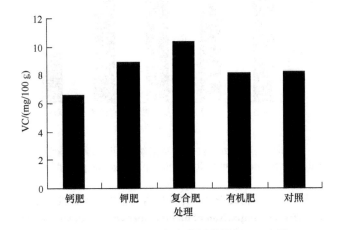

图 5-11 不同处理红富士苹果幼果期 VC 含量
Fig. 5-11 The VC content of Red Fuji apple in young period in different treatment

表 5-10 不同处理间幼果期 VC 含量差异性比较
Table 5-10 The different comparison of VC content in young period in different treatment

名称	VC/(mg/100g)	5%	1%
钙肥	6.58	d	D
钾肥	8.87	b	B
复合肥	10.40	a	A
有机肥	8.10	c	C
对照	8.22	c	C

注：单因素方差分析采用 LSD 法，小写字母代表 5%显著性水平，大写字母代表 1%显著性水平

（7）喷施叶面肥对红富士苹果幼果期膳食纤维的影响

图 5-12 表明，喷施叶面肥可提高红富士苹果幼果期果实中的膳食纤维含量，以钙肥果实中的膳食纤维含量最高，较对照的提高 14.06%，其次依次为复合肥、有机肥、钾肥，分别比对照的提高 11.34%、9.86%、9.3%。经单因素方差分析得出（表 5-11）：在与对照的比较中，钙肥、钾肥、复合肥、有机肥处理与对照果实中膳食纤维的含量呈极显著差异；在各叶面肥的比较中，钙肥处理与钾肥、有机肥处理果实中的膳食纤维含量呈显著性差异。

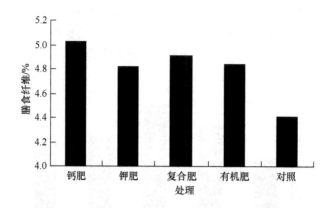

图 5-12　不同处理红富士苹果幼果期膳食纤维含量
Fig. 5-12　The dietary fiber content of Red Fuji apple in young period in different treatment

表 5-11　不同处理间幼果期膳食纤维含量差异性比较
Table 5-11　The different comparison of dietary fiber content in young period in different treatment

名称	膳食纤维/%	5%	1%
钙肥	5.03	a	A
钾肥	4.82	b	B
复合肥	4.91	ab	AB
有机肥	4.85	b	B
对照	4.41	c	C

注：单因素方差分析采用 LSD 法，小写字母代表 5%显著性水平，大写字母代表 1%显著性水平

5.2.2.2　喷施叶面肥对红富士苹果膨大期果实品质的影响

（1）喷施叶面肥对红富士苹果膨大期单果重及纵横径的影响

图 5-13 表明，叶面肥作用下的红富士苹果膨大期的单果重均高于对照，单果重由高至低的顺序为：钙肥＞钾肥＞复合肥＞有机肥＞对照，以钙肥的单果重最高，较对照提高 9.24%，其次依次为钾肥、复合肥、有机肥，较对照分别增加 4.2%、3.3%、3%。经单因素方差分析得（表 5-12）：在与对照的比较中，钙肥处理与对照的单果重呈极显著差异，钾肥处理与对照的单果重呈显著性差异；在各叶面肥的比较中，4 种叶面肥处理的单果重之间存在差异。

图 5-14 表明，喷施叶面肥对红富士苹果膨大期的纵径生长有促进作用，其中钙肥的果实纵径最大，为 5.2966 cm，较对照增加 5.1%，其次依次为钾肥、有机肥、复合肥，比对照的果实纵径分别增加 2.75%、2.355%、1.13%。经单因素方差分析得（表 5-13）：在与对照的比较中，钙肥处理与对照的果实纵径呈极显著差异；在

各叶面肥的比较中，钙肥处理与复合肥处理的果实纵径呈显著性差异。

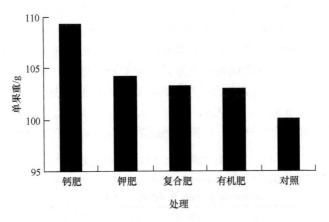

图 5-13　不同处理红富士苹果膨大期单果重

Fig. 5-13　The fruit weight of Red Fuji apple during expanding stage in different treatment

表 5-12　不同处理间膨大期单果重差异性比较

Table 5-12　The different comparison of fruit weight during expanding stage in different treatment

名称	单果重/g	5%	1%
钙肥	109.30	a	A
钾肥	104.26	b	B
复合肥	103.33	bc	AB
有机肥	103.06	bc	AB
对照	100.05	c	B

注：单因素方差分析采用 LSD 法，小写字母代表 5%显著性水平，大写字母代表 1%显著性水平

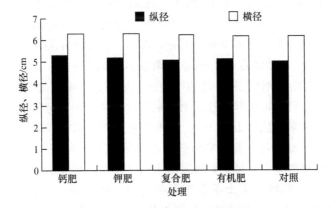

图 5-14　不同处理红富士苹果膨大期果实纵径、横径

Fig. 5-14　The vertical，transverse diameter of Red Fuji apple during expanding stage in different treatment

果实横径为 6.3001～6.005 cm，由大到小的顺序为：钙肥、钾肥、复合肥、有机肥、对照，其中钙肥、钾肥较对照果实横径分别增加 1.62%、1.37%，由以上数据可知，喷施叶面肥对果实横径增加的幅度较小。经单因素方差分析得（表 5-13）：钙肥、钾肥、复合肥、有机肥处理与对照的果实横径有差异，但是差异不显著，4 个叶面肥处理的果实横径之间也存在差异，但差异不显著。

由果实纵横径计算出果实的果形指数，钙肥、钾肥、复合肥、有机肥、对照的果形指数分别为 0.8406、0.8238、0.818、0.8315、0.8128。富士苹果膨大期的果形指数显然较幼果期有所降低，依旧是钙肥的果形指数大于其他处理。

表 5-13　不同处理间膨大期果实纵横径差异性比较
Table 5-13　The different comparison of fruit vertical，transverse diameter during expanding stage in different treatment

名称	纵径/cm	5%	1%	横径/cm	5%	1%
钙肥	5.30	a	A	6.30	a	A
钾肥	5.18	ab	AB	6.29	a	A
复合肥	5.10	b	AB	6.23	a	A
有机肥	5.16	ab	AB	6.20	a	A
对照	5.04	b	B	6.20	a	A

注：单因素方差分析采用 LSD 法，小写字母代表 5%显著性水平，大写字母代表 1%显著性水平

（2）喷施叶面肥对红富士苹果膨大期可溶性固形物的影响

图 5-15 表明，在红富士苹果膨大期，叶面肥处理的果实可溶性固形物含量均高于对照，以有机肥的含量最高，较对照提高 10.39%，其次是钾肥，较对照提高 7.64%，之后依次为钙肥、复合肥，较对照分别提高 4.56%、1.08%。经单因素方差分析得（表 5-14）：在与对照的比较中，钙肥、钾肥、复合肥、有机肥处理与对照果实中的可溶性固形物含量有差异，但差异不显著；在各叶面肥的比较中，4 种叶面肥处理果实中的可溶性固形物之间存在差异，但差异不显著。

（3）喷施叶面肥对红富士苹果膨大期含水率的影响

由图 5-16 可知，除钙肥外，其他叶面肥的果实含水率均低于对照，说明喷施钾肥、复合肥、有机肥可以抑制红富士苹果膨大期果实中水分的增加。由图可知，有机肥的果实含水率最低，为 82.9%。经单因素方差分析得（表 5-15）：在与对照的比较中，有机肥处理与对照果实中的含水率呈显著性差异；在各叶面肥的比较中，钙肥处理与复合肥、有机肥处理果实中的含水率呈极显著差异。

（4）喷施叶面肥对红富士苹果膨大期总糖、还原糖、蔗糖的影响

图 5-17 表明，喷施叶面肥提高红富士苹果膨大期果实中的总糖含量，其中喷施了钙肥和有机肥果实中的总糖含量较高，比对照分别提高 8.56%、8.11%，复合

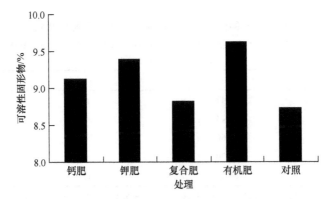

图 5-15 不同处理红富士苹果膨大期可溶性固形物含量

Fig. 5-15 The soluble solids content of Red Fuji apple during expanding stage in different treatment

表 5-14 不同处理间膨大期可溶性固形物含量差异性比较

Table 5-14 The different comparison of soluble solids content during expanding stage in different treatment

名称	可溶性固形物/%	5%	1%
钙肥	9.13	a	A
钾肥	9.39	a	A
复合肥	8.82	a	A
有机肥	9.63	a	A
对照	8.73	a	A

注：单因素方差分析采用 LSD 法，小写字母代表 5%显著性水平，大写字母代表 1%显著性水平

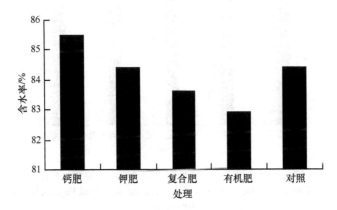

图 5-16 不同处理红富士苹果膨大期含水率

Fig. 5-16 The water content of Red Fuji apple during expanding stage in different treatment

表 5-15　不同处理间膨大期果实含水率差异性比较

Table 5-15　The different comparison of fruit water content during expanding stage in different treatment

名称	含水率/%	5%	1%
钙肥	85.47	a	A
钾肥	84.43	ab	AB
复合肥	83.60	bc	B
有机肥	82.90	c	B
对照	84.40	ab	AB

注：单因素方差分析采用 LSD 法，小写字母代表 5%显著性水平，大写字母代表 1%显著性水平

肥、钾肥次之，较对照分别提高 5.4%，0.45%。经单因素方差分析得（表 5-16）：在与对照的比较中，钙肥、复合肥、有机肥处理与对照果实中的总糖含量呈显著性差异；在各叶面肥的比较中，钙肥处理与钾肥处理果实中的总糖含量呈极显著差异，有机肥处理与钾肥处理果实中的总糖含量呈显著性差异。

由图 5-17 可知，喷施钙肥、复合肥、有机肥可以增加果实中还原糖含量，较对照分别高 13.14%、5.14%、13.14%，而钾肥处理的还原糖合成受到抑制，还原糖含量较对照降低 3.71%。经单因素方差分析得（表 5-16）：在与对照的比较中，有机肥、钙肥处理与对照果实中的还原糖含量呈极显著差异；在各叶面肥的比较中，有机肥、钙肥、复合肥处理与钾肥处理果实中的还原糖含量呈显著性差异。

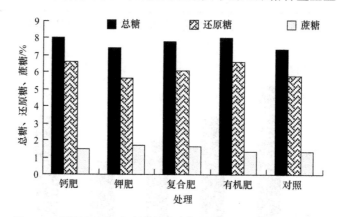

图 5-17　不同处理红富士苹果膨大期总糖、还原糖、蔗糖含量

Fig. 5-17　The total sugar，reducing sugar，sucrose content of Red Fuji apple during in different treatment

由图 5-17 可以看出，钾肥、复合肥、钙肥处理提高了果实中的蔗糖含量，较对照分别高 26.74%、16.28%、9.3%，而有机肥果实中的蔗糖含量较对照降低 2.33%。

经单因素方差分析得（表 5-16）：在与对照的比较中，钙肥、钾肥、复合肥、有机肥处理与对照果实中的蔗糖含量有差异，但是差异不显著；在各叶面肥处理的比较中，4 种叶面肥处理果实中的蔗糖含量之间存在差异，但差异不显著。根据分析可知，此时喷施叶面肥对果实中蔗糖的影响大于还原糖，总糖的提高可能是由于增加了果实中蔗糖含量的积累。

表 5-16　不同处理间膨大期果实总糖、还原糖、蔗糖差异性比较

Table 5-16　The different comparison of total sugar，reducing sugar，sucrose content during expanding stage in different treatment

名称	总糖/%	5%	1%	还原糖/%	5%	1%	蔗糖/%	5%	1%
钙肥	8.03	a	A	6.60	a	A	1.50	a	A
钾肥	7.43	bc	B	5.62	c	B	1.74	a	A
复合肥	7.80	ab	AB	6.13	ab	AB	1.60	a	A
有机肥	8.00	a	AB	6.60	a	A	1.34	a	A
对照	7.40	c	B	5.83	bc	B	1.38	a	A

注：单因素方差分析采用 LSD 法，小写字母代表 5%显著性水平，大写字母代表 1%显著性水平

（5）喷施叶面肥对红富士苹果膨大期总酸的影响

由图 5-18 可知，喷施叶面肥对红富士苹果膨大期果实中总酸的含量有一定影响，其中喷施了有机肥和钾肥果实中的总酸含量较对照有所增加，且有机肥的增加幅度较大，比对照提高 5.94%；而喷施钙肥、复合肥果实中的总酸含量比对照低，较对照分别降低 4.95%、4.15%，可能是此时喷施这两种叶面肥可以抑制果实中总酸的合成。经单因素方差分析得（表 5-17）：在与对照的比较中，有机肥处理与对照果实中的总酸含量呈显著性差异；在各叶面肥处理的比较中，有机肥处理与复合肥、钙肥处理果实中的总酸含量呈显著性差异。

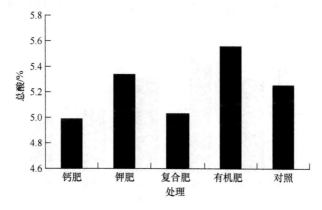

图 5-18　不同处理红富士苹果膨大期总酸含量

Fig. 5-18　The total acid content of Red Fuji apple during expanding stage expanding stage in different treatment

表 5-17　不同处理间膨大期总酸含量差异性比较

Table 5-17　The different comparison of total acid content during expanding stage in different treatment

名称	总酸/%	5%	1%
钙肥	4.99	b	A
钾肥	5.34	ab	A
复合肥	5.03	b	A
有机肥	5.56	a	A
对照	5.25	b	A

注：单因素方差分析采用 LSD 法，小写字母代表 5%显著性水平，大写字母代表 1%显著性水平

（6）喷施叶面肥对红富士苹果膨大期 VC 的影响

图 5-19 表明，喷施叶面肥可促进红富士苹果膨大期果实中 VC 的合成，以钾肥的效果最显著，较对照果实中的 VC 含量提高了一倍多，其次是复合肥、钙肥、有机肥，依次较对照分别增加 66.5%、63.5%、10%。经单因素方差分析得（表 5-18）：在与对照的比较中，钾肥处理与对照果实中的 VC 含量呈极显著差异，复合肥、钙肥处理与对照果实中的 VC 含量呈显著性差异；在各叶面肥的比较中，钾肥处理与有机肥处理果实中的 VC 含量呈极显著差异。由分析结果可知，若是想提高果实中的 VC 含量，最好在膨大期喷施钾肥。膨大期果实中的 VC 含量较着色期有所下降，可能是由于把样品带回的途中，时间延误造成的。

（7）喷施叶面肥对红富士苹果膨大期膳食纤维的影响

图 5-20 表明，喷施叶面肥可促进红富士苹果膨大期果实中膳食纤维的合成，尤以有机肥的效果比较显著，较对照提高了 12.72%，依次为钙肥、钾肥、复合肥，较对照分别增加 10.6%、10.18%、9.68%。经单因素方差分析得（表 5-19）：在与

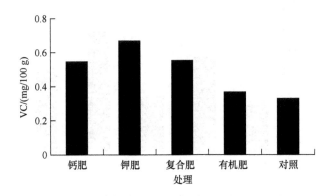

图 5-19　不同处理红富士苹果膨大期 VC 含量

Fig. 5-19　The VC content of Red Fuji apple during expanding stage in different treatment

表 5-18 不同处理间膨大期 VC 含量差异性比较
Table 5-18 The different comparison of VC content during expanding stage in different treatment

名称	VC/%	5%	1%
钙肥	0.55	ab	AB
钾肥	0.67	a	A
复合肥	0.56	ab	AB
有机肥	0.37	bc	B
对照	0.33	c	B

注：单因素方差分析采用 LSD 法，小写字母代表 5%显著性水平，大写字母代表 1%显著性水平

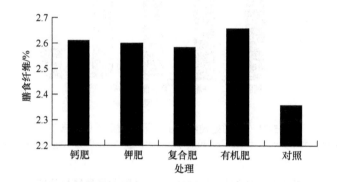

图 5-20 不同处理红富士苹果膨大期膳食纤维含量
Fig. 5-20 The dietary fiber content of Red Fuji apple during expanding stage in different treatment

表 5-19 不同处理间膨大期膳食纤维含量差异性比较
Table 5-19 The different comparison of dietary fiber content during expanding stage in different treatment

名称	膳食纤维/%	5%	1%
钙肥	2.61	ab	A
钾肥	2.60	ab	A
复合肥	2.589	ab	A
有机肥	2.66	a	A
对照	2.36	b	A

注：单因素方差分析采用 LSD 法，小写字母代表 5%显著性水平，大写字母代表 1%显著性水平

对照的比较中，有机肥处理与对照果实中的膳食纤维含量呈显著性差异；在各叶面肥的比较中，4 种叶面肥处理果实中的膳食纤维含量之间有差异，但差异不显著。

（8）喷施叶面肥对红富士苹果膨大期蛋白质的影响

图 5-21 表明，喷施叶面肥可以提高红富士苹果膨大期果实中蛋白质的含量，由高到低的顺序为：复合肥、有机肥、钙肥、钾肥，依次较对照分别提高 11.71%、11.22%、10.73%、5.85%。经单因素方差分析得（表 5-20）：在与对照的比较中，钙肥、钾肥、复合肥、有机肥处理与对照果实中的蛋白质含量有差异，但差异不显著；在各叶面肥的比较中，4 种叶面肥处理果实中的蛋白质含量之间有差异，但差异不显著。

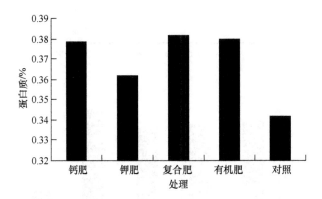

图 5-21　不同处理红富士苹果膨大期蛋白质含量
Fig. 5-21　The proteins content of Red Fuji apple during expanding stage in different treatment

表 5-20　不同处理间膨大期蛋白质含量差异性比较
Table 5-20　The different comparison of proteins content during expanding stage in different treatment

名称	蛋白质/%	5%	1%
钙肥	0.38	a	A
钾肥	0.36	a	A
复合肥	0.38	a	A
有机肥	0.38	a	A
对照	0.34	a	A

注：单因素方差分析采用 LSD 法，小写字母代表 5%显著性水平，大写字母代表 1%显著性水平

5.2.2.3　喷施叶面肥对红富士苹果着色期果实品质的影响

（1）喷施叶面肥对红富士苹果着色期单果重及纵横径的影响

图 5-22 表明，喷施叶面肥后，红富士苹果着色期的单果重均比对照大，以有机肥的单果重最大，较对照提高了 7.62%，复合肥、钾肥次之，比对照分别增加

5.37%、4.93%，钙肥的单果重在叶面肥处理中最小，比对照增加 1.17%。经单因素方差分析得（表 5-21）：在与对照的比较中，有机肥处理与对照的单果重呈显著性差异；在各叶面肥的比较中，有机肥处理与钙肥处理的单果重呈显著性差异。

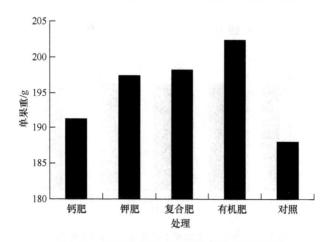

图 5-22　不同处理红富士苹果着色期单果重
Fig. 5-22　The fruit weight of Red Fuji apple during coloring period in different treatment

表 5-21　不同处理间着色期单果重差异性比较
Table 5-21　The different comparison of fruit weight during coloring period in different treatment

名称	单果重/g	5%	1%
钙肥	191.31	b	A
钾肥	197.26	ab	A
复合肥	198.10	ab	A
有机肥	202.33	a	A
对照	188.00	b	A

注：单因素方差分析采用 LSD 法，小写字母代表 5%显著性水平，大写字母代表 1%显著性水平

图 5-23 表明，喷施叶面肥可以提高红富士苹果着色期果实的纵径、横径，其中喷施钾肥的纵径最大，较对照增加了 2.93%，依次为有机肥、复合肥、钙肥，分别较对照增加了 2.47%、2.16%、1.17%。对其进行单因素方差分析得（表 5-22）：在与对照的比较中，钾肥处理与对照的果实纵径呈极显著差异，复合肥、有机肥处理与对照的果实纵径呈显著性差异；在各叶面肥的比较中，4 种叶面肥处理的果实纵径之间有差异，但差异不显著。

喷施叶面肥对此时果实横径的影响比纵径小，横径最大的为喷施复合肥的果实，较对照增加 2.01%，钙肥、钾肥、有机肥处理较对照果实横径分别增加 0.4%、

1.5%、1.91%。经单因素方差分析得（表 5-22）：在与对照的比较中，复合肥处理与对照的果实横径呈显著性差异；在各叶面肥的比较中，4 种叶面肥处理的果实横径之间有差异，但差异不显著。

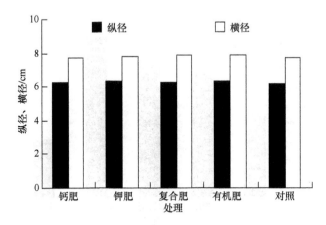

图 5-23　不同处理红富士苹果着色期果实纵横径

Fig. 5-23　The fruit vertical, transverse diameter of Red Fuji apple during coloring period in different treatment

表 5-22　不同处理间着色期果实纵横径差异性比较

Table 5-22　The different comparison of fruit vertical, transverse diameter during coloring period in different treatment

名称	纵径/cm	5%	1%	横径/cm	5%	1%
钙肥	6.23	ab	AB	7.73	ab	A
钾肥	6.34	a	A	7.81	ab	A
复合肥	6.29	a	AB	7.86	a	A
有机肥	6.31	a	AB	7.85	ab	A
对照	6.16	b	B	7.70	b	A

注：单因素方差分析采用 LSD 法，小写字母代表 5%显著性水平，大写字母代表 1%显著性水平

根据果实纵横径计算出红富士苹果着色期果实的果形指数，钙肥、钾肥、复合肥、有机肥、对照的果形指数分别为 0.806、0.8114、0.801、0.8042、0.7998。由数据可知叶面肥提高了着色期的果形指数，其中钾肥的果形指数最大，钙肥次之。但是着色期的果形指数较幼果期和膨大期有所降低。

（2）喷施叶面肥对红富士苹果着色期可溶性固形物的影响

图 5-24 表明，喷施叶面肥提高了红富士苹果着色期果实中的可溶性固形物含量，以有机肥的最高，较对照提高 7.82%，钾肥次之，较对照提高 6.91%，其次依次为钙肥和复合肥，比对照分别提高 4.11%、3.24%。经单因素方差分析得（表 5-23）：

在与对照的比较中，有机肥处理与对照果实中的可溶性固形物含量呈显著性差异；在各叶面肥的比较中，4种叶面肥处理果实中的可溶性固形物之间存在差异，但差异不显著。

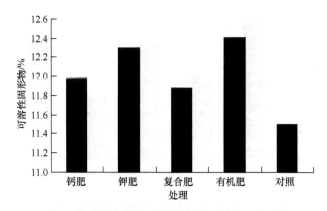

图 5-24 不同处理红富士苹果着色期可溶性固形物含量
Fig. 5-24 The soluble solids content of Red Fuji apple during coloring period in different treatment

表 5-23 不同处理间着色期可溶性固形物含量差异性比较
Table 5-23 The different comparison of soluble solids content during coloring period in different treatment

名称	可溶性固形物/%	5%	1%
钙肥	11.98	ab	A
钾肥	12.30	ab	A
复合肥	11.88	ab	A
有机肥	12.41	a	A
对照	11.51	b	A

注：单因素方差分析采用 LSD 法，小写字母代表 5%显著性水平，大写字母代表 1%显著性水平

（3）喷施叶面肥对红富士苹果着色期含水率的影响

图 5-25 表明，喷施钙肥可提高红富士苹果着色期果实中的含水率，较对照增加 0.47%，其他处理均比对照低，且有机肥处理的果实含水率最低，比对照降低 1.26%。经单因素方差分析得（表 5-24）：在与对照的比较中，钙肥、钾肥、复合肥、有机肥处理与对照果实中的含水率有差异，但差异不显著；在各叶面肥的比较中，钙肥处理与有机肥处理的果实含水率呈显著性差异。

（4）喷施叶面肥对红富士苹果着色期总糖、还原糖、蔗糖的影响

图 5-26 表明，喷施叶面肥可以促进红富士苹果着色期果实中总糖合成，总糖含量由高到低的顺序为：钙肥、钾肥、有机肥、复合肥，分别较对照提高 8.21%、7.63%、6.87%、5.53%。经单因素方差分析得（表 5-25）：在与对照的比较中，钙

肥处理与对照果实中的总糖含量呈显著性差异；在各叶面肥的比较中，4 种叶面肥处理果实中的总糖含量之间有差异，但差异不显著。

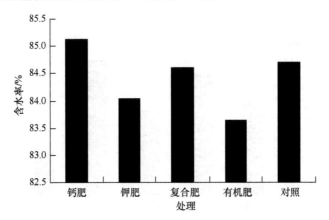

图 5-25　不同处理红富士苹果着色期果实含水率

Fig. 5-25　The water content of Red Fuji apple during coloring period in different treatment

表 5-24　不同处理间着色期果实含水率差异性比较

Table 5-24　The different comparison of water content during coloring period in different treatment

名称	含水率/%	5%	1%
钙肥	85.12	a	A
钾肥	84.03	ab	A
复合肥	84.62	ab	A
有机肥	83.65	b	A
对照	84.72	ab	A

注：单因素方差分析采用 LSD 法，小写字母代表 5%显著性水平，大写字母代表 1%显著性水平

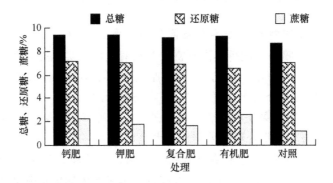

图 5-26　不同处理红富士苹果着色期总糖、还原糖、蔗糖含量

Fig. 5-26　The total sugar，reducing sugar，sucrose content of Red Fuji apple during coloring period in different treatment

表 5-25　不同处理间着色期果实总糖、还原糖、蔗糖含量差异性比较

Table 5-25　The different comparison of total sugar，reducing sugar，sucrose content during coloring period in different treatment

名称	总糖/%	5%	1%	还原糖/%	5%	1%	蔗糖/%	5%	1%
钙肥	9.45	a	A	7.13	a	A	2.20	b	AB
钾肥	9.40	ab	A	7.05	a	A	2.23	b	AB
复合肥	9.23	ab	A	6.95	a	A	2.15	b	AB
有机肥	9.33	ab	A	6.50	b	B	2.69	a	A
对照	8.73	b	A	7.00	a	A	1.65	c	B

注：单因素方差分析采用 LSD 法，小写字母代表 5%显著性水平，大写字母代表 1%显著性水平

喷施钙肥、钾肥可以增加红富士苹果着色期果实中的还原糖含量，较对照分别提高 1.9%、0.71%，而复合肥、有机肥对果实中还原糖的积累有抑制作用，较对照分别降低 0.71%、7.14%。经单因素方差分析得（表 5-25）：在与对照的比较中，有机肥处理与对照果实中的蔗糖含量呈极显著差异；在各叶面肥的比较中，钙肥、钾肥、复合肥处理与有机肥处理果实中的还原糖含量呈极显著差异。

喷施叶面肥促进了红富士苹果着色期果实中蔗糖的积累，蔗糖含量由高至低顺序为：有机肥、钙肥、钾肥、复合肥，较对照分别提高 63.46%、35.58%、33.65%、30.77%。经单因素方差分析得（表 5-25）：在与对照的比较中，有机肥处理与对照果实中的蔗糖含量呈极显著差异，钾肥、钙肥、复合肥处理与对照果实中的蔗糖含量呈显著性差异；在各叶面肥的比较中，有机肥处理与钾肥、钙肥、复合肥处理果实中的蔗糖含量呈显著性差异。由此可见，喷施叶面肥对此时蔗糖的积累效果十分显著，以有机肥果实中蔗糖的含量最高。

（5）喷施叶面肥对红富士苹果着色期总酸的影响

图 5-27 表明，喷施有机肥、钾肥、复合肥有利于红富士苹果着色期果实中总酸的合成，其中有机肥、钾肥果实中总酸含量比对照分别提高 15.47%、10.16%，而钙肥果实中的总酸较对照降低 1.69%。经单因素方差分析得（表 5-26）：在与对照的比较中，有机肥处理与对照果实中的总酸含量呈极显著差异，钾肥处理与对照果实中的总酸含量呈显著性差异；在各叶面肥的比较中，有机肥处理与钙肥处理果实中的总酸含量呈极显著差异，钾肥处理与钙肥处理果实中的总酸含量呈显著性差异。

（6）喷施叶面肥对红富士苹果着色期 VC 的影响

图 5-28 表明，喷施有机肥、复合肥可促进红富士苹果着色期果实中 VC 的合成，果实中 VC 含量比对照分别提高 35.64%、15.16%，而钙肥、钾肥降低了果实中的 VC 含量。经单因素方差分析得（表 5-27）：在与对照的比较中，有机肥处理与对照果实中的 VC 含量呈极显著差异；在各叶面肥的比较中，有机肥处理与钙肥、钾肥处理果实中的 VC 含量呈极显著差异，有机肥处理与复合肥处理果实中的 VC

含量呈显著性差异，可见此时各叶面肥果实中的 VC 含量之间的差异比较大。分析结果表明，喷施有机肥可以促进着色期 VC 的大量合成。

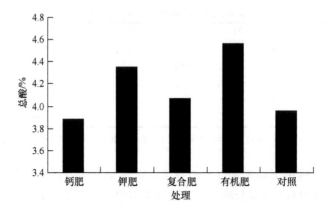

图 5-27   不同处理红富士苹果着色期总酸含量

Fig. 5-27   The total acid content of Red Fuji apple during coloring period in different treatment

表 5-26   不同处理间着色期总酸含量差异性比较

Table 5-26   The different comparison of total acid content during coloring period in different treatment

名称	总酸/%	5%	1%
钙肥	3.89	c	B
钾肥	4.36	ab	AB
复合肥	4.07	bc	AB
有机肥	4.57	a	A
对照	3.95	c	B

注：单因素方差分析采用 LSD 法，小写字母代表 5%显著性水平，大写字母代表 1%显著性水平

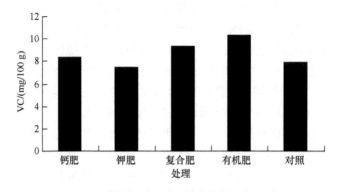

图 5-28   不同处理红富士苹果着色期 VC 含量

Fig. 5-28   The VC content of Red Fuji apple during coloring period in different treatment

表 5-27　不同处理间着色期 VC 含量差异性比较

Table 5-27　The different comparison of VC content during coloring period in different treatment

名称	VC/%	5%	1%
钙肥	1.24	bc	B
钾肥	1.20	c	B
复合肥	1.44	b	AB
有机肥	1.70	a	A
对照	1.25	bc	B

注：单因素方差分析采用 LSD 法，小写字母代表 5%显著性水平，大写字母代表 1%显著性水平

（7）喷施叶面肥对红富士苹果着色期膳食纤维的影响

图 5-29 表明，喷施钾肥、复合肥、有机肥可促进红富士苹果着色期果实中膳食纤维的合成，较对照分别提高 10.44%、0.52%、3.83%，而钙肥处理果实中的膳食纤维含量较对照降低 2.79%。经单因素方差分析得（表 5-28）：在与对照的比较中，钙肥、钾肥、复合肥、有机肥处理与对照果实中的膳食纤维含量有差异，但差异不显著；在各叶面肥的比较中，钾肥处理与钙肥处理果实中的膳食纤维含量呈显著性差异。

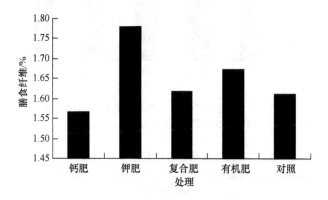

图 5-29　不同处理红富士苹果着色期膳食纤维含量

Fig. 5-29　The dietary fiber content of Red Fuji apple during coloring period in different treatment

（8）喷施叶面肥对红富士苹果着色期蛋白质的影响

图 5-30 表明，喷施叶面肥能促进红富士苹果着色期果实中蛋白质的积累，以钾肥果实中蛋白质含量最高，较对照提高 64.93%，其次是钙肥、有机肥、复合肥，较对照分别提高 35.75%、20.9%、15.67%。经单因素方差分析得（表 5-29）：在与对照的比较中，钾肥处理与对照果实中的蛋白质含量呈极显著差异；在各叶面肥

的比较中，钾肥处理与有机肥、复合肥处理果实中的蛋白质含量呈显著性差异。分析结果表明，若想增加果实中蛋白质的含量，可在着色期喷施钾肥。

表 5-28　不同处理间着色期膳食纤维含量差异性比较

Table 5-28　The different comparison of dietary fiber content during coloring period in different treatment

名称	膳食纤维/%	5%	1%
钙肥	1.57	b	AB
钾肥	1.78	a	A
复合肥	1.62	ab	AB
有机肥	1.67	ab	AB
对照	1.61	ab	AB

注：单因素方差分析采用 LSD 法，小写字母代表 5%显著性水平，大写字母代表 1%显著性水平

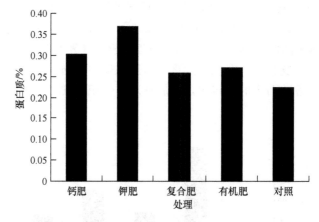

图 5-30　不同处理红富士苹果着色期蛋白质含量

Fig. 5-30　The proteins content of Red Fuji apple during coloring period in different treatment

表 5-29　不同处理间着色期蛋白质含量差异性比较

Table 5-29　The different comparison of proteins content during coloring period in different treatment

名称	蛋白质/%	5%	1%
钙肥	0.30	ab	AB
钾肥	0.37	a	A
复合肥	0.26	b	AB
有机肥	0.27	b	AB
对照	0.22	b	B

注：单因素方差分析采用 LSD 法，小写字母代表 5%显著性水平，大写字母代表 1%显著性水平

5.2.2.4　喷施叶面肥对红富士苹果成熟期果实品质的影响

（1）喷施叶面肥对红富士苹果成熟期单果重及纵横径的影响

图 5-31 表明，喷施叶面肥可增加红富士苹果成熟期果实单果重，其中钾肥的效果最显著，较对照增加 7.03%，复合肥次之，较对照提高 3.85%，依次为有机肥、钙肥，与对照的差值较小。经单因素方差分析得（表 5-30）：在与对照的比较中，钾肥处理与对照的单果重呈显著性差异；在各叶面肥的比较中，4 种叶面肥处理的单果重之间存在差异，但差异不显著。

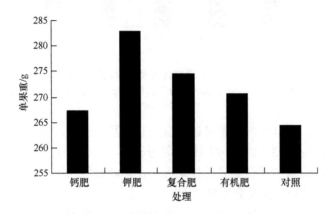

图 5-31　不同处理红富士苹果成熟期单果重
Fig. 5-31　The fruit weight of Red Fuji apple during mature period in different treatment

表 5-30　不同处理间成熟期单果重差异性比较
Table 5-30　The different comparison of fruit weight during mature period in different treatment

名称	单果重/g	5%	1%
钙肥	267.32	ab	A
钾肥	283.04	a	A
复合肥	274.64	ab	A
有机肥	270.63	ab	A
对照	264.45	b	A

注：单因素方差分析采用 LSD 法，小写字母代表 5%显著性水平，大写字母代表 1%显著性水平

图 5-32 表明，喷施叶面肥对红富士苹果成熟期果实纵径的生长没有促进作用，而且叶面肥处理的果实纵径都较对照小，由大至小的顺序为钾肥、钙肥、有机肥、复合肥，叶面肥处理的果实纵径依次较对照降低 1.3%、1.8%、2.3%、3.7%，经单因素方差分析得（表 5-31）：在与对照的比较中，钙肥、钾肥、复合肥、有机肥处

理与对照的果实纵径存在差异，但差异不显著；各叶面肥的比较中，4种叶面肥处理的果实纵径之间有差异，但差异不显著。

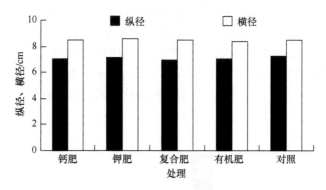

图 5-32　不同处理红富士苹果成熟期纵横径

Fig. 5-32　The vertical，transverse diameter of Red Fuji apple during mature period in different treatment

此时喷钾肥、复合肥、钙肥可以促进果实横径的生长，其果实横径较对照分别高 1.9%、0.53%、0.37%。经单因素方差分析得（表 5-31）：在与对照的比较中，钾肥处理与对照的果实横径呈显著性差异；在各叶面肥的比较中，钾肥处理与有机肥处理的果实横径呈极显著差异。

通过果实纵横径计算得出红富士苹果着色期果实的果形指数，钙肥、钾肥、复合肥、有机肥、对照的果形指数分别为 0.835、0.8269、0.8166、0.8412、0.8533。由以上分析可知，此时期的纵径没有显著差异，因此果形指数主要受横径的影响，由于喷施叶面肥促进了果实横径的生长，从而降低了果实的果形指数，因此对照的果形指数最大。就果形指数这个指标来看，成熟期不宜喷施叶面肥。

表 5-31　不同处理间成熟期果实纵横径差异性比较

Table 5-31　The different comparison of fruit vertical，transverse diameter during mature period in different treatment

名称	纵径/cm	5%	1%	横径/cm	5%	1%
钙肥	7.08	a	A	8.48	ab	AB
钾肥	7.12	a	A	8.61	a	A
复合肥	6.94	a	A	8.49	ab	AB
有机肥	7.04	a	A	8.37	b	B
对照	7.21	a	A	8.45	b	AB

注：单因素方差分析采用 LSD 法，小写字母代表 5%显著性水平，大写字母代表 1%显著性水平

（2）喷施叶面肥对红富士苹果成熟期可溶性固形物的影响

图 5-33 表明，喷施叶面肥可提高红富士苹果成熟期果实中可溶性固形物的含

量，以有机肥处理的可溶性固形物含量最高，较对照提高 9.28%，其次依次分别为钾肥、复合肥、钙肥，可溶性固形物含量比照分别提高 6.11%、4.5%、3.5%。经单因素方差分析得（表 5-32）：在与对照的比较中，钙肥、钾肥、复合肥、有机肥处理与对照果实中的可溶性固形物含量存在差异，但差异不显著；在各叶面肥的比较中，4 种叶面肥处理果实中的可溶性固形物之间存在差异，但差异不显著。

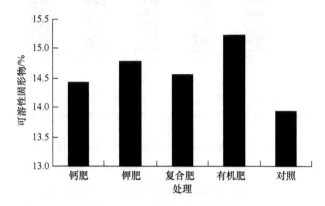

图 5-33　不同处理红富士苹果成熟期可溶性固形物含量
Fig. 5-33　The soluble solids content of Red Fuji apple during mature period in different treatment

表 5-32　不同处理间成熟期可溶性固形物含量差异性比较
Table 5-32　The different comparison of soluble solids content during mature period in different treatment

名称	可溶性固形物/%	5%	1%
钙肥	14.42	a	A
钾肥	14.78	a	A
复合肥	14.56	a	A
有机肥	15.22	a	A
对照	13.93	a	A

注：单因素方差分析采用 LSD 法，小写字母代表 5%显著性水平，大写字母代表 1%显著性水平

（3）喷施叶面肥对红富士苹果成熟期含水率的影响

图 5-34 表明，在红富士苹果成熟期喷施钙肥可增加果实中的含水率，与对照的差值为 0.4183%，喷施钾肥、有机肥可降低果实中含水率，与对照的差值分别为 0.4567%、0.24%。复合肥与对照的差异较小，差值为 0.017%。经单因素方差分析得（表 5-33）：在与对照的比较中，钙肥、钾肥、复合肥、有机肥处理与对照果实中的含水率有差异，但差异不显著；在各叶面肥的比较中，钙肥处理与钾肥处理的果实含水率呈极显著差异，与有机肥处理的果实含水率呈显著性差异。

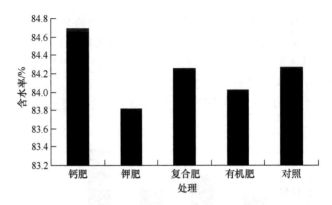

图 5-34 不同处理红富士苹果成熟期果实含水率
Fig. 5-34 The water content of Red Fuji apple during mature period in different treatment

表 5-33 不同处理间成熟期果实含水率差异性比较
Table 5-33 The different comparison of water content during mature period in different treatment

名称	含水率/%	5%	1%
钙肥	84.66	a	A
钾肥	83.81	b	B
复合肥	84.25	ab	AB
有机肥	84.03	b	AB
对照	84.27	ab	AB

注：单因素方差分析采用 LSD 法，小写字母代表 5%显著性水平，大写字母代表 1%显著性水平

（4）喷施叶面肥对红富士苹果成熟期总糖、还原糖、蔗糖的影响

图 5-35 表明，喷施叶面肥可增加红富士苹果成熟期果实中总糖含量，以有机肥、钾肥的较高，较对照分别增加 5.12%、3.4%，钙肥次之，复合肥最小。经单因素方差分析得（表 5-34）：在与对照的比较中，钾肥、有机肥处理与对照果实中总糖含量呈极显著差异，钙肥与对照果实中的总糖含量呈显著性差异；在各叶面肥处理的比较中，有机肥处理与钙肥、复合肥处理果实中总糖含量呈显著性差异，钾肥处理与复合肥处理果实中总糖含量呈显著性差异。

对还原糖的影响与总糖相似，除复合肥外，叶面肥处理的还原糖含量均高于对照。经单因素方差分析得（表 5-34）：在与对照的比较中，钙肥、钾肥、有机肥处理与对照果实中还原糖含量呈显著性差异；在各叶面肥的比较中，有机肥处理与复合肥处理果实中还原糖含量呈显著性差异。

果实中蔗糖的含量也以钾肥、有机肥较高，比对照分别高 8.91%、8.93%，其次依次为钙肥、复合肥。经单因素方差分析得（表 5-34）：在与对照的比较中，叶面肥处理与对照果实中的蔗糖含量均呈显著性差异；在各叶面肥处理的比较中，4 种叶面肥处理果实中的蔗糖含量差异不显著。

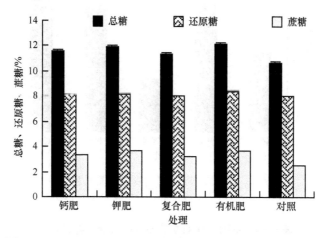

图 5-35　不同处理红富士苹果成熟期总糖、还原糖、蔗糖含量

Fig. 5-35　The total sugar，reducing sugar，sucrose content of Red Fuji apple during mature period in different treatment

表 5-34　不同处理间成熟期果实总糖、还原糖、蔗糖含量差异性比较

Table 5-34　The different comparison of total sugar，reducing sugar，sucrose content during mature period in different treatment

名称	总糖/%	5%	1%	还原糖/%	5%	1%	蔗糖/%	5%	1%
钙肥	11.56	bc	AB	8.10	ab	A	3.33	a	B
钾肥	11.95	ab	A	8.18	ab	A	3.62	a	A
复合肥	11.39	cd	AB	8.04	b	A	3.21	a	AB
有机肥	12.15	a	A	8.38	a	A	3.62	a	A
对照	10.70	d	B	8.06	b	A	2.53	b	AB

注：单因素方差分析采用 LSD 法，小写字母代表 5%显著性水平，大写字母代表 1%显著性水平

（5）喷施叶面肥对红富士苹果成熟期总酸的影响

图 5-36 表明，喷施叶面肥可降低红富士苹果成熟期果实中的总酸含量，以钙肥、复合肥的效果比较好，果实中总酸含量比对照分别降低 11.36%、11.83%，而钾肥、有机肥与对照的差值比较小，为 0.0795mg/100g、0.1060 mg/100g，分别比对照低 2.58%、3.44%。经单因素方差分析得（表 5-35）：在与对照的比较中，复合肥处理与对照果实中的总酸含量呈显著性差异；在各叶面肥的比较中，4 种叶面肥处理果实中的总酸含量之间有差异，但差异不显著。

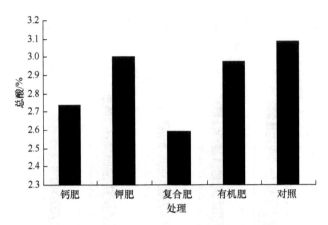

图 5-36 不同处理红富士苹果成熟期总酸含量

Fig. 5-36 The total acid content of Red Fuji apple during mature period in different treatment

表 5-35 不同处理间成熟期总酸含量差异性比较

Table 5-35 The different comparison of total acid content during mature period in different treatment

名称	总酸/%	5%	1%
钙肥	2.73	ab	A
钾肥	3.00	ab	A
复合肥	2.60	b	A
有机肥	2.98	ab	A
对照	3.08	a	A

注：单因素方差分析采用 LSD 法，小写字母代表 5%显著性水平，大写字母代表 1%显著性水平

（6）喷施叶面肥对红富士苹果成熟期 VC 的影响

图 5-37 表明，喷施叶面肥可提高红富士苹果成熟期果实中 VC 含量，果实中 VC 含量由高至低的顺序为：钙肥、钾肥、有机肥、复合肥，较对照分别提高 18.48%、12.17%、11.43%、10.44%。经单因素方差分析得（表 5-36）：在与对照的比较中，钙肥、钾肥处理与对照果实中的 VC 含量呈极显著差异，复合肥、有机肥处理与对照果实中的 VC 含量呈显著性差异；在各叶面肥的比较中，4 种叶面肥处理果实中的 VC 含量之间有差异，但差异不显著。

（7）喷施叶面肥对红富士苹果成熟期膳食纤维的影响

图 5-38 表明，喷施叶面肥可促进红富士苹果成熟期膳食纤维的积累，其中有机肥处理的膳食纤维含量最高，比对照提高 19.38%,钙肥次之，比对照提高 12.71%，依次为钾肥、复合肥，较对照果实中的膳食纤维含量分别提高 3.5%、5.8%。经单因素方差分析得（表 5-37）：在与对照的比较中，有机肥处理与对照果实中的膳食

纤维含量呈极显著差异；在各叶面肥的比较中，有机肥处理与复合肥、钾肥处理果实中的膳食纤维含量呈显著性差异。

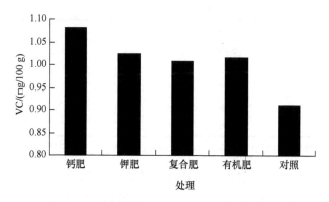

图 5-37　不同处理红富士苹果成熟期 VC 含量

Fig. 5-37　The VC content of Red Fuji apple during mature period in different treatment

表 5-36　不同处理间成熟期 VC 含量差异性比较

Table 5-36　The different comparison of VC content during mature period in different treatment

名称	VC/%	5%	1%
钙肥	1.08	a	A
钾肥	1.02	a	A
复合肥	1.01	a	AB
有机肥	1.02	a	AB
对照	0.91	b	B

注：单因素方差分析采用 LSD 法，小写字母代表 5%显著性水平，大写字母代表 1%显著性水平

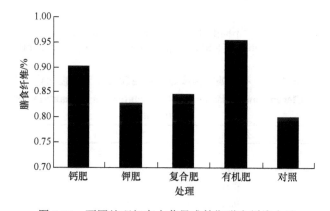

图 5-38　不同处理红富士苹果成熟期膳食纤维含量

Fig. 5-38　The dietary fiber content of Red Fuji apple during mature period in different treatment

表 5-37　不同处理间成熟期膳食纤维含量差异性比较

Table 5-37　The different comparison of dietary fiber content during mature period in different treatment

名称	膳食纤维/%	5%	1%
钙肥	0.90	ab	AB
钾肥	0.83	b	AB
复合肥	0.85	b	AB
有机肥	0.96	a	A
对照	0.80	b	B

注：单因素方差分析采用 LSD 法，小写字母代表 5%显著性水平，大写字母代表 1%显著性水平

（8）喷施叶面肥对红富士苹果成熟期蛋白质的影响

图 5-39 表明，喷施叶面肥对红富士苹果成熟期果实中蛋白质的合成有促进的作用，以钾肥、复合肥果实中的蛋白质含量较高，比对照分别提高 6.87%、5.7%。有机肥提高的幅度小，为 1.66%。经单因素方差分析得（表 5-38）：在与对照的比

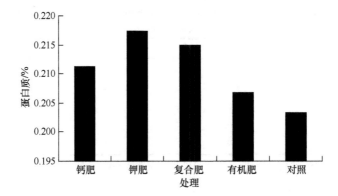

图 5-39　不同处理红富士苹果成熟期蛋白质含量

Fig. 5-39　The proteins content of Red Fuji apple during mature period in different treatment

表 5-38　不同处理间成熟期蛋白质含量差异性比较

Table 5-38　The different comparison of proteins content during mature period in different treatment

名称	蛋白质/%	5%	1%
钙肥	0.23	a	A
钾肥	0.22	a	A
复合肥	0.21	a	A
有机肥	0.21	a	A
对照	0.20	a	A

注：单因素方差分析采用 LSD 法，小写字母代表 5%显著性水平，大写字母代表 1%显著性水平

较中，钙肥、钾肥、复合肥、有机肥处理与对照果实中的蛋白质含量有差异，但差异不显著；各叶面肥的比较中，4种叶面肥处理果实中蛋白质含量之间有差异，但差异不显著。

5.2.3 不同激素对阿克苏富士苹果果实糖组分与品质的影响

（1）不同处理下苹果果实中各-糖组分的变化及分布

将试验所得数据进行箱状图分析，如图5-40所示，不同的处理下，各糖组分积累量大小为：总糖＞还原糖＞果糖＞葡萄糖＞蔗糖，均值分别为123.54 mg/g＞102.38 mg/g＞65.01 mg/g＞32.55 mg/g＞13.88 mg/g；其中对各糖分作用最显著的处理分别为：总糖是6-BA 250 mg/L，还原糖IAA 500 mg/L，蔗糖GA₃ 500 mg/L，果糖GA₃ 250 mg/L，葡萄糖GA₃ 250 mg/L；从分析结果中还可以得出，在不同处理下总糖、果糖和葡萄糖的差异分布范围较大，而还原糖和蔗糖的分布范围相对较小。

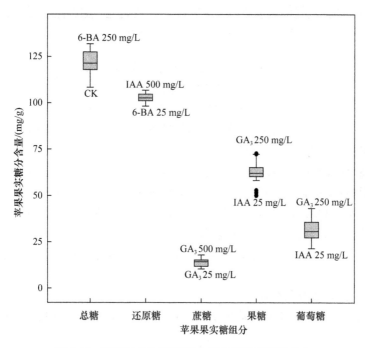

图5-40 不同处理可溶性糖含量的变化范围及分布

Fig. 5-40 Range and distribution of soluble sugars in different treatments

（2）各糖组分的相关关系

苹果果实各糖分之间有着密切的相关性，将苹果果实各糖组分进行相关性分析，如表5-39所示，果糖和甜度值的相关性水平最强（$r=0.945^{**}$）；果糖与总糖之间也表现出极显著的正相关关系（$r=0.651^{**}$）；此外，甜度值与葡萄糖、蔗糖及总糖之间也呈现出显著的正相关关系；然而，酸与甜酸比之间表现出极强的负相关关系（$r=-0.803^{**}$），酸与大多数糖都存在一定的负相关关系，但都表现不显著。

表 5-39　可溶性糖组分与酸、甜度值的相关分析

Table 5-39　The correlation analysis of different components of sugar、acid and sweetness value

因子	总糖	还原糖	蔗糖	果糖	葡萄糖	甜度值	酸	甜酸比
总糖	1.000							
还原糖	0.064	1.000						
蔗糖	−0.179	0.007	1.000					
果糖	0.651^{**}	0.290	0.405^{*}	1.000				
葡萄糖	0.282	0.068	0.556^{**}	0.555^{**}	1.000			
甜度值	0.530^{**}	0.230	0.598^{**}	0.945^{**}	0.781^{**}	1.000		
酸	−0.221	−0.004	0.410^{*}	−0.123	−0.191	−0.091	1.000	
甜酸比	0.462^{*}	0.125	0.051	0.641^{**}	0.617^{**}	0.656^{**}	-0.803^{**}	1.000

**表示在 0.01 水平上显著相关；*表示在 0.05 水平上显著相关

（3）不同处理下苹果果实可溶性糖组分显著性分析

A. 不同处理下苹果果实中各可溶性糖的积累

将不同处理下苹果果实可溶性糖组分进行显著性分析，结果如表 5-40 所示。

在 IAA，GA₃ 和 6-BA 这三种激素的作用下，大多都呈现出随着激素浓度的递增，各糖分的积累量增大的趋势。

处理 8 对总糖的作用最显著，处理 6 的总糖值最小，但也显著高于对照；处理 2、4 对还原糖的促进作用较小，其含量与对照无差异，而处理 3 对还原糖的促进作用最显著；IAA 处理的蔗糖均值显著低于其他两种激素处理的均值，其中，处理 6 的作用最显著；GA₃ 处理的果糖均值显著高于其他两种激素处理的均值，处理 5 作用最显著；而葡萄糖在处理 4、7 和 8 中的含量与对照无差异，处理 5 的作用最显著。

B. 甜度值、酸及甜酸比

将不同处理下苹果果实的甜度值、酸和甜酸比进行显著性分析，结果如表 5-40 所示。

在三种激素处理下，处理 1 和处理 7 的甜度值显著低于对照，处理 5 的甜度值最高，在处理 3 和处理 5 中，果糖含量在相同的激素处理中相对较大时，相应的甜度值含量也较大；酸含量都在各激素最大浓度的处理中，值较大；甜酸比的变化与糖分积累的变化趋势一致，处理 5 和处理 8 中，当总糖、还原糖和果糖含量在同种激素处理中相对较大时，甜酸比也较大。

表 5-40　不同激素处理下苹果果实各可溶性糖组分的含量

Table 5-40　Contents of soluble sugars in different hormone treatment of apple

处理编号	总糖/(mg/g)	还原糖/(mg/g)	蔗糖/(mg/g)	果糖/(mg/g)	葡萄糖/(mg/g)	酸/(mg/g)	甜度值/(mg/g)	甜酸比
1	117.73gG	101.08dD	10.38gF	58.66fE	23.99fE	0.38eDE	129.83gG	341.88eDE
2	121.12eE	102.30cC	11.56fE	61.11eD	33.14cB	0.30gG	141.71efEF	472.37bB
3	124.19dD	106.38aA	14.63cdBCD	64.95cC	42.33aA	0.38eDE	157.94cC	408.55cC
4	121.36eE	102.72cC	11.29gE	63.37dC	25.49eDE	0.33fF	140.03fF	356.13dD
5	127.95cC	104.76bB	15.28bB	72.53aA	40.50aA	0.39dCD	170.57aA	511.82aA
6	111.57hH	104.65bB	17.94aA	70.83bB	34.05bcB	0.40cC	163.74bB	406.03cC
7	119.68fF	98.37fE	13.96eD	51.57gF	27.83deCD	0.37eE	123.71hH	328.26efEF
8	131.72aA	104.72bB	15.36bB	61.37eD	29.38dC	0.43bB	143.32deDEF	328.50efEF
9	130.30bB	100.22eD	15.01bcBC	60.50eD	35.70bB	0.46aA	145.88dD	314.99fF
CK	108.60iI	102.85cC	14.35cdCD	63.42dC	27.67deCD	0.43bB	144.71dDE	336.53eDE

注：经邓肯式新复极差法显著性测定，不同大写字母表示 0.01 显著性水平，不同小写字母表示 0.05 显著性水平

5.2.4　库源关系对红富士苹果果实发育及其品质的影响

5.2.4.1　疏果摘叶对红富士苹果果实发育的影响

（1）疏果摘叶对果实纵径的影响

从表 5-41 可以看出，在疏果和摘叶处理下果实纵向生长总体呈上升趋势。通过各处理与对照纵径测定指标方差分析可知，在幼果期、膨大期、着色期和成熟期对果实纵径影响均无极显著差异（$P<0.01$）；但在成熟期重度疏果与 CK 之间存在显著性差异（$P<0.05$）。由此也说明，重度疏果有利于促进果实纵向生长，其效果高于轻疏和对照。

表 5-41　疏果摘叶对红富士苹果果实各发育期的纵径影响（单位：mm）

Table 5-41　Effects of fruit thinning and defoliation on vertical diameter of Red Fuji apple

处理编号	幼果期	膨大期	着色期	成熟期
摘叶	26.99±0.83aA	51.08±2.09aA	58.45±3.76aA	56.52±2.34aA
CK	28.51±1.31aA	53.97±4.29abA	60.64±5.32aA	57.91±2.3aAB
轻疏	28.16±2.43aA	56.76±3.86abA	56.55±6.16aA	57.21±2.46aAB
重疏	27.7±0.98aA	58.18±3.55bA	56.44±6.5aA	61.68±1.71bB

注：表中各数据后面的小写英文字母表示在 5%水平上的显著性差异，大写英文字母则表示在 1%水平上的显著性差异

（2）疏果摘叶对果实横径的影响

从表 5-42 可以看出，在疏果和摘叶处理下果实横向生长总体也呈上升趋势。通过各处理与对照 CK 横径测定指标方差分析可知，其结果与纵径方差分析基本一致，即在幼果期、膨大期、着色期和成熟期对果实纵径影响均无极显著差异（$P<0.01$）；但在成熟期重度疏果与轻度疏果之间存在显著性差异（$P<0.05$）。由此也说明，重度疏果既有利于促进果实纵向生长，也有利于果实横向生长。

表 5-42　疏果摘叶对红富士苹果果实各发育期的横径影响（单位：mm）

Table 5-42　Effects of fruit thinning and defoliation on transverse diameter of Red Fuji apple

处理编号	幼果期	膨大期	着色期	成熟期
摘叶	29.38±0.89aA	39.95±1.7aA	71.96±3.17bA	69.18±1.16aA
CK	31.08±2.41aA	42.01±4.07aA	65.98±8.5abA	71.23±3.66abA
轻疏	30.33±2.57aA	43.43±7.74aA	59.45±6.55aA	70.31±2.13aA
重疏	31.35±1.47aA	46.35±0.72aA	63.06±6.44abA	74.72±1.97bA

注：表中各数据后面的小写英文字母表示在 5%水平上的显著性差异，大写英文字母则表示在 1%水平上的显著性差异

（3）疏果摘叶对果实单果重的影响

从表 5-43 可以看出，在疏果和摘叶处理下果实单果鲜重总体也呈上升趋势，且在膨大期至成熟期为急剧增长期。通过对单果鲜重进行方差分析可知，在幼果期、膨大期和着色期疏果和摘叶处理对果实单果鲜重影响均无极显著差异（$P<0.01$）；但在成熟期重度疏果与轻度疏果之间存在极显著差异（$P<0.01$）。由此也说明，重度疏果促进树体营养集中供应，提高了果实单果重。

表 5-43　疏果摘叶对红富士苹果果实各发育期的单果重影响　（单位：g）

Table 5-43　Effects of fruit thinning and defoliation on fruit weight of Red Fuji apple

处理编号	幼果期	膨大期	着色期	成熟期
摘叶	12.97±0.79aA	58.84±6.09aA	152.35±17.72aA	149.89±8.57aA
CK	13.62±0.75aA	66.44±17.16aA	137.42±46.16aA	162.28±15.78aAB
轻疏	14.78±3.15aA	78.66±16.63aA	105.52±20.07aA	149.88±15.28aA
重疏	14.54±2.07aA	80.68±9.96aA	110.54±34.6aA	184.9±13.76bB

注：各数据后面的小写英文字母表示在 5%水平上的显著性差异，大写英文字母则表示在 1%水平上的显著性差异

5.2.4.2　疏果摘叶对红富士苹果糖分积累的影响

由图 5-41 可知，红富士苹果在疏果摘叶处理下，总糖、蔗糖、果糖和葡萄糖含量总体呈上升趋势；在果实膨大期之后其总糖、果糖、蔗糖和葡萄糖均急剧增

加。从图 5-41 来看，在疏果和摘叶处理下各糖分在不同生育期表现效果具有一定的差异性，均以重疏效果最好。从试验结果来看，在重疏处理条件下总糖、蔗糖和果糖含量在果实成熟期达到最大值，分别为 145.23 mg/g、30.13 mg/g、97.3 mg/g，而葡萄糖是在着色期达到最大值为 23.43 mg/g；在糖分组分中果糖占总糖的 67%，葡萄糖占总糖的 16%，蔗糖占总糖的 21%；果糖与葡萄糖的比值达到 4.2。此结果与对照相比均达到最大值，说明重度疏果有利于糖分积累。同时，从图 5-41 可以看出，在摘叶处理条件下，各类糖分均为最小值，可认为摘叶处理不利于果头糖分积累。

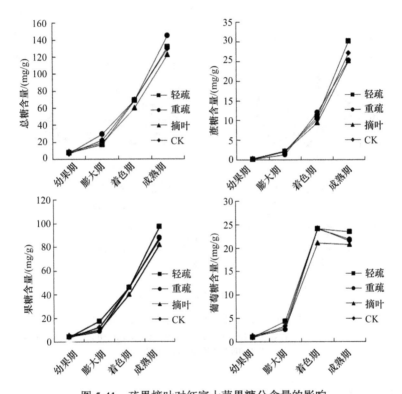

图 5-41　疏果摘叶对红富士苹果糖分含量的影响

Fig. 5-41　The effects of fruit thinning and defoliation on sugar contents of Red Fuji apple

5.2.5　疏果摘叶对红富士苹果糖分相关酶活性的影响

由图 5-42 可知，在疏果摘叶处理下红富士苹果果实发育过程中淀粉酶活性总体呈下降的趋势，从幼果期至膨大期下降幅度尤其突出；而在幼果期对照淀粉酶活性最强，为 9.22 mg 麦芽糖/g FW，重度疏果淀粉酶活性最弱，为 3.83 mg 麦芽糖/g FW，在膨大期、着色期和成熟期基本以对照淀粉酶活性最强但测定值差别不明显，由此说明疏果摘叶处理对淀粉酶活性的促进作用不明显。蔗糖合成酶和蔗糖磷酸合成酶在疏果摘叶处理中呈上升趋势；其中在幼果期均未检出，在成熟期重疏处理中蔗糖合成酶活性达最大值 108.36 mg 蔗糖/（g FW·L），摘叶处理中蔗糖磷酸合成酶活性达最大值 7.36 mg 蔗糖/（g FW·L），从此试验结果可以说明重疏可促进蔗糖合成酶活性，摘叶可提高蔗糖磷酸合成酶活性。

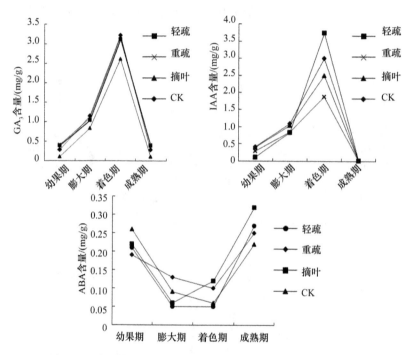

图 5-42　疏果摘叶对红富士苹果果实糖代谢相关酶活性的影响
Fig. 5-42　The effects of fruit thinning and defoliation on sugar metabolizing enzymes of Red Fuji apple

5.2.6　疏果摘叶对红富士苹果内源激素的影响

由图 5-43 可知，在疏果摘叶处理下红富士苹果果实发育过程中 GA$_3$ 和 IAA 含量总体呈先上升后下降的趋势，并在着色期达到最大值，即在重疏处理条件下 GA$_3$ 含量达到最大值 3.22 mg/g，在轻疏处理条件下 IAA 含量达到最大值 3.74 mg/g；在疏果摘叶处理下 ABA 含量总体呈先下降后上升的趋势，并在成熟期轻疏和对照中达最大值。此结果说明疏果有利于内源激素 GA$_3$ 和 IAA 的形成，促进红富士苹果果实快速发育生长；不疏果或少疏果有利于 ABA 的积累，促进红富士苹果果实成熟，提高其内在品质。

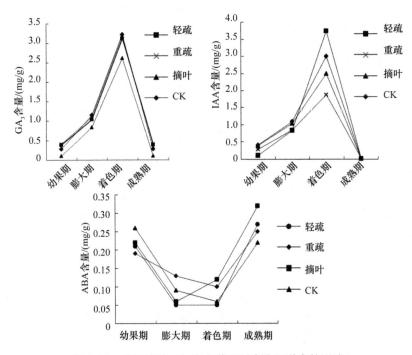

图 5-43　疏果摘叶对红富士苹果果实内源激素的影响
Fig. 5-43　The effects of fruit thinning and defoliation on endogenous hormone
contents of Red Fuji apple

5.3　研究结论与讨论

5.3.1　套袋对红富士苹果品质的影响

5.3.1.1　不同套袋时期对红富士苹果品质的影响

在确定套袋对红富士苹果综合品质有较大促进作用的前提下，研究不同套袋时期、摘袋对苹果品质的影响，以确定苹果最佳套袋、摘袋时间，对生产有重要指导意义。套袋过早，果实着色为暗红色，果实中总糖、还原糖、蔗糖、总酸含量低，且均显著低于未套袋果；随着套袋时间的推迟，果面光洁度、着色度、鲜艳度、褪绿度均逐步降低，果点由小而稀变得大而密，果实硬度慢慢上升，但均显著低于未套袋果，综合各项指标，阿克苏地区红富士苹果套袋时间选择在 6 月 9 日左右较为理想。有研究认为果皮不同色素的绝对含量及相对比值是决定果皮色泽的重要因素，套袋早的果实着色速度比较快，且果实硬度随套袋时期的推迟有增大的趋势（赵志磊，2003），随套袋时期的推迟，套袋苹果的总糖、可溶性糖、蔗糖含量有升高的趋势（王少敏等，2002），果面着色度、鲜艳度、光洁度趋势均逐步降低（李慧峰等，2006），这与本试验结果基本一致。

5.3.1.2　不同摘袋时期对红富士苹果品质的影响

随着摘袋时间的推迟，富士果实中的总糖、还原糖、蔗糖在出现两次峰值后开始逐渐下降；果实硬度、着色度和褪绿度都缓慢下降，综合各项指标，阿克苏地区红富士苹果摘袋时间选择在 10 月 6 日左右较为理想。相关研究表明，摘袋早，果实的着色度低，鲜艳度差，果点小，果面褪绿也较差；摘袋较晚，果面鲜艳，但不利于糖类物质积累（李慧峰等，2006），摘袋时间越晚，果实硬度也越小，套袋果硬度小于同时期采收的对照果硬度（刘彦珍等，2004）。本试验研究结果与前人除袋较晚、果面鲜艳的研究结果不一致，这可能与当时的光照、温度及果皮中的着色物质有关。

5.3.1.3　喷施叶面肥对红富士苹果品质的影响

前人有关叶面肥的研究多为采收期测定品质，缺乏幼果期、膨大期、着色期的理论数据。喷施叶面肥可提高成熟期富士果实中的 VC、总糖、还原糖、蔗糖、可溶性固形物、膳食纤维和蛋白质含量，增加单果重，但对果实纵横径影响较小，且降低果形指数和抑制总酸的合成。有关叶面肥对果实品质影响的研究表明，喷施叶面肥可改善果实的品质，使实中的可溶性固形物、可溶性糖、蛋白质和 VC 的含量明显增加，有机酸含量降低，增加单果重，且风味变浓（张桂荣和黄明霞，2006；傅登茂等，2005；张承林，1996；黄显淦等，2000；潘海发和徐一流，2008），与本试验结果基本一致。

成熟期喷施叶面肥降低了果实的果形指数，是由于叶面肥对果实横径的生长有促进作用，但对纵径的生长有抑制作用。

5.3.2　苹果果实的糖组分及其分布

总糖由还原糖和非还原糖组成，还原糖包括葡萄糖、果糖、半乳糖、乳糖、麦芽糖等，非还原性糖包括蔗糖、淀粉、纤维素等。而果实中所含单糖主要是葡萄糖和果糖，双糖以蔗糖为主，本试验通过测量具有代表性的总糖、还原糖、蔗糖、果糖及葡萄糖，来衡量苹果果实中糖的含量。试验结果表明，在所有处理中，各糖分的含量从大到小的顺序都是总糖＞还原糖＞果糖＞葡萄糖＞蔗糖，其中果糖占还原糖的比例最大，达 45.64%～54.86%，其次是葡萄糖，占 17.04%～33.29%，蔗糖所占比例最小，仅为 8.14%～13.33%。此结论与刘金豹（2004）所提出的苹果果实中果糖含量最高的结论一致，由此说明，各激素处理并没有影响成熟的苹果果实中糖分的分布特点。

试验结果还显示，所有处理中苹果果实的总糖、果糖和葡萄糖的分布范围较大，而还原糖和蔗糖的分布范围相对较小，说明激素处理对总糖、果糖和葡萄糖的影响效果较还原糖和蔗糖显著，使得其变化范围有所扩大，其具体原因还需进一步深入研究。

5.3.3　激素对苹果果实糖组分的影响

三种激素处理对糖的积累都具有一定的促进作用，进一步证实了生长调节剂处理过的果实会使果实内部内源激素受到影响，从而增加其果实内糖的积累量。其中 IAA 500 mg/L，GA_3 250 mg/L 和 6-BA 250 mg/L 对各糖分的积累效果最显著；IAA 对蔗糖分解的促进作用显著大于其他两种激素，这与夏国海等（2000）的结论一致；而 GA_3 对果糖合成的促进作用比较显著，此结果与陈发河等（2002）的研究结果一致。

5.3.4　苹果果实的风味品质

有研究表明，苹果果实的糖酸含量及糖酸比可决定其风味品质（贾定贤等，1991），本试验不仅比较了糖组分和酸含量，更是将甜度值和甜酸比进行了分析，结果表明，甜度值由三种糖按不同比例计算出的结果，不同处理中，这三种糖的含量都不同，因此果实的综合甜味由甜度值来判断更为准确可靠。

相关分析的结果显示，果糖和甜度值的相关性水平最强，表明苹果果实甜度值与果糖积累量的关系最为密切，在 IAA 500 mg/L 和 GA_3 250 mg/L 处理中，果糖含量相对较大时，相应的甜度值含量也较大，这种正相关关系也充分说明果糖含量可直接反映出甜度值的大小；同时，果糖与总糖之间也表现出极显著的正相关关系，在 IAA 500 mg/L，GA_3 250 mg/L 和 6-BA 250 mg/L 处理中，果糖值达到最大时，总糖值也最大，充分说明果糖占总糖的比例最大，是影响总糖含量的关键性因素。以上两结论与姚改芳等（2010）提出的果糖含量的多少将直接影响果实的甜味的理论一致。也进一步说明，果糖含量对果实口感品质的贡献大。

甜酸比更是体现苹果果实口感品质的重要指标，由于 GA_3 250 mg/L 和 6-BA 250 mg/L 处理中，各糖分的积累效果最显著，含量也相对较高；酸含量随激素浓度的升高而有所提高，相关分析中显示酸含量与甜酸比有极显著的负相关关系。因此甜酸比在该处理下均出现最大值，表明苹果果实糖分含量与甜酸比有着密切的关系。此结论再一次验证，可溶性糖等味感物是构成果实的风味物质的基础（陈美霞，2005）。此外，香味物质等嗅感物质（王海波等，2007）及与糖代谢相关酶对风味等果实内在品质也有着重要影响（宋烨等，2006）。

5.3.5 库源调剂对红富士苹果品质影响

源是库的供应者，而库对源具有调节作用。源强会为库提供更多的光合产物，并控制输出的蔗糖浓度、时间及装载蔗糖进入韧皮部的数量；库强则能调节源中蔗糖的输出速率和输出方向。疏果使库数量减少，缓解果实库间对光合产物的竞争，使叶果比提高，单个果实中获得的叶片光合产物增加；摘叶使叶片中光合产物输出率增加，库-源比例的增加有利于光合产物的输出，但减少了叶片中光合产物合成的量，尽管输出率增加，但果实中实际得到的光合产物的绝对量却是减少了（程建徽，2005）。本研究结果如下。

a. 疏果摘叶库源调节处理对红富士苹果果实发育动态具有一定的影响，其中重度疏果促进果实纵径、横径和单果重增长，究其原因主要是重度疏果后果树树体营养集中供应少量果实生长发育，使得树体营养生长和生殖生长较为均衡，有利于果实迅速膨大。此结果与前人在猕猴桃（金方伦等，2004）、枇杷（吴万兴等，2004）、苹果（王维孝，1982）等研究结果一致。

b. 疏果摘叶库源调节处理影响红富士苹果果实糖分、酶活性及内源激素等的积累，对其生理代谢过程起到一定的调节作用。本研究结果显示，在疏果和摘叶处理下各糖分含量积累在不同生育期表现效果具有一定的差异性，均以重疏效果最好，说明重疏使得库-源比例降低，增加了果实获得的光合产物，降低了果实中蔗糖的代谢消耗，有利于糖的积累；同时，重疏可促进蔗糖合成酶活性，摘叶可提高蔗糖磷酸合成酶活性，疏果促进内源激素 GA_3 和 IAA 的形成，不疏果或少疏果有利于 ABA 的积累，这说明库源调节可以调节蔗糖代谢相关酶活性和内源激素的变化。此结果与伍涛等（2011）研究相一致。

5.4　小结与展望

在实际生产过程中，优质的红富士苹果是由内外多方面因素影响。在果园生产管理中，对外界的温度、光照等因素一般不做人为干预，大多是对矿质元素、激素、水分等因素进行调控，通常是通过控制施肥量、施肥种类、使用激素的种类和量、灌水量等方式实现调控。本研究是通过套袋和定期定量喷施不同叶面肥来影响红富士苹果果实品质相关物质的积累，实现对红富士苹果果实品质的调控，初步获得以下几点进展。

a. 套袋时间越早，苹果果面光洁度、着色度、鲜艳度等外观品质指标越好且均优于未套袋果，而总糖、还原糖、蔗糖、总酸含量越低且均显著低于未套袋果。综合外观指标和理化指标来看，套袋时间选择在 6 月 9 日左右较为理想。

b. 随着摘袋时间的推迟，苹果的光洁度下降。10 月 1 日至 10 月 6 日摘袋的苹果着色和褪绿效果最好，且 10 月 6 日摘袋的苹果总糖、还原糖、蔗糖含量最高，总酸含量较低，口感好。所以，摘袋时间选择在 10 月 6 日左右较为理想，且短时间完成摘袋。作者在摘袋过程中注意观察果实颜色的变化，发现可通过观察果皮的颜色确定摘袋时间，当果皮色泽发白时，摘袋后着色最好，果皮色泽为绿色或黄色都不易着色。

c. 喷施叶面肥可提高幼果期红富士苹果可溶性固形物、总糖、还原糖、膳食纤维的含量和果形指数，增加单果重，以有机肥的效果较好，但叶面肥处理对蔗糖的合成有抑制作用。复合肥、钾肥提高了果实中 VC 的含量，而有机肥、钙肥降低 VC 含量；有机肥和钾肥可促进果实纵横径的生长，复合肥抑制其生长。综合各项指标，建议幼果期喷施有机肥或者钾肥。

d. 喷施叶面肥可提高膨大期富士果实的单果重、纵横径、可溶性固形物、总糖、还原糖含量、膳食纤维、蛋白质和 VC 的含量，其中喷施钾肥、复合肥、钙肥可提高富士果实中蔗糖的含量。综合各项指标，建议膨大期喷施钙肥或者复合肥。

e. 喷施叶面肥提高了着色期富士果实单果重、纵横径、果形指数、可溶性固形物、蔗糖、总酸和蛋白质，其中钾肥、有机肥处理的效果较为显著。钙肥、钾肥提高了总糖、还原糖含量，但降低了 VC 含量；而复合肥、有机肥处理降低还原糖含量，但提高 VC 的含量。除钙肥处理外，钾肥、有机肥、复合肥均提高了富士果实中膳食纤维含量。综合各项指标，建议着色期喷施有机肥。

f. 喷施叶面肥可提高成熟期富士果实中的 VC、总糖、还原糖、蔗糖、可溶性固形物和蛋白质含量，但对果实纵横径影响较小，且降低果形指数和抑制总酸的合成。综合各项指标，认为成熟期喷施钾肥、有机肥的效果较好。若考虑到果形指数，建议成熟期不喷施叶面肥。

g. 疏果摘叶库源调节处理对红富士苹果果实发育动态具有一定的影响，其中重度疏果促进果实纵径、横径和单果重增长。疏果摘叶库源调节处理影响红富士苹果果实糖分、酶活性及内源激素等的积累，对其生理代谢过程起到一定的调节作用。本研究结果显示，在疏果和摘叶处理下各糖分含量积累在不同生育期表现效果具有一定的差异性，均以重疏效果最好，说明重疏使得库-源比例降低，增加了果实获得的光合产物，降低了果实中蔗糖的代谢消耗，有利于糖的积累；同时，重疏可促进蔗糖合成酶活性，摘叶可提高蔗糖磷酸合成酶活性，疏果促进内源激素 GA_3 和 IAA 的形成，不疏果或少疏果有利于 ABA 的积累，此说明库源调节可以调节蔗糖代谢相关酶活性和内源激素的变化，进而影响果实的品质。

h. 通过库源关系调控红富士苹果糖分积累。疏果、摘叶、遮光、环剥等是库源关系改变的常用手段，可对果实糖积累进行调控。本研究通过疏果摘叶库源调节处理对红富士苹果果实发育动态进行调节，结果显示重度疏果促进果实纵径、横径和单果重增长，有利于糖的积累，促进蔗糖合成酶活性；摘叶提高蔗糖磷酸合成酶活性；疏果促进内源激素 GA₃ 和 IAA 的形成，不疏果或少疏果有利于 ABA 的积累，这说明库源调节影响果实的糖分积累。

i. 不同激素处理下阿克苏富士苹果果实各糖分积累量均为：总糖＞还原糖＞果糖＞葡萄糖＞蔗糖，其中果糖占总糖的比例最大，其次是葡萄糖，含量最少的是蔗糖；不同激素处理对糖组分分布影响不明显。以 IAA 500 mg/L、GA₃ 250 mg/L 和 6-BA 250 mg/L 三个处理对苹果果实各糖分积累的影响最显著，同时也具有较优良的风味品质。其中 IAA 对蔗糖的分解、GA₃ 对果糖的合成具有较好的促进作用。苹果果实风味品质可用甜度值来进行综合评价，甜度值的大小又可通过果糖、葡萄糖和蔗糖进行综合分析，其中果糖对甜度值的贡献最大，果糖对总糖的影响最显著。

参 考 文 献

卜庆卫, 李春霞, 夏静, 等. 2009. 果袋微域环境对富士苹果果皮结构及相关酶活性的影响. 江苏农业科学, 5: 159-161.

卜万锁, 牛自勉, 赵红钮. 1998. 套袋处理对苹果芳香物质含量及果实品质的影响. 中国农业科学, 31(6): 88-90.

蔡明, 高文胜, 陈军, 等. 2009. 套袋对寒富苹果果实钙组分含量及果实品质的影响. 山东农业科学, 3: 25-27.

常有宏, 蔺经, 李晓刚. 2006. 套袋对梨果实品质和农药残留的影响. 江苏农业科学, 22(2): 150-153.

车玉红. 2005. 钙肥对红富士苹果果实品质及生理生化特性影响的研究. 咸阳: 西北农林科技大学硕士学位论文.

陈发河, 蔡慧农, 冯作山, 等. 2002. 葡萄浆果发育过程中激素水平的变化. 植物生理与分子生物学学报, 5: 391-395.

陈敬宜, 辛贺明, 王彦敏. 2000. 梨果实袋光温特性及鸭梨套袋研究. 中国果树, (3): 6-9.

陈梅. 2012. 外源激素对蓖麻营养生长及开花结实的影响. 长沙: 中南林业科技大学硕士学位论文.

陈美霞. 2005. 杏果实风味物质的组成及其遗传特性的研究. 泰安: 山东农业大学博士学位论文.

程建徽. 2005. 杨梅果实糖积累特性与机制的研究. 合肥: 安徽农业大学硕士学位论文.

东忠方, 王永章, 王磊, 等. 2007. 不同套袋处理对红富士苹果果实钙素吸收的影响. 园艺学报, 34(4): 835-840.

顿宝庆, 马宝焜, 孙建设. 2002. 套袋红富士苹果果面斑点的发生及其与果实钙含量的关系. 河北农业大学学报, 25(4): 37-40.

范崇辉, 魏建梅, 赵政阳, 等. 2004. 不同果袋对红富士苹果品质的影响. 西安: 陕西科技出版社: 121-125.

傅登茂, 曹小露, 陈世强. 2005. 叶面喷肥对金秋梨产量和果实品质的影响. 北方园艺, (2): 28.

高华君, 王少敏, 王江勇. 2006. 套袋对苹果果皮花青苷合成及着色的影响. 果树学报, 23(5): 750-755.

高文胜, 蔡明, 陈军, 等. 2009. 不同纸袋处理对红富士苹果果实糖代谢的影响. 山东农业科学, 4: 49-51.

高文胜, 吕德国, 孔庆信, 等. 2007. 不同套袋、除袋时期对苹果质量影响. 北方园艺, (7): 32-33.

高文胜. 2005. 无公害苹果高效生产技术. 北京: 中国农业大学出版社: 61-182.

耿增超, 张立新, 张朝阳. 2004. 渭北旱地叶面施钙对红富士苹果产量和品质的影响. 西北林学院学报, 19(2): 35-37.

龚鹏, 车玉红, 杨波, 等. 2008. 不同钙肥对红富士苹果光合作用及营养元素互作效应研究. 北方园艺, (6): 31-34.

官智, 何延红, 王明众. 1998. 叶面肥简介. 云南热作科技, 21(2): 41-42.

郭雯, 李丙智, 张林森, 等. 2010. 不同施钾量对红富士苹果叶片光合特性及矿质营养的影响. 西北农业学报, 19(4): 192-195.

郭亚峰. 2009. 摘叶转果对红富士苹果着色和品质的影响. 甘肃农业科技, (3): 21-22.

郝宝锋, 于丽辰, 许长新. 2007. 套袋苹果内新害螨——乱跗线螨. 果树学报, 24(2): 180-184.

黄春辉, 柴明良, 潘芝梅, 等. 2007. 套袋对翠冠梨果皮特征及品质的影响. 果树学报, 24(6): 747-751.

黄显淦, 王勤, 赵天才. 2000. 钾素在我国果树优质增产中的作用. 果树科学, 17(4): 310-311.

贾定贤, 米文光, 杨儒琳, 等. 1991. 苹果品种果实糖、酸含量的分级标准与风味的关系. 园艺学报, 18(1): 9-14.

金方伦, 敖学希, 冯世华. 2004. 疏花疏果对猕猴桃果实大小和产量的影响. 贵州农业科学, (5): 12-13.

李宝江, 林桂荣, 刘凤军. 1995. 矿质元素含量与苹果风味品质及耐贮性的关系. 果树科学, (3): 141-145.

李保国. 2004. 红富士苹果优质无公害栽培理论、配套技术及其应用的研究. 长沙: 中南林业科技大学博士学位论文.

李慧峰, 吕德国, 刘国成, 等. 2006. 套袋对苹果果皮特征的影响. 果树学报, 23(3): 326-329.

李慧峰, 王海波, 李林光, 等. 2011. 套袋对寒富苹果果实香气成分的影响. 中国生态农业学报, 19(4): 843-847.

李俊南, 熊新武, 习学良, 等. 2013. 植物激素对薄壳山核桃种子萌发及幼苗生长的影响. 经济林研究, 1: 81-86.

李先明, 伊华林, 秦仲麒, 等. 2008. 不同时期套袋对鄂梨 2 号果实品质的影响. 果树学报, 25(6): 924-927.

李燕婷, 李秀英, 肖艳, 等. 2009. 叶面肥的营养机理及应用研究进展. 中国农业科学, 42(1): 162-172.

李振刚, 陈颖超, 李海军. 2000. 不同袋种对红富士苹果的套袋效果. 山西果树, (1): 15-16.

李志强, 白文斌, 张亚丽, 等. 2012. 不同叶面肥对晋富 2 号苹果果实品质的影响. 山东农业科学, 40(1): 41-43.

厉恩茂, 史大川, 徐月华, 等. 2008. 套袋苹果不同类型果袋内温、湿度变化特征及其对果实外观品质的影响. 应用生态学报, 19(1): 208-212.

梁俊, 郭燕, 刘玉莲, 等. 2011. 不同品种苹果果实中糖酸组成与含量分析. 西北农林科技大学学报(自然科学版), 10: 163-170.

林利, 李吉跃, 苏淑钗, 等. 2006. "施丰乐"对板栗光合特性、水分利用效率及产量的影响. 北京林业大学学报, 28(1): 60-63.

林云第, 李培环, 张东起, 等. 2001. 喷施微肥提高套袋苹果果实质量. 落叶果树, (2): 75-81.

刘金豹. 2004. 加工苹果果实中糖酸和酚类物质研究. 泰安: 山东农业大学硕士学位论文.

刘彦珍, 范崇辉, 韩明玉, 等. 2004. 短枝红富士苹果不同时期除袋对果实品质的影响. 西北农业学报, 13(2): 176-179.

刘志坚. 2002. 苹果全套袋栽培. 北京: 中国农业出版社: 19-23.

马艳芝, 刘玉祥. 2009. 不同时期摘袋对红富士苹果果实品质的影响. 江苏农业科学, 4: 218-219.

孟凡丽, 苏晓田, 杨伟, 等. 2009. 不同叶面肥对新嘎啦苹果果实品质的影响. 北方园艺, (10): 107-109.

缪桂红, 石佑华, 潘国云. 2010. 如东县耕地地力评价与种植业结构调整报告. 上海农业科技, (1): 31-33.

努尔妮萨·托合体如则, 李建贵, 陈辉煌, 等. 2013. 3 种补光措施对阿克苏红富士苹果色泽及品质的影响. 经济林研究, 03: 126-129.

潘海发, 徐一流. 2008. 叶面喷施钾肥对砀山酥梨钾素含量和果实品质的影响. 园艺园林科学, 24(3): 270-273.

求盈盈, 沈波, 郭秀林, 等. 2009. 叶面营养对杨梅叶片光合作用及果实品质的影响. 果树学报, 26(6): 902-906.

施菊琴. 2009. 蔬菜施用叶面肥关键技术. 上海蔬菜, (6): 66.

宋烨, 刘金豹, 王孝娣, 等. 2006. 苹果加工品种的糖积累与蔗糖代谢相关酶活性. 果树学报, 23(1): 1-4.

王斌, 马朝阳. 2009. 苹果树应用优达叶面肥肥效实验研究. 现代农业科技, (5): 38-41.

王晨冰, 李宽颖, 牛军强, 等. 2011. 喷施沼液对温室油桃叶片营养元素及果实品质的影响. 甘肃农业大学学报, 2(46): 76-79.

王海波, 陈学森, 辛培刚, 等. 2007. 几个早熟苹果品种香气成分的 GC-MS 分析. 果树学报, 24(1): 11-15.

王敬兵, 刘玉祥, 平文超. 2010. 不同时期去袋对套袋红富士苹果果实品质的影响. 安徽农业科学, 38(33): 18681-18683.

王少敏, 高华君, 李岩, 等. 2001. 套袋苹果果皮色素含量对苹果色泽的影响. 中国果树, (3): 20-22.

王少敏, 高华君, 刘嘉芬. 2000. 套袋短枝红富士果实内含物及果皮色素的变化. 果树科学, 17(1): 76-77.

王少敏, 高华君, 张骁兵. 2002. 套袋对红富士苹果色素及糖、酸含量的影响. 园艺学报, 29(3): 263-265.

王少敏, 王忠友, 赵红军, 等. 1998. 短枝型红富士苹果果实套袋技术比较试验. 山东农业科学, (3): 28-30.

王维孝. 1982. 富士不同疏果时期和留果量对果实品质、花芽分化的影响. 辽宁果树, (1): 70-71.

魏建梅, 范崇辉, 赵政阳, 等. 2005. 套袋对嘎拉苹果品质的影响. 西北农业学报, 14(4): 191-193.

魏建梅, 范崇辉, 郑玉良. 2006. 套袋对苹果果实品质影响的研究进展. 河北果树, (5): 2-4.

文颖强, 马锋旺. 2006. 我国苹果套袋技术应用与研究进展. 西北农林科技大学学报, 自然科学版, 34(2): 100-104.

吴万兴, 鲁周民, 李文华, 等. 2004. 疏花疏果与套袋对枇杷果实生长与品质的影响. 西北农林科技大学学报(自然科学版), (11): 76-78.

伍涛, 陶书田, 张虎平, 等. 2011. 疏果对梨果实糖积累及叶片光合特性的影响. 园艺学报, (11): 7-14.

夏国海, 张大鹏, 贾文锁. 2000. IAA、GA 和 ABA 对葡萄果实 14C 蔗糖输入与代谢的调控. 园艺学报, 01: 6-10.

夏静, 章镇, 吕东, 等. 2010. 套袋对苹果发育过程中果皮色素及果肉糖含量的影响. 西北植物学报, 30(8): 1675-1680.

徐国华, 沈其荣, 潘文辉, 等. 1997. 叶面营养对黄瓜生物效应的影响. 植物营养与肥料学报, 3(1): 36-41.

薛晓敏, 王金政, 路超. 2010. 摘袋时期对红富士苹果果实品质的影响. 山东农业科学, 9: 50-52.

姚改芳, 张绍铃, 曹玉芬, 等. 2010. 不同栽培种梨果实中可溶性糖组分及含量特征. 中国农业科学, 20: 4229-4237.

臧国忠, 陈尚武, 马会勤, 等. 2009. 套袋对红富士苹果果实发育期光合同化物积累的影响. 中国果蔬, (4): 19-23.

张朝轩, 杨天仪, 骆军, 等. 2010. 不同肥料及施用方式对巨峰葡萄叶片光合特性和果实品质的影响. 西南农业学报, 23(2): 440-443.

张承林. 1996. 果实品质与钙素营养. 果树科学, 13(2): 119-123.

张桂荣, 黄明霞. 2006. 喷施氨基酸液肥提高苹果产量和质量的效果. 落叶果树, (3): 25.

张建光, 孙建设, 刘玉芳. 2008. 苹果套袋及除袋技术对果实微域温湿度及光照的影响. 园艺学报, 32(4): 673-676.

张建光, 王惠英, 王梅, 等. 2005. 套袋对苹果果实微域生态环境的影响. 生态学报, 25(5): 1082-1087.

赵峰, 王少敏, 高华君, 等. 2006. 套袋对红富士苹果果实芳香成分的影响. 果树学报, 23(3): 322-325.

赵同生, 于丽辰, 焦蕊, 等. 2007. 钙素营养与套袋苹果苦痘病的关系. 果树学报, 24(5): 649-652.

赵秀梅, 王晨冰, 李宽莹, 等. 2011. 叶面喷施沼液对温室油桃光合特性的影响. 果树学报, 28(3): 680-684.

赵志磊. 2003. 不同时期套袋对长富2苹果品质及果实发育的影响. 保定: 河北农业大学硕士学位论文.

郑秋玲, 韩真, 王慧, 等. 2009. 不同叶面肥对赤霞珠葡萄果实品质及树体贮藏养分的影响. 中外葡萄与葡萄酒, (7): 13-16.

周长梅, 何保华, 韩永霞. 2008. 叶面喷肥对套袋苹果品质的影响. 山西果树, (3): 12-13.

周淑霞, 王勇, 张祖仁. 2001. 套袋对红富士成熟度影响的研究. 烟台果树, (l): 19-20.

Alkier A C, Racz G J, Soper R J. 1972. Effects of foliar-and soil-applied nitrogen and soil nitrate-nitrogen level on the protein content of neepawa wheat. Canadian Journal of Soil Science, 52: 301-309.

Arakawa O, Uematsu N, NaKajima H. 1994. Effect of bagging on fruit quality in apples. Bulletin of the Faeulty of Agrieulture, Hirosaki University, 57: 25-32.

Barden C L, Bramlage W J. 1994. Accumulation of antioxidants in apple peel as related to preharvest factors and superficial scald susceptibility of fruit. Amer Soc Hort Sci, 119(2): 264-269.

Brenner M L. 1989. Hormonal control of assimilate partitioning regulation in the sink. Acta Hort, 239: 141-146.

Collatz G J. 1977. Influence of certain environmental factors on photo-synthesis and photorespiration in Simmondsia chinensis. Planta, 134(2): 127-132.

Flefeher L A. 1929. A preliminary study of the factor saffeeting red color of apples. Proc Amer Soc Hort Sci, 26: 191-196.

Sawan Z M, Hafez S A, Basyony A E. 2001. Effect of nitrogen and zinc fertilization and plant growth retardants on cotton seed, protein, oil yields, and oil properties. Journal of the American Oil Chemists Society, 11(78): 1087-1092.

Vasilas B L, Legg J O, Wolf D C. 1980. Foliar fertilization of soybeans: absorption and translocation of 15N-labelled urea. Agronomy Journal, 72: 271-275.

White P J, Broadley M R. 2003. Calcium in plants . Annals of Plant, 92: 487-511.

Zhou L, Christopher D A, Paull R E. 2000. Defoliation and fruit removal effects on papaya fruit production, sugar accumulation, and sucrose metabolism. J AM Soc Hortic Sci, (125): 644-652.

附　录　Ⅰ

图版 2-1　试验地基本情况

Plate 2-1　Basic condition of experimental field

图版 2-2　树干液流的测定

Plate 2-2　Determination of stem sap flow

图版 2-3　影响因子的测定

Plate 2-3　Determination of influence factors

附 录 II

图版 4-1　端正果（偏斜率 ≤ 15%）
Plate 4-1　Normal fruit（deviation fruit rate ≤ 15%）

图版 4-2　偏斜果（偏斜率为 15% ~ 35%）
Plate 4-2　Deviation fruit（deviation fruit rate between 15% and 35%）

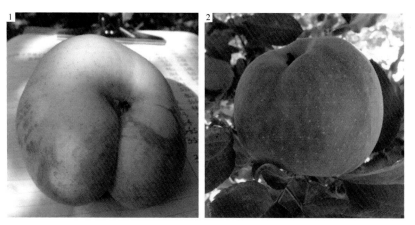

图版 4-3　畸形果（偏斜率 > 35%）
Plate 4-3　Deformed fruit（deviation fruit rate > 35%）

作 者 简 介

李建贵，男，1971年1月生，现任新疆农业大学教授、博士生导师。1993年毕业于新疆八一农学院林学专业，1996年获新疆农业大学森林经理学硕士学位，2001年获得南京林业大学生态学博士学位。2006年入选国家教育部新世纪优秀人才支持计划、中国科学院"西部之光"人才支持计划，2011年获得第五届新疆青年科技奖。先后主持、完成国家"十一五"科技支撑计划、国家自然科学基金、中央财政林业科技推广示范资金跨区域重点推广示范项目、国家博士后基金、新疆科技攻关计划、新疆财政林业科技专项等课题20余项，发表相关学术论文80余篇。兼任新疆林学会常务理事、《新疆农业大学学报》和《新疆农业科学》编委；中国水土保持学会会员。

秦伟，男，1977年4月生，现任新疆农业大学副教授、硕士生导师，博士后。1999年毕业于新疆农业大学园艺学专业，2005年获新疆农业大学果树学硕士学位，2010年获得新疆农业大学果树学博士学位，2013年新疆农业大学作物学博士后流动站出站。先后主持或参与国家"十一五"科技支撑计划、国家自然科学基金、新疆科技计划项目、新疆高校科研计划项目、新疆财政林业科技专项等课题16项，发表相关学术论文20余篇。

杜研，女，1981年7月出生于甘肃张掖。2004年6月毕业于甘肃农业大学资环学院资源与环境专业，获学士学位；2004年9月起在甘肃农业大学林学院林木遗传育种专业进行硕士学习，2007年6月获得农学硕士学位；2010～2013年于新疆农业大学攻读博士学位，果树学专业，果树栽培与生理方向。2014年6月进入新疆林科院博士后工作站学习。

参 编 人 员

王娜，女，汉族，1986年3月出生，新疆阜康市人。2009年毕业于新疆农业大学旅游管理专业，获得管理学学士学位。同年被保送为新疆农业大学林学与园艺学院的研究生，攻读森林培育硕士学位，研究方向为经济林高产生理生态。参与第一章、第三章、第四章和第五章部分内容编写。

石游，女，汉族，1986年10月出生于新疆伊犁。2009年6月毕业于新疆农业大学林学与园艺学院，获管理学学士学位。2012年6月于新疆农业大学林学与园艺学院攻读园林植物与观赏园艺硕士学位，研究方向为树木生理。主要负责第二章内容编写。

王海儒，男，汉族，1986年8月出生于新疆沙湾县。2007～2011年就读于新疆农业大学林学与园艺学院，获农学学士学位。2011～2013年于新疆农业大学林学与园艺学院攻读林业专业硕士，研究方向为经济林高产生理，从事阿克苏红富士苹果果形调控措施方面的研究工作，获农学专业硕士学位。参与第四章内容编写。

努尔妮萨·托合提如则，女，维吾尔族，1987年9月21日出生于新疆策勒县。2009年7月毕业于东北林业大学林学院，获农学学士学位。2010年7月考入新疆农业大学林学与园艺学院生态学专业，攻读三年全日制硕士学位。主要负责第一章内容编写。

梁家伟，男，汉族，1987年3月出生于河南省宁陵县。2006～2010年就读于新疆农业大学农学院，获农学学士学位。2011～2014年于新疆农业大学林学与园艺学院攻读生态学硕士学位，研究方向为植物生理生态。参与第四章内容编写。

李欢，女，汉族，1989年12月出生于新疆阿勒泰市。2012年6月取得园艺专业农学学士学位。同年9月考取该学院生态学硕士研究生，研究方向为植物生理生态。参与第五章内容编写。